HARDWARE TECHNOLOGY

现代五金技术手册

薄三征　编著

四川科学技术出版社

图书在版编目（CIP）数据

现代五金技术手册 / 薄三征编著. -- 成都：四川科学技术出版社, 2019.4（2023.4重印）

ISBN 978-7-5364-9439-8

Ⅰ.①现… Ⅱ.①薄… Ⅲ.①五金制品－技术手册 Ⅳ.①TS914-62

中国版本图书馆CIP数据核字(2019)第067601号

现代五金技术手册

XIANDAI WUJIN JISHU SHOUCE

出品人　程佳月
编　　著　薄三征
策　　划　谢　伟
责任编辑　康永光
封面设计　艺和天下
责任出版　欧晓春
出版发行　四川科学技术出版社
成都市锦江区三色路 238 号　邮政编码 610023
官方微博：http: //weibo.com/sckjcbs
官方微信公众号：sckjcbs
传真：028－86361756
成品尺寸　170mm × 240mm
印张15　　字数 390千
印　　刷　大厂回族自治县益利印刷有限公司
版　　次　2019年5月第1版
印　　次　2023年4月第2次印刷
定　　价　26.80 元
ISBN 978-7-5364-9439-8

■ 邮购：成都市锦江区三色路 238 号新华之星A座25层
邮政编码 / 610023
电话 /（028）86361770

内 容 提 要

本书是依据我国现行五金类产品标准、样本和有关材料编写而成的一本工具书，具体介绍了市场上常见的五金产品的品种、规格、性能、用途以及有关资料，主要内容包括：金属材料的基本知识、电工器材、连接件、常用消防器材、门窗配件、建筑小五金、卫生间及厨房设备。

本书可供从事五金生产、设计、销售、采购、使用等方面工作的读者使用，也可供大中专院校相关专业师生参考，还可供普通家庭用户选用。

PREFACE

前 言

随着我国国民经济的高速发展和科学技术的不断进步，新技术、新材料、新工艺、新产品不断涌现，各种功能的五金产品出现在市场上。特别是进入新世纪后，五金、机械等行业更是得到长足发展。五金产品品种规格繁多，性能用途各异，与工农业生产和人们日常生活关系密切。本书是从当前社会的实际需要出发，以面广、实用、精练、方便查阅为原则编写的一本反映当代五金产品领域科学技术成果的综合性工具书。

五金产品量大面广，本书尽量搜集、采用新技术标准及生产企业的新产品样本，以保证技术上的先进性。本书的特点是：内容新颖、丰富，全部按国家标准和行业标准编写。本书编入大量插图和表格，方便读者查阅。

本书在编写过程中，参阅了大量的专业书籍和资料，在此对相关作者表示诚挚的感谢。因编写时间紧，加之编著者水平有限，难免有疏漏之处，敬请广大读者在阅读和使用中多提宝贵意见，以便进一步丰富和完善。

编著者

2019年3月

CONTENTS

目录

第一章　金属材料的基本知识

一、材料力学性能名词解释

表1-1　材料力学性能名词解释

性能指标			单位或百分率	解释
序号	名称	符号		
1	极限强度	-	MPa	材料抵抗外力破坏作用的最大能力，叫作极限强度
	（1）抗拉强度	σ_b		外力是拉力时的极限强度叫作抗拉强度
	（2）抗压强度	σ_y		外力是压力时的极限强度叫作抗压强度
	（3）抗弯强度	σ_w		外力与材料轴线垂直，并在作用后使材料弯曲，这时的极限强度叫作抗弯强度
	（4）抗剪强度	T		外力与材料轴线垂直，并对材料呈剪切作用，这时的极限强度叫作抗剪强度
2	（1）屈服点	σ_s	MPa	材料受拉力至某一程度时，其变形突然增加很大，这时材料抵抗外力的能力叫作屈服点
	规定残余伸长应力	σ_r $\sigma_{r0.2}$		材料在卸除拉力后，标距部分残余伸长率达到规定数值（常为0.2%）的应力，其脚注数值表示残余伸长率，例：$\sigma_{r0.2}$
	规定非比例伸长应力	σ_p $\sigma_{p0.01}$		材料在受拉力过程中，标距部分非比例伸长率达到规定数值（例：0.01%）时的应力，其脚注数值表示非比例伸长率，例：$\sigma_{p0.2}$
3	弹性极限	σ_e		材料在受外力（拉力）到某一限度时，若除去外力，其变形（伸长）即消失，恢复原状，材料抵抗这一限度的外力的能力叫作弹性极限
4	伸长率	δ	%	材料受拉力作用断裂时，伸长的长度与原有长度的百分比叫作伸长率
	（1）短试棒求得的伸长率	δ_5		试棒标距=5倍直径
	（2）长试棒求得的伸长率	δ_{10}		试棒标距=10倍直径

续表

性能指标			单位或百分率	解释
序号	名称	符号		
5	断面收缩率	ψ	%	材料受拉力作用断裂时，断面缩小的面积与原有断面面积的百分比叫作断面收缩率
6	硬度 （1）布氏硬度	HB	MPa	材料抵抗硬的物体压入自己表面的能力，叫作硬度。它是以一定的负荷把一定直径的淬硬钢球或硬质合金球压在材料表面，保持规定时间后卸除负荷，测量材料表面的压痕，按公式用压痕面积来除负荷所得的商 HBS（≤450）为以钢球测得的硬度值；HBW（≤650）为以硬质合金球测得的硬度值
	（2）洛氏硬度	HR		以一定的负荷把淬硬钢球或顶角为120°圆锥形金刚石压入器压入材料表面，然后以材料表面上凹坑的深度来计算硬度大小
	①标尺C	HRC		采用1471.1 N总负荷和金刚石压入器求得的硬度
	②标尺A	HRA		采用588.4 N总负荷和金刚石压入器求得的硬度
	③标尺B	HRB		采用980.7 N总负荷和压入直径为1.59 mm的淬硬钢球求得的硬度
	④标尺F	HRF		采用588.4 N总负荷和压入直径为1.588 mm的淬硬钢球求得的硬度，它适用于薄软钢板、退火铜合金等试件的硬度测定
	（3）表面洛氏硬度			试验原理与洛氏硬度一样，它适用于钢材表面经渗碳、氮化等处理的表面层硬度以及薄、小试件硬度的测定
	①标尺15 N	HR15 N		采用147.I N总负荷和金刚石压入器求得的硬度
	②标尺30 N	HR30 N		采用294.2 N总负荷和金刚石压入器求得的硬度
	③标尺45 N	HR45 N		采用441.3 N总负荷和金刚石压入器求得的硬度
	④标尺15 T	HR15 T		采用147.1 N总负荷和压入直径为1.59 mm的淬硬钢球求得的硬度
	⑤标尺30 T	HR30 T		采用294.2 N总负荷和压入直径为1.59 mm的淬硬钢球求得的硬度
	⑥标尺45 T	HR45 T		采用441.3 N总负荷和压入直径为1.59 mm的淬硬钢球求得的硬度
	（4）维氏硬度	HV		以一定负荷把136°方锥形金刚石压头压在材料表面，保持规定时间后卸除负荷，测量材料表面的压痕对角线平均长度，按公式用压痕面积来除负荷所得的商

续表

性能指标			单位或百分率	解释
序号	名称	符号		
7	（1）冲击吸收功（冲击功）	A_{KU} A_{KV}	J	一定形状和尺寸的材料试样在冲击负荷作用下折断时所吸收的功 将冲击吸收功除以试样缺口底部处横截面积所得的商 冲击试验采用的试样分夏比法U形缺口试样和V形缺口试样
	（2）冲击韧性（冲击值）	a_{KU} a_{KV}	J/cm	

二、金属材料的分类

表1-2　金属材料的分类

按组成成分分
（1）纯金属——由一种金属元素组成的物质。目前已知纯金属约有80种，但工业上采用的为数甚少 （2）合金——由一种金属元素（为主的）与另外一种（或几种）金属元素（或非金属元素）组成的物质。它的种类甚多，如工业上常用的生铁和钢，就是铁碳合金；黄铜就是铜锌合金等。由于合金的各项性能一般较优于纯金属，因此在工业上合金的应用比纯金属广泛
按实用分
（1）黑色金属——铁和铁的合金，如生铁、铁合金、铸铁和钢等 （2）有色金属——除黑色金属外的金属和合金，如铜、锡、铅、锌、铝以及黄铜、青铜、铝合金和轴承合金等。另外在工业上还采用铬、镍、锰、钼、钴、钒、钨、钛等，这些金属主要用作合金添加物，以改善金属的性能，其中钨、钛、钴多用以生产刀具用的硬质合金。所有上述有色金属，都称为工业用金属，以区别于贵重金属（铂、金、银）与稀有金属（包括放射性的铀、镭等）

三、生铁、铁合金、铸铁及其分类

1. 生铁、铁合金及铸铁

表1-3　生铁、铁合金、铸铁

生铁
（1）来源——把铁矿石放到高炉中冶炼，产品即为液态生铁。把液态生铁铸于砂模或钢模中，即成块状生铁 （2）组成成分——含碳量在2%以上的一种铁碳合金，此外尚含有硅、锰、磷、硫等元素 （3）品种 ①按用途分——有炼钢用生铁、铸造用生铁等 ②按化学成分分——有普通生铁、特种生铁等
铁合金
（1）定义——铁与硅、锰、铬、钛等元素组成的合金的总称。铁与硅组成的合金，叫作硅铁；铁与锰组成的合金，叫作锰铁等 （2）用途——供铸造或炼钢作还原剂或合金元素的添加剂

续表

铸铁
（1）来源——把铸造生铁放到熔铁炉中熔炼，产品即为铸铁（液态）。再把液态铸铁浇铸成铸件，这种铸件叫作铸铁件 （2）品种 ①按断口颜色分——有灰铸铁、白口铸铁、麻口铸铁 ②按化学成分分——有普通铸铁、合金铸铁 ③按生产方法和组织性能分——有普通灰铸铁、孕育铸铁、可锻铸铁、球墨铸铁和特殊性能铸铁等

2. 生铁、铸铁的分类

表1–4　生铁的分类

炼钢生铁	指用于平炉、转炉的生铁，一般含硅量<1.75%，含硫量<0.07%，材质硬而脆，断口为白色，也称白口铁
铸造生铁	指用于铸造各种铸件的生铁，含硅量3.75%，含硫量<0.06%，断口为灰色，也称灰口铁
普通生铁	指不含其他合金元素的生铁、铸造生铁
特种生铁	（1）天然合金生铁——指用本身所含金属的铁矿石或精矿炼成，含一定量的合金元素（由矿石成分而定）的特种生铁，用于炼钢及铸造 （2）铁合金生铁——指在炼铁时追加其他合金元素炼成的特种生铁。其品种较多，如锰铁、硅铁、铬铁等，是炼钢的原料，也可用于铸造

表1–5　铸铁的分类（按断口颜色分类）

灰口铸铁	其断面呈暗灰色，有一定的力学性和良好的切削性，工业中普遍使用
白口铸铁	其断面为亮白色，质硬而脆，不能切削加工。工业中少用于切削加工零件，因其具有很高的表面硬度和耐磨性，故又称冷铸铁或冷硬铸铁
麻口铸铁	其断面呈灰白相间的麻点，性能差，较少用
普通铸铁	是指不含任何合金元素的铸铁，如灰铸铁，可锻铸铁、球墨铸铁等
合金铸铁	是指在普通铸铁内加入一些合金元素制成的高级铸铁，用于提高某些特殊性能，如各种耐腐、耐热、耐磨的性能
孕育铸铁	采用灰铸铁“变质处理”而成，故又称变质铸铁，其强度、塑性和韧性均比一般灰铸铁好得多，组织也较均匀，用于制造力学性能要求较高，截面尺寸变化较大的大型铸件
可锻铸铁	由白口铸铁经石墨化退火而成，比灰铸铁具有较高的韧性，故又称韧性铸铁，并不可锻造，常用于制造受冲击载荷的零件

四、钢的分类

钢的含碳量一般在2%以下，其主要元素为铁，并含有其他元素。可对钢进行以下分类。

1. 按化学成分分类

钢按化学成分分为非合金钢、低合金钢、合金钢，其合金元素规定含量界限值列于表1–6。

表1–6　非合金钢、低合金钢和合金钢合金元素规定含量界限值

合金元素	合金元素规定含量界限值（%）		
	非合金钢	低合金钢	合金钢
Al	<0.10	—	≥0.10
B	<0.0005	—	≥0.000 5
Bi	<0.10	—	≥0.10
Cr	<0.30	0.30 ~ 0.50	≥0.50
Co	<0.10	—	≥0.10
Cu	<0.10	0.10 ~ 0.50	≥0.50
Mn	<1.00	1.00 ~ 1.40	≥1.40
Mo	<0.05	0.05 ~ 0.10	≥0.10
Ni	<0.30	0.30 ~ 0.50	≥0.50
Nb	<0.02	0.02 ~ 0.06	≥0.06
Pb	<0.40	—	≥0.40
Se	<0.10	—	≥0.10
Si	<0.50	0.50 ~ 0.90	≥0.90
Te	<0.10	—	≥0.10
Ti	<0.05	0.05 ~ 0.13	≥0.13
W	<0.10	—	≥0.10
V	<0.04	0.04 ~ 0.12	≥0.12
Zr	<0.05	0.05 ~ 0.12	≥0.12
La系（每一种元素）	<0.02	0.02 ~ 0.05	≥0.05
其他规定元素（S、P、C、N除外）	<0.05	—	≥0.50

注：La系元素含量也可为混合稀土含量总量。

2. 按主要质量等级和主要性能及使用特性分类

非合金钢按其主要质量等级和主要性能或使用特性分类列于表1–7；钢按主要质量等级和主要特性及使用特性分类列于表1–8；低合金钢的主要分类列于表1–9；合金钢的分类列于表1–10。

表1-7 非合金钢按其主要质量等级和主要性能或使用特性分类

按主要特性分类	按主要质量等级分类		
	普通质量非合金钢	优质非合金钢	特殊质量非合金钢
以规定最高强度为主要特性的非合金钢	普通质量低碳结构钢板和钢带 GB912中的低碳钢牌号 GB2517中的RJ216、RJ235、RJ255、RJ294、RJ343、RJ392	（1）冲压薄板压碳钢 GB5213中的08AI GB3276中的08、10 （2）供镀锡、镀锌、镀铅板带和原板用碳素钢 GB2518 GB2520 GB4174 GB5065 GB5066 （GB2518、GB2520、GB4174、GB5065、GB5066）全部碳素钢牌号 （3）不经热处理的冷顶锻和冷挤压用钢	
以规定最低强度为主要特性的非合金钢	（1）碳素结构钢 GB700中的Q195、Q215的A、B级；Q235的A、B级；Q255A、B级、Q275 （2）碳素钢筋钢 GB13013中的Q235 （3）铁道用钢 GB11264中的50Q、55Q GB11265中的Q235-A、Q255-A GB11266轻轨垫板用的碳素钢 GB2826钢轨垫板用的碳素钢 （4）钢板桩钢	（1）碳素结构钢 GB700中除普通质量A、B级钢以外的所有牌号及A、B级规定冷成型性及模锻性特殊要求者 （2）优质碳素结构钢 GB699中除65Mn、70Mn、70、75、80、85以外的所有牌号钢 YB2009中的55 Ti、60 Ti、70 Ti （3）锅炉和压力容器用钢 GB713中的209、229 GB3087中的10、20 GB5310和GB5 311中的20G GB6479中的10G、20G GB6653中的20HP、15MnHP GB6654中的20R （4）造船用钢 GB712中的A、B、D、E、AH32、DH32、EH32 GB5312中的C10、020 GB9945中的A、B	（1）优质碳素结构钢 GB699中的65Mn、70Mn、70、75、80、85钢 （2）保证淬透性钢 GB5216中的45H （3）保证厚度方向性能钢 GB5313中的所有非合金钢 （4）铁道用钢 GB5068中的LZ、JZ GB8601中的CL60A级 GB8602中的LG60与LG65的A级

续表

按主要特性分类	按主要质量等级分类		
	普通质量非合金铜	优质非合金钢	特殊质量非合金钢
以规定最低强度为主要特性的非合金钢	（5）一般工程用不进行热处理的普通质量碳素钢YB170中的所有普通质量碳素钢	（5）铁道用钢 GB2585中的U71、U74 GB8601中的CL608级 GB8602中的LG608级与LG658级 YB354钢轨鱼尾板用碳素钢 （6）桥梁用钢 YB168中的16 q （7）汽车用钢 GB11262中的12 LW、15 LW GB3088中的45 GB9947中的082、202、252 （8）锚链用钢 YB897中的M15、M20、M30 （9）自行车用钢 GB3644中的206A1、ZQ195、ZQ215、ZQ235 GB3645中的ZQ195、ZQ195-F、ZQ215、ZQ215-A1、ZQ215-F、ZQ235、ZQ235-A1、ZQ235-F、Z06A1、Z09Mn、Z13Mn、Z17Mn、Z09Al GB3646中的19Mn GB3647中的19Mn （10）输油及输气管用钢 （11）工程结构用铸造碳素钢 GB11352中的ZG200-400、ZG230-450，ZG270-500、ZG310-570、ZG340-640 GB7659中的ZG200-400H、ZG230-450H、ZG275-485H （12）预应力及混凝土钢筋用优质非合金钢	（5）航空用钢 包括所有航空专用非合金结构钢牌号 （6）兵器用钢 包括各种兵器用非合金结构钢牌号 （7）核压力容器用非合金钢

续表

按主要特性分类	按主要质量等级分类		
	普通质量非合金铜	优质非合金钢	特殊质量非合金钢
以碳含量为主要特性的非合金钢	（1）普通碳素钢线材 GB701中的所有碳素钢牌号	（1）焊条用钢 GB1300中的H08、H08A、H08Mn、H08MnA、H15A，H15Mn GB3429中的H08A ZBH4405中的H08A	（1）焊条用钢 GB1300中的H08E ZBH4405中的H08E、H08C
	（2）一般用途低碳钢丝 GB343中的所有低碳钢牌号	（2）冷镦用钢 GB715中的BL2、BL3 GB5 953中的ML10～ML45 GB5955中的ML15、ML20 GB6478中的ML08～MI45、ML25Mn～ML45Mn	（2）碳素弹簧钢 GB1222中的65～85、65Mn GB4357中的所有非合金钢
	（3）花纹钢板 GB3277中的普通质量碳素结构钢	（3）花纹钢板 GB3277优质非合金钢	（3）特殊线材钢 GB4355中的60、60Mn、65、65Mn、70、70Mn、75、80、T8MnA、T9A ZBH44004中的60～85、60Mn、65Mn、70Mn、75Mn、80Mn、85Mn
		（4）线材钢 GB4354中的25～65、40Mn～60Mn ZBH44003	（4）非合金调质钢
		（5）非合金调质钢 （特殊质量钢除外）	（5）非合金表面硬化钢
		（6）非合金表面硬化钢 （特殊质量钢除外）	（6）火焰及感应淬火硬化钢
		（7）非合金弹簧钢 （特殊质量钢除外）	（7）冷顶锻和冷挤压钢

续表

按主要特性分类	按主要质量等级分类		
	普通质量非合金铜	优质非合金钢	特殊质量非合金钢
非合金易切削钢		易切削结构钢 GB8731中的Y12、Y12Pb、Y15、Y15Pb、Y20、Y30、Y35、Y45Ca	特殊易切削钢 要求测定热处理后冲击韧性等YB685中的Y75
非合金工具钢			（1）碳素工具钢 GB1298中的全部牌号 YB483中的 T12 A （2）碳素中空钢 GB1301中的ZK T8
规定磁性能和电性能的非合金钢		（1）非合金电工钢板、带 GB2521无硅电工钢板、带 （2）具有规定导电性能（<9 s/m）的非合金电工钢	（1）具有规定导电性能（≥9 s/m）的非合金电工钢 （2）具有规定磁性能的非合金软磁材料 GB6983、GB6984、GB6985中的D T3、D T3A、D T4、D T4A、D T4E、D T4C ZBH72001中的F7402-U、F7402-V、F7402-W
其他非合金钢	栅栏用钢丝		原料纯铁 GB9971中的Y T1F、Y T2F、Y13、Y T4

表1-8　钢按主要质量等级和主要特性及使用特性分类

钢种	类别	主要特性
非合金钢	按主要质量等级分类	普通质量非合金钢
		（1）普通质量非合金钢是指不规定生产过程中需要特别控制质量要求的并应同时满足下列四种条件的所有钢种： ①钢为非合金化的（符合本标准第一部分对非合金钢的合金元素规定含量界限值的规定） ②不规定热处理 注：退火、正火、消除应力及软化处理不作为热处理对待 ③如产品标准或技术条件中有规定，其特性值应符合下列条件： 碳含量最高值　≥0.10% 硫或磷含量最高值　≥0.045%

续表

钢种	类别	主要特性
非合金钢	按主要质量等级分类	普通质量非合金钢 氮含量最高值 ≥0.007% 抗拉强度最低值 ≥690 MPa 屈服点或屈服强度最低值 ≥360 MPa 伸长率最低值（$L_0=5.65\sqrt{F_0}$） ≤33% 弯心直径最低值≥0.5×试件厚度 冲击功最低值（20℃，V形，纵向标准试样） ≤27 J 洛氏硬度最高值（HRB） ≥60 注：力学性能的规定值指用厚度为3～16 mm钢料做的纵向或横向试样测定的性能 ④未规定其他质量要求 （2）普通质量非合金钢主要包括： ①一般用途碳素结构钢，如GB700规定的A、B级钢 ②碳素钢筋钢，如GB13031规定的Q235钢 ③铁道用一般碳素钢，如GB11264、GB11265、GB2826规定的轻轨和垫板用碳素钢 ④一般钢板桩型钢
		优质非合金钢 （1）优质非合金钢是指除普通质量非合金钢和特殊质量非合金钢以外的非合金钢，在生产过程中需要特别控制质量（例如控制晶粒度，降低硫、磷含量，改善表面质量或增加工艺控制等），以达到比普通质量非合金钢特殊的质量要求（例如良好的抗脆断性能，良好的冷成型性等）。但这种钢的生产控制不如特殊质量非合金钢严格（如不控制淬透性） （2）优质非合金钢主要包括： ①机构结构用优质碳素钢，如GB699规定的条钢（但70～85钢、65Mn、70Mn钢除外） ②工程结构用碳素钢，如GB700规定的质量等级为C、D级钢 ③冲压薄板的低碳结构钢，如GB5213、GB3276规定的优质碳素钢薄板 ④镀层板、带用的碳素钢，如GB2518、GB2520、Ca4174、GB5065、GB5066等规定的镀锡、镀锌、镀铅板带和原板 ⑤锅炉和压力容器用碳素钢，如GB713、CB3087、CB6653、CB6654规定的碳素钢板、钢带和钢管 ⑥造船用碳素钢，如GB712、GB5312、GB9945规定的碳素钢板、钢管和型钢 ⑦铁道用优质碳素钢，如GB2585规定的重轨用碳素钢 ⑧焊条用碳素钢，如GB1300规定的碳素钢，但成品分析S、P含量≤0.025%的钢除外 ⑨用于冷锻、冷挤压、冷冲击、冷拔的对表面质量有特殊要求的非合金钢棒料和线材，如GB715、GB5955、GB6478、GB5953规定的非合金钢

续表

钢种	类别	主要特性
非合金钢	按主要质量等级分类	优质非合金钢
		⑩非合金易切削结构钢，如GB8731规定的易切削钢 ⑪电工用非合金钢板、带，如GB2521规定的无硅钢板、带 ⑫优质铸造碳素钢，如GB11352、GB7659规定的铸造碳素钢
		特殊质量非合金钢是指在生产过程中需要特别严格控制质量和性能（如控制淬透性和纯洁度）的非合金钢，应符合下列条件： （1）钢材要经热处理并至少具有下列一种特殊要求的非合金钢（包括易切削钢和工具钢）： ①要求淬火和回火或模拟表面硬化状态下的冲击性能 ②要求淬火或淬火和回火后的淬硬层深度或表面硬度 ③要求限制表面缺陷，比对冷镦和冷挤压用钢的规定更严格 ④要求限制非金属夹杂物含量和（或）要求内部材质均匀性 （2）钢材不进行热处理并至少应具有下述一种特殊要求的非合金钢： ①要求限制非金属夹杂物含量和（或）内部材质均匀性，例如钢板抗层状撕裂性能 ②要求限制磷含量和（或）硫含量最高值，并符合如下规定： 熔炼分析值　≤0.020% 成品分析值　≤0.025% ③要求残余元素的含量同时作如下限制： Cu熔炼分析最高含量　≤0.10% Co熔炼分析最高含量　≤0.05 V熔炼分析最高含量　≤0.05% ④表面质量的要求比冷镦和冷挤压用钢的规定更严格 （3）具有规定的电导性能或具有规定的磁性能（对于只规定最大磁损和最小磁感应而不规定磁导率的磁性薄板和带除外）的钢 （4）特殊质量非合金钢主要包括： ①保证淬透性非合金钢，如GB5216规定的碳素钢 ②保证厚度方向性能非合金钢，如GB5313规定的非合金钢 ③铁道用特殊非合金钢，如GB5068、GB8601、GB8602规定的车轴坯、车轮、轮箍钢 ④航空、兵器等专用非合金结构钢 ⑤核工业用非合金钢 ⑥特殊焊条用非合金钢，如GB1300规定的S、P含量（成品分析）≤0.025%的非合金钢 ⑦碳素弹簧钢，如GB1222规定的非合金钢及GB699中规定的70～85钢，65Mn、70Mn钢 ⑧特殊线材钢及钢丝，如GB4355、GB4358规定的琴钢丝用线材及琴钢丝 ⑨特殊易切削钢 ⑩碳素工具钢和中空钢，如GB1298、GB1301规定的碳素工具钢和中空钢

续表

钢种	类别	主要特性
非合金钢	按主要质量等级分类	⑪电磁纯铁，如GB6983、GB6984、GB6985规定的具有规定电磁性能的纯铁 ⑫原料纯铁，如GB9971中规定的S、P含量极低的纯铁
	按主要性能及使用特性分类	非合金钢按其基本性能及使用特性等主要特性分类如下： ①以规定最高强度（或硬度）为主要特性的非合金钢，例如冷成型用薄钢板 ②以规定最低强度为主要特性的非合金钢，例如造船、压力容器、管道等用的结构钢 ③以限制碳含量为主要特性的非合金钢（但下述④⑤项包括的钢除外），例如线材、调质用钢等 ④非合金易切削钢，钢中S含量最低值、熔炼分析值≥0.070%，并（或）加入Pb、Bi、Te、Se或P等元素 ⑤非合金工具钢 ⑥具有专门规定磁性或电性能的非合金钢，例如无硅磁性薄板和带，电磁纯铁 ⑦其他非合金钢，例如原料纯铁等
低合金钢	按主要质量等级分类	普通质量低合金钢
		（1）普通质量低合金钢是指不规定生产过程中需要特别控制质量要求的、供作一般用途的低合金钢。应同时满足下列条件： ①合金含量较低（符合本标准第一部分对低合金钢的合金元素规定含量界限值规定） ②不规定热处理 注：退火、正火、消除应力及软化处理不作为热处理对待 ③如产品标准或技术条件中有规定，其特性值应符合下列条件： S或P含量最高值 ≥0.045% 抗拉强度最低值 ≤690 MPa 屈服点或屈服强度最低值 ≤360 MPa 伸长率最低值 ≤26% 弯心直径最低值 ≥2×试件厚度 冲击功最低值（20℃，V形纵向标准试样） ≤27 J 注：①力学性能的规定值指厚度为3～16 mm钢材的纵向或横向试样测定的性能 ②规定的抗拉强度、屈服点或屈服强度特性值只适用于可焊接的低合金高强度结构钢 ③未规定其他质量要求 （2）普通质量低合金钢主要包括： ①一般用途低合金结构钢，规定的屈服强度不大于360 MPa，如GB1591规定的低合金钢（但不包括屈服强度大于360 MPa的牌号） ②低合金钢筋钢，如GB1499规定的低合金钢 ③铁道用一般低合金钢，如GB11264规定的低合金轻轨钢 ④矿用一般低合金钢，如GB3414规定的低合金钢（但进行调质处理的牌号除外）

续表

钢种	类别	主要特性
低合金钢	按主要质量等级分类	优质低合金钢
		优质低合金钢是指除普通质量低合金钢和特殊质量低合金钢以外的低合金钢，在生产过程中需要特别控制质量（例如降低S、P含量，控制晶粒度，改善表面质量，增加工艺控制等），以达到比普通质量低合金钢特殊的质量要求（例如良好的抗脆断性能、良好的冷成型性能等），但这种钢的生产控制和质量要求，不如特殊质量低合金钢严格。优质低合金钢主要包括： ①可焊接的高强度结构钢，规定的屈服强度大于360 MPa而小于420 MPa ②锅炉和压力容器用低合金钢，如GB713、GB6653、GB6654、GB6655等规定的低合金钢 ③造船用低合金钢，如GB712规定的低合金钢 ④汽车用低合金钢，如GB3273规定的低合金钢 ⑤桥梁用低合金钢，如YB168等规定的低合金钢 ⑥自行车用低合金钢，如GB3646、GB3647规定的低合金钢 ⑦低合金耐候钢，如GB4171、GB4172规定的低合金钢 ⑧铁道用低合金钢，如GB2585、GB8603、GB8604等规定的低合金钢轨钢、异型钢 ⑨矿用低合金钢（普通质量钢除外） ⑩输油、输气管线用低合金钢
		特殊质量低合金钢
		（1）特殊质量低合金钢是指在生产过程中需要特别严格控制质量和性能（特别是严格控制硫、磷等杂质含量和纯洁度）的低合金钢，应至少符合下列一种条件 ①规定限制非金属夹杂物含量和（或）内部材质均匀性，例如，钢板抗层状撕裂性能 ②规定严格限制磷含量和（或）硫含量最高值，并符合下列规定： 熔炼分析值　≤0.020% 成品分析值　≤0.025% ③规定限制残余元素含量，并应同时符合下列规定： Cu熔炼分析最高含量　≤0.10% Co熔炼分析最高含量　≤0.05% V熔炼分析最高含量　≤0.05% ④规定低温（＜-40℃）冲击性能 ⑤可焊接的高强度钢，规定的屈服强度最低值≥420 MPa 注：指对厚度3～16 mm的钢材取纵向或横向试样测定的性能 （2）特殊质量低合金钢主要包括： ①核能用低合金钢 ②保证厚度方向性能低合金钢，如GB5313规定的低合金钢 ③铁道用特殊低合金钢，如GB8601规定的车轮用低合金钢 ④低温用低合金钢 ⑤舰船、兵器等专用特殊低合金钢

续表

钢种	类别	主要特性
低合金钢	按主要性能及使用特性分类	低合金钢按其基本性能及使用特性等主要特性分类如下： ①可焊接的低合金高强度结构钢 ②低合金耐候钢 ③低合金钢筋钢 ④铁道用低合金钢 ⑤矿用低合金钢 ⑥其他低合金钢
合金钢	按主要质量等级分类	优质合金钢
		（1）优质合金钢是指在生产过程中需要特别控制质量和性能，但其生产控制和质量要求不如特殊质量合金钢严格的合金钢 （2）优质合金钢主要包括： ①一般工程结构用合金钢 ②合金钢筋钢，如GB1499规定的40Si2MnV、45SiMnV、45Si2Mn Ti等 ③电工用硅（铝）钢（无磁导率要求），如GB2521、GB5212等规定的硅（铝）钢带（片） ④铁道用合金钢 ⑤地质、石油钻探用合金钢，如YB235、YB528规定的地质、石油钻探用合金钢管（但经调质处理的钢除外） ⑥硫、磷含量大于0.035%的耐磨钢和硅锰弹簧钢，如GB5680规定的高锰铸钢
		特殊质量合金钢
		（1）特殊质量合金钢是指在生产过程中需要特别严格控制质量和性能的合金钢。除优质合金钢以外的所有其他合金钢都为特殊质量合金钢 （2）特殊质量合金钢主要包括： ①压力容器用合金钢，如GB6654规定的18MnMo NbR、GB713规定的14MnMoVg、18MnMo Nbg、GB3531规定的09Mn TiCuREDR、09Mn2VDR等 ②经热处理的合金钢筋钢，如GB4463规定的40Si2Mn、48S12Cr等 ③经热处理的地质石油钻探用合金钢，如YB235、YB528规定的合金钢 ④合金结构钢，如GB3077规定的全部牌号 ⑤合金弹簧钢，如GB1222规定的合金钢牌号 ⑥不锈钢，如GB1220、GB2100等规定的全部牌号 ⑦耐热钢，如GB1221、GB8492等规定的全部牌号 ⑧合金工具钢，如GB1299规定的全部牌号 ⑨高速工具钢，如GB9943规定的全部牌号 ⑩轴承钢，如GB3086、GB3203、YB9等规定的高碳铬轴承钢、高碳铬不锈轴承钢、渗碳轴承钢、高温轴承钢、无磁轴承钢等 ⑪高电阻电热钢和合金，如GB1234规定的合金钢和合金 ⑫无磁钢，如铬镍奥氏体型钢（OCr16 Ni14）、高锰铝奥氏体型钢（45Mn17A13）等 ⑬永磁钢，如变形永磁钢和铸造永磁钢及粉末烧结永磁钢

续表

钢种	类别	主要特性
合金钢	按主要性能及使用特性分类	合金钢按其基本性能及使用特性等主要特性分类如下： ①工程结构用合金钢，包括一般工程结构用合金钢，合金钢筋钢，压力容器用合金钢，地质石油钻探用钢，高锰耐磨钢等 ②机械结构用合金钢，包括调质处理合金结构钢、表面硬化合金结构钢、冷塑性成型（冷顶锻、冷挤压）合金结构钢、合金弹簧钢等，但不锈、耐蚀和耐热钢，轴承钢除外 ③不锈、耐蚀和耐热钢，包括不锈钢、耐酸钢、抗氧化钢和热强钢等，按其金相组织可分为马氏体型钢、铁索体型钢、奥氏体型钢、奥氏体-铁素体型钢、沉淀硬化型钢等 ④工具钢，包括合金工具钢、高速工具钢。合金工具钢分为量具刃具用钢、耐冲击工具用钢、冷作模具钢、热作模具钢、无磁模具钢、塑料模具钢等。高速工具钢分为钨钼系工具钢、钨系高速工具钢和钴系高速工具钢等 ⑤轴承钢，包括高碳轴承钢、渗碳轴承钢、不锈轴承钢、高温轴承钢、无磁轴承钢等 ⑥特殊物理性能钢，包括软磁钢、永磁钢、无磁钢及高电阻钢和合金钢等 ⑦其他，如铁道用合金钢等

表1-9　低合金钢的主要分类举例

按主要特性分类	按主要质量等级分类		
	普通质量低合金钢	优质低合金钢	特殊质量低合金钢
可焊接低合金高强度结构钢	一般用途低合金结构钢 GB1591中的09MnV、09Mn Nb、12Mn、18 Nb、16Mn、16MnRE 09MnCuP Ti、12MnV、10MnSiCu、14Mn Nb	①一般用途低合金结构钢 GB1591中的10MnP NbRE. 15MnV、15Mn Ti、16Mn Nb、 14MnV TiRE、15MnVN ②锅炉和压力容器用低合金钢 GB713中的16Mn9、12Mn9、15MnVg GB5681中的16MnR GB6653中的12MnHP 16MnHP、12MnCrVHP、10MnHP GB6654中的16MnR、15MnVR、15MnVNR GB6655中的16MnRC、15Mn VRC GB6479中的16Mn、15MnV ③造船用低合金钢 GB712中的AH36、 DH36、EH36	①核能用低合金钢 ②压力容器用低合金钢 GB3531中的16MnDR、06M13 NbDR ③保证厚度方向性能低合金钢 GB5313中的所有低合金钢牌号

续表

按主要特性分类	按主要质量等级分类		
	普通质量低合金钢	优质低合金钢	特殊质量低合金钢
可焊接低合金高强度结构钢		④汽车用低合金钢 GB3273中的09MnREL、06 TiL、08 TiL、10 TiL、09SiVL、16MnL、16MnREL、GB9947中的15 TiZ ⑤桥梁用低合金钢 YB168中的12Mnq、12Mn Vq、16Mnq、15MnVq、15Mn V Nq YB（T）10中的16Mnq、16Mn Cuq、15MnVq、15MnVNq ⑥自行车用低合金钢 GB3646中的12Mn、16Mn GB3647中的l2Mn、16Mn	④舰船、兵器用低合金钢
低合金耐候钢		①低合金高耐候钢 GB4171中的09CuPCr Ni-A、09CuPCr Ni-B，09CuP ②可焊接低合金耐候钢 GB4172中的16CuCr 12MnCuCr、15MnCuCr、 15MnCuCr-O T	
低合金钢筋钢	一般低合金钢筋钢 GB1499中的20MnSi、20MnTi、20MnSiV、25MnSi、20MnNb		
铁道用低合金钢	低合金轻轨钢 GB11264中的 45SiMnP、50SiMnP	①低合金重轨钢 GB2585中的U71Cu、 U71Mn、U70MnSi、 U71MnSiCu ②起重机用低合金钢轨钢 GB3426中的U71Mn ③铁路用异型钢 GB8603中的09CuPRE GB8604中的09V	铁路用低合金车轮钢 GB8601中的CL45Mn SiV
矿用低合金钢	矿用低合金结构钢 GB3414中的20MnK、25MnK、24Mn2K（热轧）、30Mn2K	矿用低合金结构钢 GB3414中的20Mn2K（调质）、20MnVK、34SiMnK	

表1-10　合金钢的分类

主要质量等级	1		2	3	4		5		6	7	8
	优质合金钢		特殊质量合金钢								
主要使用特性	工程结构用钢	其他	工程结构用钢	机械结构用钢（第4、6除外）	不锈、耐蚀和耐热钢		工具钢		轴承钢	特殊物理性能钢	其他
分类 按其他特性对钢进一步分类	11 一般工程结构用合金钢	16 电工用（铝）钢（无磁导率要求）	21 压力容器用合金钢（4类除外）	31 Mn（X）系钢	41 马氏体型或42铁素体型	411/421 Cf（X）系钢	51 合金工具钢	511 Cr（X）系钢	61 高碳铬轴承钢	71 软磁钢（除16外）	
	12 合金钢筋钢	17 铁道用合金钢	22 热处理合金钢筋钢	32 SiMn（X）系钢		412/422 Cr N（X）系钢		512 Cr Ni Ni（X）（X）系钢	62 渗碳轴承钢	72 永磁钢	
	13 地质石油钻探用合金钢（23除外）		23 经热处理的地质、石油钻探用合金钢	33 Cr（X）系钢		413/423 CrMo（X）CrCo（X）系钢		513 Mo（X）、CrMo（X）系钢	63 不锈轴承钢	73 无磁钢	
			24 高锰钢	34 CrMo（X）系钢		414/424CrA1（X）CrSi（X）系钢		514 v（x）CrV（X）系钢	64 高温轴承钢	74 高电阻合金钢	
				35 CrNiMo（X）系钢		415/425其他		515 W（X）CrW（X）系钢	65 无磁轴承钢		
				36 Ni（X）系钢	43 奥氏体型或44奥氏体-铁素体型或45沉淀硬化型	431/441/451 Cr Ni（X）系钢		516 其他			
				37 B（X）系钢		432/442/452 Cr NiMo（X）系钢	52 高速工具钢	521 WMo系钢			
				38 其他		433-/443/453 Cr Ni+ Ti或 Nb钢		522 W系钢			
						434/444/454 Cr NiMo+ Ti或Nb钢		523 Co系钢			
						435/445/455 Cr Ni+V、W、Co钢					
						436/446 Cr NiSi（X）系钢					
						437 CrMn Ni（X）系钢					
						438其他					

注：（X）表示该合金系列中还包括有其他合金元素，如Cr（X）系，除Cr钢外，还包括CrMn钢等。

五、钢材的分类

钢经压力加工制成各种形状的材料和钢材。

钢材按大类分可分为钢板（包括带钢）、钢管、型钢和钢丝4类。

1. 钢板

钢板指厚度远小于长度和宽度的板状钢材。

表1-11　钢板的分类

按厚度分类	特厚板（>60 mm）；厚板（20～60 mm）；中板（4～20 mm）；薄板（<4 mm）
按生产方法分类	热轧钢板；冷轧钢板
按表面特征分类	镀锌板（热镀锌板、电镀锌板）；镀锡板；复合钢板；彩色涂层钢板
按用途分类	桥梁、锅炉、造船、装甲、汽车、结构、电工（硅钢片）、弹簧等钢板

2. 钢管

表1-12　钢管的分类

按生产方法分类	无缝管（热轧管、冷轧管、冷拔管、挤压管、顶管）；焊管（按工艺分：电弧焊管、电阻焊管、气焊管、炉焊管。按焊缝分：直缝焊管、螺旋焊管）
按断面形状分类	简单断面钢管（圆形、方形、椭圆形、三角形、六角形、菱形、八角形、半圆形等）；复杂断面钢管（不等边六角形、五瓣梅花形、双凸形、双凹形、瓜子形、圆锥形、波纹形、表壳钢管等）
按壁厚分类	薄壁钢管；厚壁钢管
按用途分类	管道用、热工设备用、机械工业用、石油地质钻探用、容器、化学工业用、特殊用途等

3. 型钢

型钢指截面具有一定几何形状的条状钢材。

表1-13　型钢的分类

简单截面型钢	方钢（热轧方钢、冷拉方钢）；圆钢（热轧圆钢、锻制圆钢、冷拉圆钢）；线材（φ5～9 mm的热轧圆线材）；扁钢；弹簧扁钢；角钢（等边角钢、不等边角钢）；三角钢；六角钢；弓形钢；椭圆钢
复杂截面型钢	工字钢[轻型工字钢、普通工字钢、宽腿（万能）工字钢]；槽钢（热轧槽钢、普通热轧槽钢、轻型热轧槽钢）.弯曲槽钢；钢轨（轻轨、重轨、起重机钢轨、其他专用钢轨）；窗框钢；钢板桩；弯曲型钢（冷弯型钢、热弯型钢）

4. 钢丝

钢丝指以线材为原料，经拔制加工而成的截面细小的条状钢材。

表1–14　钢丝的分类

按断面形状分类	圆形；椭圆形；方形；三角形；异形
按截面直径分类	特细（<0.1 mm）；较细（0.1 ~ 0.5 mm）；细（0.5 ~ 1.5 mm）；中等（1.5 ~ 3.0 mm）；粗（3.0 ~ 6.0 mm）；较粗（6.0 ~ 8.0 mm）；特粗（>8.0 mm）
按化学成分分类	碳素钢丝；合金钢丝
按交货时热处理状态分类	不经热处理的钢丝；回火的钢丝；退火的钢丝；淬火并回火的钢丝；铅浴处理的钢丝
按抗拉强度σ / MPa分类	低强度（σ<392）钢丝；较低强度（σ=392 ~ 784）钢丝；普通强度（σ=784 ~ 1 225）钢丝；较高强度（σ=1 225 ~ 1 960）钢丝；高强度（σ：1 960~3 136）钢丝；特高强度（σ>3 136）钢丝
按塑性变形分类	冷拉钢丝；冷轧网丝；热拉钢丝；热轧钢丝
按表面状态分类	抛光钢丝；磨光钢丝；光面钢丝；酸洗钢丝；氧化处理钢丝；粗制钢丝；镀层钢丝（镀锌钢丝、镀锡钢丝、镀铜钢丝、镀镍钢丝、镀铅钢丝、镀铝钢丝）
按用途分类	普通质量、冷顶锻、电工用、纺织业用、钢绳、弹簧、制鞋用、工具、钢筋、不锈及电阻合金丝等

六、有色金属的分类

表1–15　有色金属的分类

按密度、价格、储量及性能分类	重金属；轻金属；贵金属；半金属；稀有金属（稀有轻金属材料、稀有高熔点材料、稀有分散材料、稀土材料）；放射性金属
按生产方法及用途分类	有色冶炼产品；有色加工产品；铸造有色合金；轴承合金；硬质合金；中间合金；印刷合金；焊料；金属粉末；特殊合金（高温合金、精密合金、复合材料）
按合金系统分类	铝及铝合金、铜及铜合金、钛及钛合金等

注：①重金属是指密度>3.5 g/cm^{3}的有色金属。包括铜、镍、钴、铅、锌、锡、锑、汞、镉、铋等纯金属及其合金。

②轻金属是指密度<3.5 g/cm^{3}的有色金属。包括铝、镁、钠、钾、钙等纯金属及其合金。这类金属的共同特点是：密度小（0.53 ~ 3.59 g/cm^3），化学活性大、与氧、硫、碳和卤素的化合物都相当稳定。

③贵金属是指贵重或可制造货币的金属。包括金、银、铂、钯、铑等纯金属及其合金。它们的特点是密度大（10.4 ~ 22.4 g/cm^3），熔点高（916 ~ 3 000℃），化学性质稳定，能抵抗酸、碱，耐腐蚀（除银和钯外）。

④半金属是指物理性能介于金属与非金属之间的有色金属。包括硅、硒、碲、砷、硼等。其中硅是半导体主要材料之一；高纯碲、硒、砷是制造化合物半导体的原料；硼是合金的添加元素。

⑤稀有金属是指相对较为稀缺或目前产量相对较少的有色金属。稀有轻金属包括钛、铍、锂、铷、铯等。其共同特点是密度小，化学活性很强。稀有高熔点金属包括钨、钼、铌、锆、铪、钒、铼等。其共同特点是熔点高（均>1 700℃，钨高达3 400℃），硬度大，抗腐蚀性强，可与一些非金属生成非常硬和非常难熔的稳定化合物。稀有分散金属包括镓、铟、铊、锗等，除铊

外都是半导体材料。稀土金属包括镧系和与镧系性质非常相近的钪、钇元素。其特性是化学性质活泼，故在冶金工业和球墨铸铁的生产中获得广泛的应用。

⑥稀土金属其实并不稀少，它的储量是较丰富的，外观也不像泥土，只是由于过去提纯和分离技术低，只能获得外观似碱土的稀土氧化物而得名。

⑦放射性金属包括天然放射性元素如钋、镭、锕、钍、镤和铀等，以及人造超铀元素如钫、钚、锝、镅等。这类金属是核能工业的主要原料。

七、有色金属状态及特性代号

有色金属产品状态、特性代号列于表1-16，变形铝及铝合金状态代号列于表1-17～表1-22。

表1-16　有色金属及合金产品状态、特性代号

状态特性含义	代号	状态特性含义	代号
热加工	R	优质表面	O
退火（焖火）	M	不包铝（热轧）	BR
淬火	C	不包铝（退火）	BM
淬火后冷轧（冷作硬化）	CY	不包铝（淬火、冷作硬化）	BCY
淬火（自然时效）	CZ	不包铝（淬火、优质表面）	BCO
淬火（人工时效）	CS	不包铝（淬火、冷作硬化、优质表面）	BCYO
硬	Y	优质表面（退火）	MO
3/4硬	Y_1	优质表面淬火自然时效	CZO
1/2硬	Y_2	优质表面淬火人工时效	CSO
1/3硬	Y_3	淬火后冷轧、人工时效	CYS
l/4硬	Y_4	热加工、人工时效	RS
特硬	T	淬火、自然时效、冷作硬化、优质表面	CZYO
涂漆蒙皮板	Q	添加碳化铌硬质合金	N
加厚包铝的	J	细颗粒硬质合金	X
不包铝的	B	粗颗粒硬质合金	C
表面涂层硬质合金	U	超细颗粒硬质合金	H
添加碳化钽硬质合金	A		

表1-17　基础状态代号

代号	名称	说明与应用
F	自由加工状态	适用于在成型过程中，对于加工硬化和热处理条件无特殊要求的产品，该状态产品的力学性能不作规定
O	退火状态	适用于经完全退火获得最低强度的加工产品
H	加工硬化状态	适用于通过加工硬化提高强度的产品，产品在加工硬化后可经过（也可不经过）使强度有所降低的附加热处理。H代号后面必须跟有两位或三位阿拉伯数字
W	固溶热处理状态	一种不稳定状态。仅适用于经固溶热处理后，室温下自然时效的合金，该状态代号仅表示产品处于自然时效阶段
T	热处理状态（不同于F、O、H状态）	适用于热处理后，经过（或不经过）加工硬化达到稳定状态的产品。T代号后面必须跟有一位或多位阿拉伯数字

表1–18　H细分状态代号

代号	名称	适用范围
		HX状态
H1	单纯加工硬化状态	适用于未经附加热处理，只经加工硬化即获得所需强度的状态
H2	加工硬化及不安全退火的状态	适用于加工硬化程度超过成品规定要求后，经不完全退火，使强度降低到规定指标的产品。对于室温下自然时效软化的合金，H2与对应的H3具有相同的最小极限抗拉强度值；对于其他合金，H2与对应的H1具有相同的最小极限抗拉强度值，但延伸率比H1稍高
H3	加工硬化及稳定化处理的状态	适用于加工硬化后经低温热处理或由于加工过程中的受热作用致使其力学性能达到稳定的产品。H3状态仅适用于在室温下逐渐时效软化（除非经稳定化处理）的合金
H4	加工硬化及涂漆、处理的状态	适用于加工硬化后，经涂漆处理导致了不完全退火的产品
		HXXX状态
H111	—	适用于最终退火后又进行了适量的加工硬化，但加工硬化程度又不及H11状态的产品
H112	—	适用于热加工成型的产品。该状态产品的力学性能有规定要求
		HXXX状态
H116	—	适用于镁含量≥4.0%的5×××系合金制成的产品。这些产品具有规定的力学性能和抗剥落腐蚀性能要求

注：①H后面第一位数字表示获得该状态的基本处理程序。

②H后面的第二位数字表示产品的加工硬化程度。数字8表示硬状态。通常采用O状态的最小抗拉强度与表1–19规定的强度差值之和，来规定HX8状态的最小抗拉强度值。对于O（退火）和HX8状态之间的状态，应在HX代号后分别添加从1~7的数字来表示，在HX后添加数字9表示比HX8加工硬化程度更大的超硬状态。各种HXY细分状态代号及对应的加工硬化程度见表1–20。

③HXXX中花纹板的状态代号见表1–21。

表1–19　HX8状态与O状态的最小抗拉强度差值

O状态的最小抗拉强度/ MPa	HX8状态与O状态的最小抗拉强度差值/ MPa
≤40	55
45 ~ 60	65
65 ~ 80	75
85 ~ 100	85
105 ~ 120	90
125 ~ 160	95
165 ~ 200	100
205 ~ 240	105
245 ~ 280	110
285 ~ 320	115
≥325	120

表1-20　HXY细分状态代号与加工硬化程度

细分状态代号	加工硬化程度
HX1	抗拉强度极限为O与HX2状态的中间值
HX2	抗拉强度极限为O与HX4状态的中间值
HX3	抗拉强度极限为HX2与HX4状态的中间值
HX4	抗拉强度极限为C与HX8状态的中间值
HX5	抗拉强度极限为HX4与HX6状态的中间值
HX6	抗拉强度极限为HX4与HX8状态的中间值
HX7	抗拉强度极限为HX6与HX8状态的中间值
HX8	硬状态
HX9	超硬状态 最小抗拉强度极限值超过HX8状态至少10 MPa

注：当按上表确定的HXI～HX9状态的抗拉强度极限值，不是以0或5结尾时，应修约至以0或5结尾的相邻较大值。

表1-21　HXXX中花纹板和其压花前的板材状态代号对照

花纹板的状态代号	压花前的板材状态代号
H114	0
H124 H224 H324	H11 H21 H31
H134 H234 H334	H12 H22 H32
H144 H244 H344	H13 H23 H33
H154 H254 H354	H14 H24 H34
H164 H264 H364	H15 H25 H35
H174 H274 H374	H16 H26 H36
H184 H284 H384	H17 H27 H37

续表

花纹板的状态代号	压花前的板材状态代号
H194 H294 H394	H18 H28 H38
H195 H295 H395	H19 H29 H39

表1-22 TX细分状态代号说明与应用

状态代号	工艺处理状态与应用
T0	固溶热处理后，经自然时效再通过冷加工的状态 适用于经冷加工提高强度的产品
T1	由高温成型过程冷却然后自然时效至基本稳定的状态 适用于由高温成型过程冷却后，不再进行冷加工（可进行矫直、矫平，但不影响力学性能极限）的产品
T2	由高温成型过程冷却，经冷加工后自然时效至基本稳定的状态 适用于由高温成型过程冷却后，进行冷加工或矫直、矫平以提高强度的产品
T3	固溶热处理后进行冷加工，再经自然时效至基本稳定的状态 适用于在固溶热处理后，进行冷加工或矫直、矫平以提高强度的产品
T4	固溶热处理后自然时效至基本稳定的状态 适用于固溶热处理后，不再进行冷加工（可进行矫直、矫平，但不影响力学性能极限）的产品
T5	由高温成型过程冷却，然后进行人工时效的状态 适用于由高温成型过程冷却后，不经过冷加工（可进行矫直、矫平，但不影响力学性能极限），予以人工时效的产品
T6	固溶热处理后进行人工时效的状态 适用于固溶热处理后，不再进行冷加工（可进行矫直、矫平，但不影响力学性能极限）的产品
T7	固溶热处理后进行过人工时效的状态 适用于固溶热处理后，为获取某些重要特性，在人工时效时，强度在时效曲线上越过了最高峰点的产品
T8	固溶热处理后经冷加工，然后进行人工时效的状态 适用于经冷加工，或矫直、矫平以提高强度的产品
T9	固溶热处理后经人工时效，然后进行冷加工的状态 适用于经冷加工提高强度的产品
T10	由高温成型过程冷却后，进行冷加工，然后进行人工时效的状态 适用于经冷加工或矫直、矫平以提高强度的产品

注：①某些6×××系的合金，无论是炉内固溶热处理，还是从高温成型过程急冷以保留可溶性组分在固溶体中，均能达到相同的固溶热处理效果，这些合金的T3、T4、T6、T7、T8和T9状态可采用上述两种处理方法的任一种。

②在字母T后面添加一位或多位阿拉伯数字表示T的细分状态。在T后面添加0～10的阿拉伯数字，表示的细分状态（称为 TX状态）。T后面的数字表示对产品的基本处理程序。

八、常用有色金属

表1-23　常用有色金属

纯金属	铜（紫铜）、镍、铝、镁、锌、铅、锡、铬等			
合金	铜合金	黄铜	压力加工用 铸造用	普通黄铜（铜锌合金） 特殊黄铜（含有其他合金元素的黄铜）；铝黄铜、硅黄铜、锰黄铜、铅黄铜等
		青铜	压力加工用 铸造用	锡青铜（铜锡合金。一般还含有磷或锌、铅等合金元素）特殊青铜（无锡青铜）：铝青铜（铜铝合金）、铍青铜（铜铍合金）、硅青铜（铜硅合金）等
合金	铜合金	白铜	压力加工用	普通白铜（铜镍合金） 特殊白铜（含有其他合金元素的白铜）：锰白铜、铁白铜、锌白铜等
	铝合金	压力加工用		不经热处理：防锈铝 经热处理：硬铝、锻铝、超硬铝、特殊铝等
		铸造用		铝硅合金、铝铜合金、铝镁合金、铝锌合金
	镍合金	压力加工用		镍硅合金、镍锰合金、镍铬合金、镍铜合金等
	锌合金	压力加工用		锌铜合金、锌铝合金
		铸造用		锌铝合金

第二章 电工器材

一、电线和电缆

1. 聚氯乙烯绝缘电线

（1）BV、BLV、BVR型电线

型号	标称截面积（mm^2）	线芯结构根数/直径/mm	参考数据		用途
			外径/mm	20℃时导体电阻（$\Omega \cdot km^{-1}$）≤	
BV（300/500 V）	0.5	1/0.80	2.4	36.0	BV、BLV型分别为铜芯、铝芯聚氯乙烯绝缘电线，BVR型为铜芯聚氯乙烯软电线。适用于交流及直流日用电器电信设备、动力和照明线路的固定敷设。适用环境温度为≤70℃
	0.75（A）	1/0.97	2.6	24.5	
	0.75（B）	7/0.37	2.8	24.5	
	1.0（A）	1/1.13	2.8	18.1	
	1.0（B）	7/0.43	3.0	18.1	
BV（450/750 V）	1.5（A）	1/1.38	3.3	12.1	
	1.5（B）	7/0.52	3.5	12.1	
	2.5（A）	1/1.78	3.9	7.41	
	2.5（B）	7/0.68	4.2	7.41	
	4（A）	1/2.25	4.4	4.61	
	4（B）	7/0.85	4.8	4.61	
	6（A）	1/2.76	4.9	3.08	
	6（B）	7/1.04	5.4	3.08	
	10	7/1.35	7.0	1.83	
	16	7/1.70	8.0	1.15	
	25	7/2.14	10.0	0.727	
	35	7/2.52	11.5	0.524	
	50	19/1.78	13.0	0.387	
	70	19/2.14	15.0	0.268	
	95	19/2.52	17.5	0.193	
	120	37/2.03	19.0	0.153	
	150	37/2.25	21.0	0.124	

续表

型号	标称截面积（mm^2）	线芯结构根数/直径/mm	参考数据		用途
			外径/mm	20℃时导体电阻（$\Omega \cdot km^{-1}$）≤	
BV（450/750 V）	185	37/2.52	23.5	0.099 1	BV、BLV型分别为铜芯、铝芯聚氯乙烯绝缘电线，BVR型为铜芯聚氯乙烯软电线。适用于交流及直流日用电器电信设备、动力和照明线路的固定敷设。适用环境温度为≤70℃
	240	61/2.25	26.5	0.075 4	
	300	61/2.52	29.5	0.060 1	
	400	61/2.85	33.5	0.047 0	
BLV（450/750 V）	2.5	1/1.78	3.9	11.80	
	4	1/2.25	4.4	7.39	
	6	1/2.76	4.9	4.91	
	10	7/1.35	7.0	3.08	
	16	7/1.70	8.0	1.91	
	25	7/2.14	10.0	1.20	
	35	7/2.52	11.5	0.868	
	50	19/1.78	13.0	0.641	
	70	19/2.14	15.0	0.443	
	95	19/2.52	17.5	0.320	
	120	37/2.03	19.0	0.253	
	150	37/2.25	21.0	0.206	
	185	37/2.52	23.5	0.164	
	240	61/2.25	26.5	0.125	
	300	61/2.52	29.5	0.100	
	400	61/2.85	33.0	0.077 8	
BVR（450/750 V）	2.5	19/0.41	4.2	7.41	
	4	19/0.52	4.8	4.61	
	6	19/0.64	5.6	3.08	
	10	49/0.52	7.6	1.83	
	16	49/0.64	8.8	1.15	
	25	98/0.58	11.0	0.727	
	35	133/0.58	12.5	0.524	
	50	133/0.68	14.5	0.387	
	70	189/0.68	16.5	0.268	

注：型号下方括号内的数字表示额定电压（U_0/U）。

（2）BVV型电线

型号	芯数×标称截面积（mm²）	线芯结构芯数×根数/直径/ mm	参考数据		用途
			外径 / mm	20℃时导体电阻（Ω·km⁻¹）≤	
BVV（300/500 V）	1×0.75	1×1/0.97	3.6～4.3	24.5	BVV型为铜芯聚氯乙烯绝缘聚氯乙烯护套圆形电线。适用于交流及直流日用电器、电信设备、动力和照明线路的固定敷设。适用环境温度为≤70℃
	1×1.0	1×1/1.13	3.8～4.5	18.1	
	1×1.5（A）	1×1/1.38	4.2～4.9	12.1	
	1×1.5（B）	1×7/0.52	4.3～5.2	12.1	
	1×2.5（A）	1×1/1.78	4.8～5.8	7.41	
	1×2.5（B）	1×7/0.68	4.9～6.0	7.41	
	1×4（A）	1×1/2.25	5.4～6.4	4.61	
	1×4（B）	1×7/0.85	5.4～6.8	4.61	
	1×6（A）	1×1/2.76	5.8～7.0	3.08	
	1×6（B）	1×7/1.04	6.0～7.0	3.08	
	1×10	1×7/1.35	6.0～7.4	1.83	
	2×1.5（A）	2×1/1.38	7.2～8.8	12.1	
	2×1.5（B）	2×7/0.62	8.4～9.8	12.1	
	2×2.5（A）	2×1/1.78	8.6～10.5	7.41	
	2×2.5（B）	2×7/0.68	9.6～11.5	7.41	
	2×4（A）	2×1/2.25	0.8～12.0	4.61	
	2×4（B）	2×7/0.85	10.5～13.0	4.61	
	2×6（A）	2×1/2.76	11.5～13.5	3.08	
	2×6（B）	2×7/1.04	11.5～14.5	2.08	
	2×10	2×7/1.35	15.0～18.0	1.83	
	3×1.5（A）	3×1/1.38	8.8～10.5	12.1	
	3×1.5（B）	3×7/0.52	9.0～11.0	12.1	
	3×2.5（A）	3×1/1.78	10.0～12.0	7.41	
	3×2.5（B）	3×7/0.68	10.0～12.5	7.41	
	3×4（A）	3×1/2.25	11.0～13.0	4.61	
	3×4（B）	3×7/0.85	11.0～14.0	4.61	
	3×6（A）	3×1/2.76	12.5～14.5	3.08	
	3×6（B）	3×7/1.04	12.5～15.5	3.08	
	3×10	3×7/1.35	15.5～19.0	1.83	
	4×1.5（A）	4×1/1.38	9.6～11.5	12.1	

续表

型号	芯数×标称截面积（mm^2）	线芯结构芯数×根数/直径/ mm	参考数据		用途
			外径/ mm	20℃时导体电阻（Ω·km^{-1}）≤	
BVV（300/500 V）	4×1.5（B）	4×7/0.52	9.6～12.0	12.1	BVV型为铜芯聚氯乙烯绝缘聚氯乙烯护套圆形电线。适用于交流及直流日用电器、电信设备、动力和照明线路的固定敷设。适用环境温度为≤70℃
	4×2.5（A）	4×1/1.78	11.0～13.0	7.41	
	4×2.5（B）	4×7/0.68	11.0～13.5	7.41	
	4×4（A）	4×1/2.25	12.5～14.5	4.61	
	4×4（B）	4×7/0.85	12.5～15.5	4.61	
	4×6（A）	4×1/2.76	14.0～16.0	3.08	
	4×6（B）	4×7/1.04	14.0～17.5	3.08	
	5×1.5（A）	5×1/1.38	10.0～12.0	12.1	
	5×1.5（B）	5×7/0.52	10.5～12.5	12.1	
	5×2.5（A）	5×1/1.78	11.5～14.0	7.41	
	5×2.5（B）	5×7/0.48	12.8～14.5	7.41	
	5×4（A）	5×1/2.25	13.5～16.0	4.61	
	5×4（B）	5×7/0.85	14.0～17.0	4.61	
	5×6（A）	5×1/2.76	15.0～17.5	3.08	
	5×6（B）	5×7/1.04	15.5～18.5	3.08	

（3）BLVV型电线

型号	标称截面积（mm^2）	线芯结构根数/直径/ mm	参考数据		用途
			外径/ mm	20℃时导体电阻（Ω·km^{-1}）≤	
BLVV（300/500 V）	2.5	1/1.78	4.8～5.8	11.8	BLVV型为铝芯聚氯乙烯绝缘聚氯乙烯护套圆形电线。适用于交流及直流日用电器、电信设备、动力和照明线路的固定敷设
	4	1/2.25	5.4～6.4	7.39	
	6	1/2.76	5.8～7.0	4.91	
	10	7/1.35	7.2～8.8	3.08	

（4）BV-105型电线

型号	标称截面积（mm^2）	线芯结构根数/直径/ mm	参考数据		用途
			外径/ mm	20℃时导体电阻（Ω·km^{-1}）≤	
BV-105（450/750 V）	0.5	1/0.80	2.7	36	
	0.75	1/0.97	2.8	24.5	

续表

型号	标称截面积（mm²）	线芯结构根数/直径/mm	参考数据		用途
			外径/ mm	20℃时导体电阻（Ω·km⁻¹）≤	
BV-105（450/750 V）	1.0	1/1.13	3.0	18.1	BV-105型为铜芯耐热105℃聚氯乙烯绝缘电线。适用于交流及直流日用电器、电信设备、动力和照明线路的固定敷设。适用环境温度为≤150℃
	1.5	1/1.38	3.3	12.1	
	2.5	1/1.78	3.9	7.41	
	4	1/2.25	4.4	4.60	
	6	1/2.76	4.9	3.08	

（5）BVVB、BLVVB型电线

型号	芯数×标称截面积（mm²）	线芯结构根数/直径/mm	参考数据		用途
			外径/mm	20℃时导体电阻（Ω·km⁻¹）≤	
BVVB（300/500 V）	2×0.75	2×1/0.97	3.8×5.8～4.6×7.0	24.8	BVVB、BLVVB型分别为铜芯、铝芯聚氯乙烯绝缘、聚氯乙烯护套平型电线。适用于交流及直流日用电器、电信设备、动力和照明线路的固定敷设。适用环境温度为≤70℃
	2×1.0	2×1/1.13	4.0×6.2～4.8×7.4	18.1	
	2×1.5	2×1/1.38	4.4×7.0～5.4×8.4	12.1	
	2×2.5	2×1/1.78	5.2×8.4～6.2×9.8	7.41	
	2×4	2×7/0.85	5.6×9.6～7.2×11.5	4.61	
	2×6	2×7/1.04	6.4×10.5～8.0×13.0	3.08	
	2×10	2×7/1.35	7.8×13.0～9.6×16.0	1.83	
	3×0.75	3×1/0.97	3.8×8.0～4.6×9.4	24.50	
	3×1.0	3×1/1.13	4.0×8.4～4.8×9.8	18.10	
	3×1.5	3×1/1.38	4.4×9.8～5.4×11.5	12.10	
	3×2.5	3×1/1.78	5.2×11.5～6.2×13.5	7.41	
	3×4	3×7/0.85	5.8×13.5～7.4×16.5	4.61	
	3×6	3×7/1.04	6.4×15.0～8.0×18.0	3.08	
	3×10	3×7/1.35	7.8×19.0～9.6×22.5	1.83	
	2×2.5	2×1/1.78	5.2×8.4～6.2×9.8	11.8	
	2×4	2×1/2.25	5.6×9.4～6.8×11.0	7.39	
	2×6	2×1/2.76	6.2×10.5～7.4×12.0	4.91	
	2×10	2×7/1.35	7.8×13.0～9.6×16.0	3.08	
	3×2.5	3×1/1.78	5.2×11.5～6.2×13.5	11.8	

续表

型号	芯数×标称截面积（mm²）	线芯结构根数/直径/mm	参考数据		用途
			外径/mm	20℃时导体电阻（Ω·km⁻¹）≤	
BLVVB（300/500 V）	3×4	3×1/2.25	5.8×13.0~7.0×15.0	7.39	BVVB、BLVVB型分别为铜芯、铝芯聚氯乙烯绝缘、聚氯乙烯护套平型电线。适用于交流及直流日用电器、电信设备、动力和照明线路的固定敷设。适用环境温度为≤70℃
	3×6	3×1/2.76	6.2×14.5~7.4×17.0	4.91	
	3×10	3×7/1.35	7.8×19.0~9.6×22.5	3.08	

2. 聚氯乙烯绝缘软电线

（1）RV型软电线

型号	标称截面积（mm²）	线芯结构根数/直径/mm	参考数据		用途
			外径/mm	20℃时导体电阻（Ω·km⁻¹）≤	
RV（300/500 V）	0.3	16/0.15	2.3	69.2	RV型为铜芯聚氯乙烯绝缘连接软电线。适用于交流及直流移动电器、仪器仪表、电信设备、家用电器、小型电动工具等装置的连接。适用环境温度为≤70℃
	0.4	23/0.15	2.5	48.2	
	0.5	16/0.2	2.6	39.0	
	0.75	24/0.2	2.8	26.0	
	1.0	32/0.2	3.0	19.5	
RV（450/750 V）	1.5	30/0.25	3.5	13.3	
	2.5	49/0.25	4.2	7.98	
	4	56/0.30	4.8	4.95	
	6	84/0.30	6.4	3.30	
	10	84/0.40	8.0	1.91	

（2）RVB、RVS、RVV、RVVB、RV-105型软电线

型号	标称截面积（mm^2）	线芯结构根数/直径/mm	参考数据		用途
			外径/mm	20℃时导体电阻（$\Omega \cdot km^{-1}$）≤	
RVB（300/300 V）	2×0.3	2×16/0.15	1.8×3.6～2.3×4.3	69.2	RVB、RVS型分别为铜芯聚氯乙烯绝缘平型、绞型连接软电线；RVV、RVVB型分别为铜芯聚氯乙烯绝缘聚氯乙烯护套圆形、平形连接软电线；RV-105型表示铜芯耐热105℃聚氯乙烯绝缘连接软电线。适用于交流及直流移动电器、仪器仪表、电信设备、家用电器、小型电动工具等装置的连接。适用环境温度为≤70℃（RV-105型为≤105℃）
	2×0.4	2×23/0.15	1.9×3.9～2.5×4.6	48.2	
	2×0.5	2×28/0.15	2.4×4.8～3.0×5.8	39.0	
	2×0.75	2×42/0.15	2.6×5.2～3.2×6.2	26.0	
	2×1.0	2×32/0.20	2.8×5.6～3.4×6.6	19.5	
RVS（300/300 V）	2×0.3	2×16/0.15	3.6～4.3	69.2	
	2×0.4	2×23/0.15	3.9～4.6	48.2	
	2×0.5	2×28/0.15	4.8～5.8	39.0	
	2×0.75	2×42/0.15	5.2～6.2	26.0	
RVV（300/300 V）	2×0.5	2×16/0.2	4.8～6.2	39	
	2×0.75	2×24/0.2	5.2～6.6	26	
	3×0.5	3×16/0.2	5.0～6.6	39	
	3×0.75	3×24/0.2	5.6～7.0	26	
RVV（300/500 V）	2×0.75	2×24/0.2	6.0～7.6	26	
	2×1.0	2×32/0.2	6.4～7.8	19.5	
	2×1.5	2×30/0.25	7.2～8.8	13.3	
	2×2.5	2×49/0.25	8.8～11.0	7.98	
	3×0.75	3×24/0.2	6.4～8.0	26.0	
	3×1.0	3×32/0.2	6.8～8.4	19.5	
	3×1.5	3×30/0.25	7.8～9.6	13.3	
	3×2.5	3×49/0.25	9.6～11.5	7.98	
	4×0.75	4×24/0.2	7.0～8.6	26.0	
	4×1.0	4×32/0.2	7.6～9.2	19.5	
	4×1.5	4×30/0.25	8.8～11.0	13.3	
	4×2.5	4×49/0.25	10.5～12.5	7.98	
	5×0.75	5×24/0.2	7.8～9.4	26	
	5×1.0	5×32/0.2	8.2～11.0	19.5	
	5×1.5	5×30/0.25	9.8～12.0	13.3	
	5×2.5	5×49/0.25	11.5～14.0	7.98	

续表

型号	标称截面积（mm^2）	线芯结构根数/直径/mm	参考数据		用途
			外径/mm	20℃时导体电阻（$\Omega \cdot km^{-1}$）≤	
RVVB（300/300 V）	2×0.5	2×16/0.2	3.0×4.8～3.8×6.0	39	
	2×0.75	2×24/0.2	3.2×5.2～3.9×6.4	26	
RVVB（300/500 V）	2×0.75	2×24/0.2	3.8×6.0～5.0×7.6	26	
RV-105（450/750 V）	0.5	16/0.2	2.8	39.0	
	0.75	24/0.2	3.0	26.0	
	1.0	32/0.2	3.2	19.5	
	1.5	30/0.25	3.5	13.3	
	2.5	49/0.25	4.2	7.98	
	4	56/0.30	4.8	4.95	
	6	84/0.30	6.4	3.30	

3. 橡皮绝缘固定敷设电线

型号	导体标称截面积（mm^2）	导电线芯根数/单线标称直径/mm	外径/mm	20℃时导体电阻（$\Omega \cdot km^{-1}$）≤			用途
				铜芯	镀锡铜芯	铝芯	
BXW BLXW BXY BLXY （300/500 V）	0.75	1/0.97	3.9	24.5	24.7	—	BXW、BLXW型分别为铜芯、铝芯橡皮绝缘氯丁护套电线；BXY、BLXY型分别为铜芯、铝芯橡皮绝缘黑色聚乙烯护套电线。BXW、BLXW型适用于户内和户外明敷，特别是寒冷地区；BXY、BLXY型适用于户内和户外穿管。适用环境温度为≤65℃
	1.0	1/1.13	4.1	18.1	18.2	—	
	1.5	1/1.38	4.4	12.1	12.2	—	
	2.5	1/1.78	5.0	7.41	7.56	11.8	
	4	1/2.25	5.6	4.61	4.70	7.39	
	6	1/2.76	6.8	3.08	3.11	4.91	
	10	7/1.35	8.3	1.83	1.84	3.08	
	16	7/1.70	10.1	1.15	1.16	1.91	
	25	7/2.14	11.8	0.727	0.734	1.20	
	35	7/2.52	13.8	0.524	0.529	0.868	
	50	19/1.78	15.4	0.387	0.391	0.641	
	70	19/2.14	18.2	0.263	0.270	0.443	
	95	19/2.52	20.6	0.193	0.195	0.320	
	120	37/2.03	23.0	0.153	0.154	0.253	

续表

型号	导体标称截面积（mm²）	导电线芯根数/单线标称直径/mm	外径/mm	20℃时导体电阻（Ω·km⁻¹）≤			用途
				铜芯	镀锡铜芯	铝芯	
BXW BLXW BXY BLXY （300/500 V）	150	37/2.25	25.0	0.124	0.126	0.206	
	185	37/2.52	27.9	0.099 1	0.100	0.164	
	240	61/2.25	31.4	0.075 4	0.076 2	0.125	

4. 移动式通用橡套软电缆

型号	标称截面积（mm²）	线芯结构根数/直径/mm	20℃时导体电阻（Ω·km）≤	外径/mm						用途
				单芯	2芯	3芯	(3+1)芯	4芯	5芯	
YQ YQW （300/300 V）	0.3	16/0.15	66.3	—	6.6	7	—	—	—	YQ、YQW为轻型橡套软电缆；YZ、YZW为中型橡套软电缆；YC、YCW为重型橡套软电缆。Y表示移动式，Q表示轻型，Z表示中型，C表示重型，W表示耐候性和耐油性。适用于交流额定电压至450 V，直流额定电压至700 V，作为家用电器、电动工具及各种移动式电气设备的电力传输线
	0.5	28/0.15	37.8		7.2	7.6				
	0.75	42/0.15	25		7.8	8.7				
YZ YZW （450/750 V）	0.5	28/0.15	37.5		8.3	8.7				
	0.75	42/0.15	24.8		8.8	9.3		9.3	10.7	
	1	32/0.2	18.3		9.1	9.6		9.7	11	
	1.5	48/0.2	12.2		9.7	10.7	12	12	13	
	2	64/0.2	9.14		10.9	11.5	—	—	—	
	2.5	77/0.2	7.59		13.2	14	14	13.5	15	
	4	77/0.26	4.49		15.2	16	16	16	17.5	
	6	77/0.32	2.97		16.7	18.1	19.5	19.5	22	
YC YCW （450/750 V）	1.5	—	—	7.2	11.5	12.5	—	13.5	15	
	2.5	49/0.26	6.92	8	13.5	14.5	15.5	15.5	17	
	4	49/0.32	4.57	9	15	16	17.5	18	19.5	
	6	49/0.39	3.07	11	18.5	20	21	22	24.5	
	10	84/0.39	1.8	13	24	25.5	26.5	28	31	
	16	84/0.49	1.14	14.5	27.5	29.5	30.5	32	35.5	
	25	113/0.49	0.718	16.5	31.5	34	35.5	37.5	41.5	
	35	113/0.58	0.512	18.5	35.5	38	38.5	42		
	50	113/0.68	0.373	21	41	43.5	46	48.5		
	70	189/0.68	0.262	24	46	49.5	51	55		
	95	250/0.68	0.191	26	50.5	54	55	60.5		
	120	259/0.76	0.153	28.5		59	59	65.5		
	150	756/0.5	0.129	32		66.5	66	74		
	185	925/0.5	0.106	34.5		—	—	—		
	240	1 221/0.5	0.080 1	38						
	300	1 525/0.5	0.064 1	41.5						
	400	2 013/0.5	0.048 6	46.5						

5. 通信电线电缆

(1) 市内电话电缆

类别	标称对数	外径/ mm					用途
		0.4	0.5	0.6	0.7	0.9	
HQ03型铅套聚乙烯套市内电话电缆	5	12.7	12.6	13.2	14.1	15.3	适用于市内电话通信网
	10	13.5	13.5	15.0	16.5	19.1	
	15	14.4	14.7	16.7	17.9	21.4	
	20	15.5	15.7	17.4	19.7	22.7	
	25	16.2	16.9	19.9	21.6	25.7	
	30	16.7	17.4	20.4	22.1	26.2	
	50	19.7	21.1	23.9	26.1	32.0	
	80	22.5	24.3	27.9	30.6	38.8	
	100	23.5	25.9	30.2	33.6	42.9	
	150	27.7	29.5	35.9	40.6	51.5	
	200	30.2	33.9	39.1	45.0	56.5	
	300	33.8	39.1	47.5	53.2	68.3	
	400	38.8	45.1	53.1	60.8	76.1	
	500	42.3	48.8	58.7	67.7	—	
	600	46.5	52.2	64.0	72.9	—	
	700	50.0	56.0	68.2	—	—	
	800	52.2	58.7	72.4	—	—	
	900	55.1	62.7	—	—	—	
	1 000	57.4	65.3	—	—	—	
	1 200	62.7	70.6	—	—	—	
	1 800	75.6	—	—	—	—	
HQ型裸铅套市内电话电缆	5	7.3	7.2	7.8	8.9	10.1	
	10	8.1	8.1	9.8	11.4	13.0	
	15	9.2	9.5	11.6	12.8	14.3	
	20	10.3	10.5	12.3	13.6	16.8	
	25	11.1	11.8	13.8	15.5	19.7	
	30	11.6	12.3	14.3	16.2	20.2	
	50	13.6	15.0	18.0	20.1	26.2	
	80	16.6	18.4	21.9	24.6	32.1	

续表

类别	标称对数	外径/ mm					用途
		0.4	0.5	0.6	0.7	0.9	
HQ型裸铅套市内电话电缆	100	17.6	19.9	24.4	27.8	36.2	适用于市内电话通信网
	150	21.7	23.7	29.1	33.9	43.8	
	200	24.4	27.1	32.4	38.3	48.9	
	300	28.0	32.4	39.8	45.5	59.7	
	400	32.1	37.4	45.4	53.0	67.5	
	500	35.6	41.1	51.0	59.1	—	
	600	38.8	44.9	55.2	64.3	—	
	700	41.9	48.3	59.6	—	—	
	800	44.5	51.2	63.9	—	—	
	900	47.4	53.9	—	—	—	
	1 000	49.7	56.7	—	—	—	
	1 200	53.9	62.0	—	—	—	
	1 800	67.0	—	—	—	—	

类别	标称对数	外径/ mm				用途
		0.4	0.5	0.6	0.7	
HYQ型聚乙烯绝缘裸铅套市内电话电缆	5	7.9	8.9	9.8	11.0	适用于市内电话通信网
	10	9.4	10.9	12.1	13.3	
	15	10.9	12.3	13.8	15.3	
	20	11.9	13.4	15.2	17.1	
	25	12.7	14.5	16.6	18.5	
	30	13.9	16.1	18.3	20.7	
	50	16.8	19.5	22.3	25.3	
	80	20.3	23.7	27.5	31.4	
	100	21.3	24.8	28.9	33.0	
	150	26.2	31.0	36.1	41.5	
	200	30.0	35.2	41.4	47.3	
	300	34.3	40.0	47.5	54.4	
	400	38.9	45.0	53.9	62.4	
HYV型铜芯全塑聚乙烯绝缘氯乙烯护套市内电话电缆	5		9.0	10.0	11.0	
	10		11.0	12.0	13.0	

续表

类别	标称对数	外径/ mm				用途
		0.4	0.5	0.6	0.7	
HYV型铜芯全塑聚乙烯绝缘氯乙烯护套市内电话电缆	15		12.0	14.0	15.0	适用于市内电话通信网
	20		13.0	15.0	17.0	
	25		14.0	16.0	18.0	
	30		15.0	17.0	20.0	
	40		17.0	20.0	23.0	
	50		19.0	22.0	25.0	
	80		23.0	27.0	31.0	
	100		25.0	29.0	34.0	
	150		31.0	35.0	40.0	
	200		35.0	40.0	45.0	
	300		41.0	48.0	55.0	
	400		47.0	55.0	—	

（2）全聚氯乙烯配线电缆

标称对数	规格	外径/ mm	质量（kg/km）	用途
5	5×2×0.5	8.3	83.4	供连接市内电话电缆至分线箱或配线架之用，主要用于线路的始端和终端，也可以作短距离配线
10	I0×2×0.5	10.7	127.8	
15	15×2×0.5	13.0	195.1	
20	20×2×0.5	13.5	226.0	
25	25×2×0.5	15.8	275.1	
30	30×2×0.5	16.1	308.2	
40	40×2×0.5	17.5	373.7	
50	50×2×0.5	19.7	457.0	
80	80×2×0.5	24.4	712.4	
100	100×2×0.5	27.3	867.2	
150	150×2×0.5	30.0	118.0	
200	200×2×0.5	33.0	151.0	
300	300×2×0.5	39.0	214.0	

（3）局用电缆

品种	芯数	绞合方式	外径/ mm	质量（kg/km）	用途
HJVV型无屏蔽局用电缆	12	6×2×0.5	7	60	用于配线架至交换机或交换机内部各级机器间的连接
	15	5×3×0.5	8	70	
	22	11×2×0.5	9	90	
	24	12×2×0.5	9	100	
	33	11×3×0.5	11	150	
	42	21×2×0.5	12	170	
	44	11×4×0.5	13	180	
	48	16×3×0.5	13	200	
	50	25×2×0.5	13	200	
	63	21×3×0.5	15	250	
	78	26×3×0.5	16	300	
	84	42×2×0.5	16	310	
	93	31×3×0.5	17	340	
	104	52×2×0.5	17	370	
	105	21×3×0.5+21×2×0.5	18	380	
HJVVP型有屏蔽局用电缆	12	6×2×0.5	8	70	
	15	5×3×0.5	9	90	
	22	11×2×0.5	10	110	
	24	12×2×0.5	11	130	
	33	11×3×0.5	12	170	
	42	21×2×0.5	13	200	
	44	11×4×0.5	14	210	
	48	16×3×0.5	14	220	
	50	25×2×0.5	14	230	
	63	21×3×0.5	15	280	
	78	26×3×0.5	17	330	
	84	42×2×0.5	17	340	
	93	31×3×0.5	18	380	
	104	52×2×0.5	18	410	
	105	21×3×0.5+21×2×0.5	20	450	

（4）电话软线

类别	型号	绝缘厚度/mm	护套厚度/mm	最大外径/				用途
				二芯	三芯	四芯	五芯	
橡皮绝缘电话软线	HR	0.35	—	5.8	6.1	6.7	7.4	为橡皮绝缘纤维编织电话软线。连接电话机机座与电话机手柄或接线盒
	HRH	0.35	1.0	7.4	7.8	8.3	—	为橡皮绝缘橡皮护套电话软线。连接电话机机座与电话机手柄
	HRE	0.35	—	5.8	—	6.7	—	为橡皮绝缘纤维编织耳机软线连接话务员耳机
	HRJ	0.35	—	5.8	6.1	—	—	为橡皮绝缘纤维编织交换机插塞软线。连接交换机与插塞
聚乙烯绝缘电话软线	HRV	0.25	—	圆形4.3	4.5	5.1	—	为聚氯乙烯绝缘及护套电话软线。连接电话机与接线盒
	HRVB	0.25		扁形 3.0×4.3	—	—	—	为聚氯乙烯绝缘及护套扁形电话软线。连接电话机与接线盒
	HRV T	0.25		—	4.5	5.1	5.6	为聚氯乙烯绝缘及护套弹簧形电话软线连接电话机与送受话器

二、熔断器、漏电保护器和断路器

1. 熔断器

（1）RL6系列熔断器

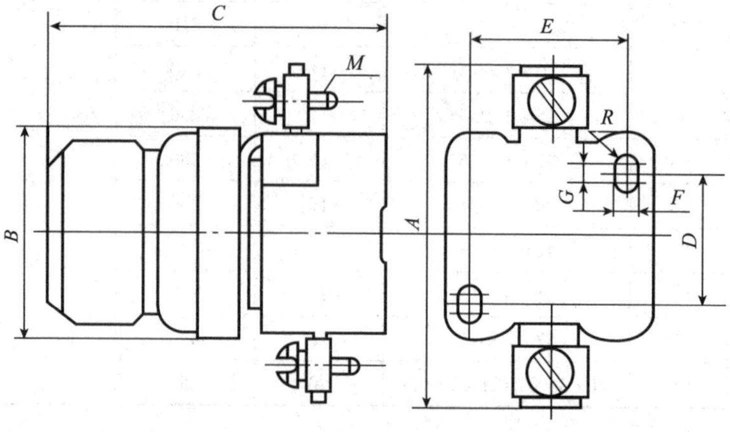

①技术性能

型号	熔断器支持件额定电流（A）	额定工作电压（V）	熔断器额定电流（A）	额定功率（W）	额定分断能力
RL6-25	25	500	2，4，6，10，16，20，25	4	50 kA cos φ = 0.1 ~ 0.2
RL6-63	63		25，50，63	7	
RL6-100	100		80，100	9	
RL6-200	200		125，160，200	19	

②规格与用途

型号	外形及安装尺寸/ mm								
	A	B	C	D	E	M	R	F	G
RL6-25	66	$43_{0}^{+1.5}$	80	30 ± 1	27.5 ± 1	M5	3	4.5	6
RL6-63	89	54_{0}^{+2}	82	32.5 ± 1	37.5 ± 1	M6		5	
RL6-100	121	75 ± 2.4	115	55 ± 1.2	45 ± 1	M8	4.5	7	9
RL6-200	158	82 ± 2.8	121	65 ± 1.2	60 ± 1.2	M10			
用途	RL6系列螺旋式熔断器适用于交流45 ~ 62 Hz、额定电压至500 V及以下、额定电流至200 A的电路中，作输配电设备、线路及系统的过载和短路保护用								

（2）NT（R T6）系列熔断器

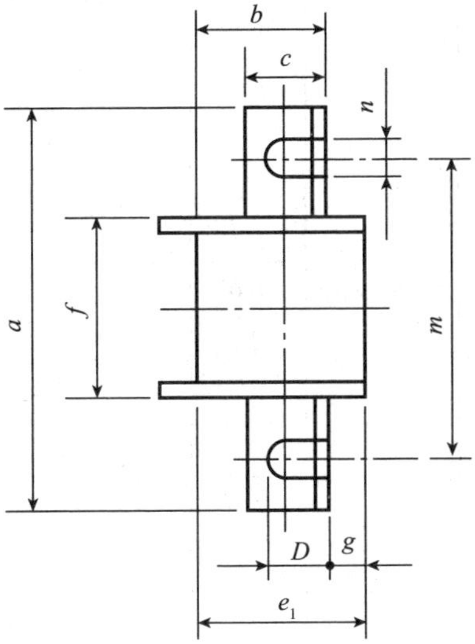

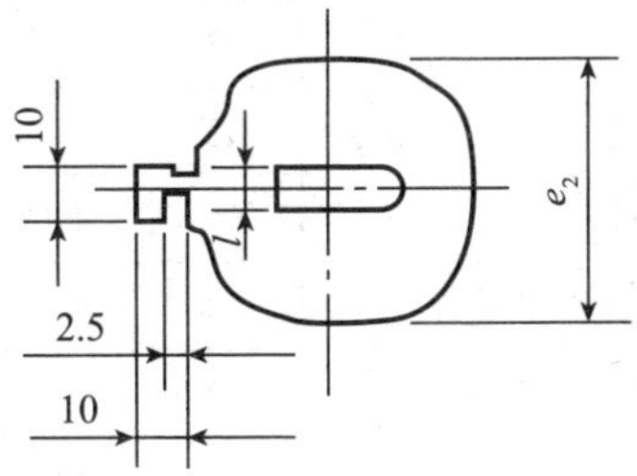

型号	熔断体				底座		用途
	额定电压（V）	额定电流（A）	额定损耗功率（W）	额定分断能力	型号	额定电流（A）	
N T00（R T16–00）	500 660	4	0.67	500 V，120 kA 660 V，50 kA	Sist160	160	适用于交流工频额定电压至500 V（个别型号为380 V或660 V）的配电系统中，作为线路的过负载及系统的短路保护用。适用环境温度为–5 ~ 40℃
		6	0.89				
		10	1.14				
		16	1.65				
		20	1.94				
		25	2.5				
		32	3.32				
		36	3.56				
		40	4.3				
		50	4.5				
		63	4.6				
		80	6				
		100	7.3				
	500	125	7.8	50 kA			
		160	9.8				
N T0（R T16–0）	500 660	6	1.03	500 V，120 kA 660 V，50 kA	Sistl60	160	
		10	1.42				
		16	2.45				
		20	2.36				
		25	2.7				
		32	3.74				
		36	4.3				
		40	4.7				
		50	5.5				
		63	6.9				
		80	7.6				
		100	8.9				
	500	125	10.1	50 kA			
		160	15.2				

续表

型号	熔断体				底座		用途
	额定电压（V）	额定电流（A）	额定损耗功率（W）	额定分断能力	型号	额定电流（A）	
NT1（RT16–1）	500 660	80	6.2	500 V，120 kA 660 V，50 kA	Sist201	250	适用于交流工频额定电压至500 V（个别型号为380 V或660 V）的配电系统中，作为线路的过负载及系统的短路保护用。适用环境温度为–5～40℃
		100	7.5				
		125	10.2				
		160	13				
		200	15.2				
	500	224	16.8	50 kA			
		250	18.3				
NT2（RT16–2）	500 660	125	9	500 V，120 kA 660 V，50 kA	Sist401	400	
		160	11.5				
		200	15				
		224	16.6				
		250	18.4				
		300	21				
		315	19.2				
	500	355	24.5	50 kA			
		400	26				
NT3（RT16–3）	500 660	315	21.7	500 V，120 kA 660 V，50 kA	Sist601	630	
		355	22.7				
		400	26.8				
		425	28.9				
	500	500	32	50 kA			
		630	40.3				
NT4	380	800	62	100 kA	Sist1 001	1 000	
		1 000	75				

（3）RS3系列有填充料快速熔断器

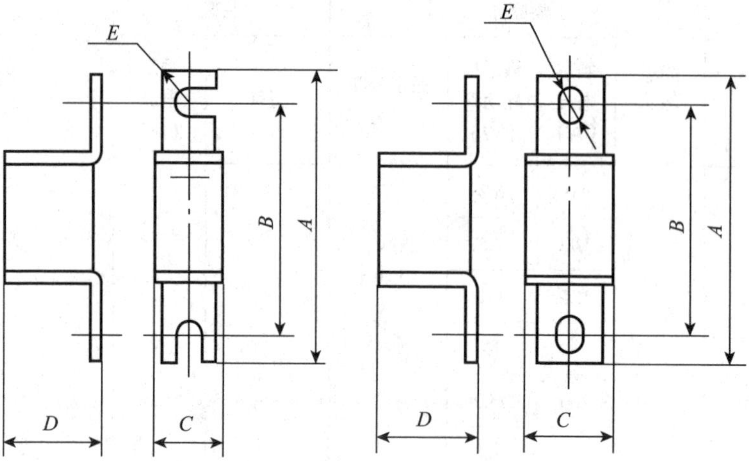

I_n<50 A　　　　I_n>50 A

型号	额定工作电压（V）	熔断器额定电流（A）	熔断体额定电流（A）	额定分断能力（kA）	最大功耗（W）	外形及安装尺寸/				
						A	B	C	D	E
RS3-500/50	500	50	10 15 30 50	50	20	135	120	25	45	ϕ7
RS3-500/100		100	80 100		50	140	120	40	43	7×10.5
RS3-500/150		150	150		60	145	120	46	50	9×13.5
RS3-500/200		200	200		70	150	120	55	60	9×13.5
RS3-500/300		300	250 300		85	155	120	66	72	13×19.5
						172	146	66	66	φ13
RS3-500/500		500	500		10	173	136	85	91	φ17
用途	适用于交流50 Hz额定电压至500 V、额定电流至500 A的电路中，作为晶闸管元件及其组成的成套装置的短路和过载保护之用									

2. 漏电保护器

（1）DZL43（FI N）系列漏电断路器

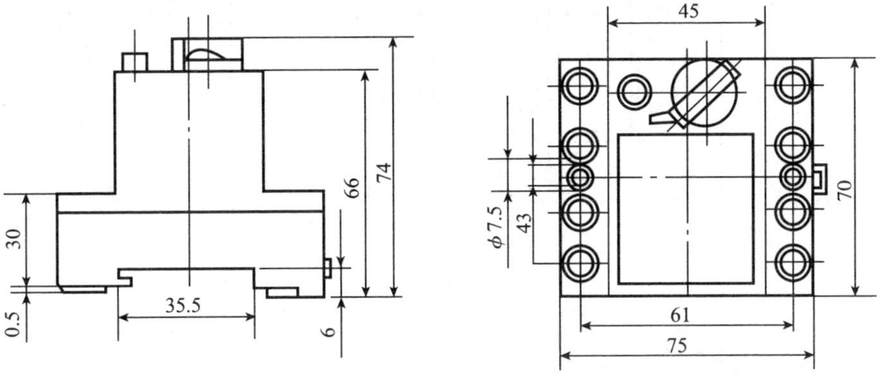

型号		DZL43（FI N25）25	DZL43（FI N40）40	DZL43（FI N63）63	用途
额定工作电压（V）		单相240/220、三相400/380			适用于交流50 Hz或60 Hz、额定工作电压单相220 V、三相380 V及以下，额定工作电流至63 A的电路中，作为人体触电或电网漏电时的保护设备使用。适用环境温度为-5～40℃
额定工作电流（A）		25	40	63	
漏电动作电流$I_{\Delta n}$（mA）		300、1 000、3 000、5 000			
漏电不动作电流（mA）		$0.5I_{\Delta n}$			
极数		2、3、4			
平衡负载或不平衡负载的不动作电流极限值		$2I_{\Delta n}$			
额定接通和分断能力最小值（A）		500		1 000	
额定有条件短路电流（A）		3 000		5 000	
寿命（次）		机械：8 000、电气：4 000			
开关动作时间（s）	$I_{\Delta n}$	0.2			
	$2I_{\Delta n}$	0.1			
	$5I_{\Delta n}$	0.04			

（2）JD2系列漏电继电器

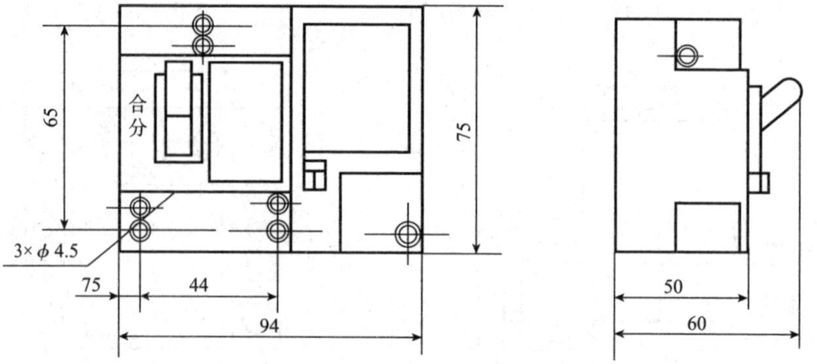

型号	额定工作电压（V）	额定工作电流（A）		额定漏电动作电流（mA）	额定漏电不动作电流（mA）	接通分断能力（A）		额定熔断短路电流（A）	机械寿命（次）	电寿命（次）	分断时间（s）	
		220 V	380 V			220 V	380 V				快速	反时限
JD2-1	220 380	1	0.95	30、 50、 100	15、 25、50	15	9.5	1 000	10 000	6 000	0.1 ~ 0.4	0.1 ~ 0.5
JD2-2	220 380	1	0.95	50、 100、 200	25、 50、100	15	9.5	1 000	10 000	6 000	0.1 ~ 0.4	0.1 ~ 0.5
JD2-3	220 380	1	0.95	75、 150、 300	37.5、 75、150	15	9.5	1 000	10 000	6 000	0.1 ~ 0.4	0.1~ 0.5
用途	适用于交流50 Hz、额定工作电压至380 V的电路中，作为漏电及触电保护用，与同样电压等级的断路器或交流接触器配合，组成漏电保护装置。适用环境温度为-5 ~ 40℃											

3. 断路器

（1）3VE系列塑料外壳式断路器

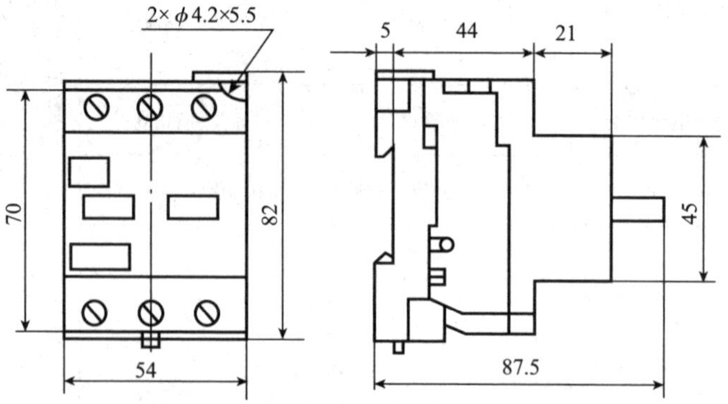

3VE1型

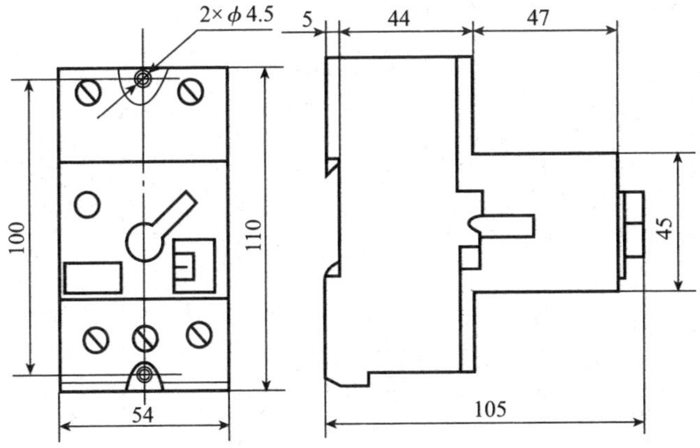

3VE3型

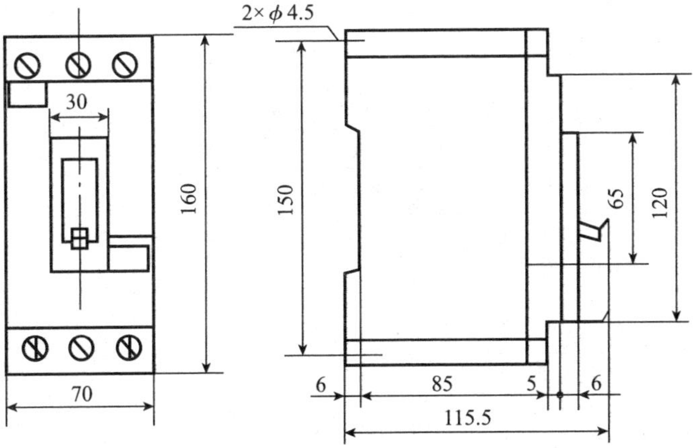

3VE4型

<table>
<tr><th rowspan="2">型号</th><th colspan="3">控制电动机功率（kW）</th><th colspan="2">通断能力（kA）</th><th rowspan="2">机械寿命（次）</th><th colspan="3" rowspan="2">脱扣器保护特性</th><th colspan="3">工作条件</th></tr>
<tr><th>200 V</th><th>380 V</th><th>660 V</th><th>220 V
380 V</th><th>660 V</th><th>环境温度/℃</th><th>相对湿度≤ 40℃</th><th>相对湿度≤ 20℃</th></tr>
<tr><td rowspan="4">3VE1</td><td rowspan="4">5.5</td><td rowspan="4">10</td><td rowspan="4">13</td><td rowspan="4">1.5</td><td rowspan="4">1.0</td><td rowspan="4">100 000</td><td colspan="3">保护电动机用</td><td rowspan="7">-20～55</td><td rowspan="7">50%</td><td rowspan="7">90%</td></tr>
<tr><td>1.05 In</td><td>1.2 In</td><td>12 In</td></tr>
<tr><td>2 h</td><td><2 h</td><td rowspan="2">瞬动</td></tr>
<tr><td>不动作</td><td>动作</td></tr>
<tr><td rowspan="2">3VE3</td><td rowspan="2">9</td><td rowspan="2">16</td><td rowspan="2">26</td><td rowspan="2">10</td><td rowspan="2">3.0</td><td rowspan="2">100 000</td><td colspan="3">配电用</td></tr>
<tr><td>1.05 In</td><td>1.3 In</td><td>10 In</td></tr>
<tr><td>3VE4</td><td>18</td><td>32</td><td>58</td><td>22</td><td>7.5</td><td>30 000</td><td>1 h
不动作</td><td>1 h
动作</td><td>瞬动</td></tr>
</table>

（2）DZ20系列塑料外壳式断路器

型号	壳架等级额定电流（A）	额定电流 I_{nm}（A）	极数	额定极限短路分断能力 AC380 V（kA）	额定运行短路分断能力 AC380 V（kA）	瞬时脱扣器整定电流		电寿命（次）	机械寿命（次）
						配电用	保护电动机用		
DZ20Y-100	100	16、20、32、40、50、63、80、100	2、3	18	14	10 In≤40 A为600 A	12 In	4 000	4 000
DZ20J-100			2、3、4	35	18				
DZ20G-100			2、3	100	50				
DZ20H-100			2、3	35	18				
DZ20C-160	160	16、20、32、40、50、63、80、100、125、160	3	12	—	10 In	—	2 000	6 000
DZ20Y-200	200	63、80、100、125、160、180、200、225	2、3	25	18	5 In 10 In	81 In 12 In	2 000	6 000
DZ20J-200			2、3、4	42	25				
DZ20G-200			2、3	100	50				
DZ20H-225			3	35	18				
DZ20C-250	250	100、125、160、180、200、225、250	3	15	—	10 In	—	2 000	6 000
DZ20C-400	400	100、125、160、180、200、250、315、350、400	3	20	—	10 In	—	1 000	4 000
DZ20Y-400	400	200（Y）、250、315、350、400	2、3	30	23	10 In	12 In	1 000	4 000
DZ20J-400				50	25	5 In	—		
DZ20G-400				100	50	10 In	—		
DZ20C-630	630	250、315、350、400、500、630	3	20		5 In 10 In	—	1 000	4 000
DZ20Y-630			2、3	30	23		—		
DZ20J-630			2、3、4	50	25		—		
DZ20H-630			3	50	25		—		
DZ20Y-1 250	1 250	630、700、800、1 000、1 250	2、3	50	38	4 In	—	500	2 500
DZ20J-1 250				65	38	7 In	—		
用途	适用于交流50 Hz或60 Hz额定电压至660 V及以下的电路中，作为电动机的过载和短路保护用，还可在配电网络中线路和电源设备的过载和短路保护用								

三、电工仪表、电器和电料

（一）电工仪表

1. 安装式电流表与电压表

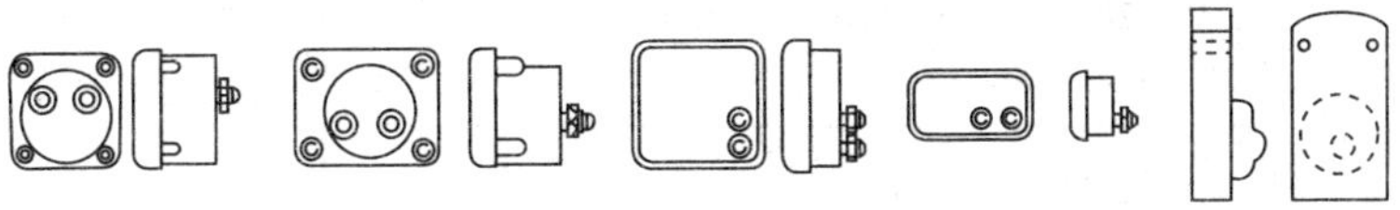

Ⅰ型　　Ⅱ型　　Ⅲ型　　Ⅳ型　　Ⅴ型

型号	名称	量限	准确度（%）	接入方式	用途
42L9-A	交流电流表	0.5，1.2，3.5，10，15，20，30，50 A	±1.5	直接接通	适于固定安装在控制盘、控制屏、开关板及电气设备面板上，用来测量交流电路中的电流与电压
		5，10，15，20，30，50，75，100，150，200，300，400，500，600，750 A		经电流互感器接通二次电流5 A	
		1，1.5，2，3，4，5，6，7.5，10 kA			
42L9-V	交流电压表	15，30，50，75，100，250，300，450，500，600 V		直接接通	
		3，7.5，12，15，150，300，450 kV		经电流互感器接通二次电压100 V	
42L20-A	交流电流表	0.5，1，2，3，5，10，15，30 A		直接接通	
		5，10，15，30，50，75，100，150，300，450，500，750，A1，2，3，5，7.5，10 kA		配用电流互感器二次电流5 A	
42L20-V	交流电压表	30，50，75，100，150，250，300，500，600 V		直接接通	
		3.6，7.2，12，18，42，72，150，300，450 kV		配用电流互感器二次电压100 V	
44L1-A	交流电流表	0.5，1，2，3，5，10，20 A		直接接通	
		5，10，15，20，30，50，75，100，150，200，300，400，600，750 A1.5，2，3，4，5，6，7.5，10 kA		经电流互感器接通二次电流5 A	
44L1-V	交流电压表	3，5，7.5，10，15，20，30，50，75，100，150，250，300，450，500，600 V		直接接通	
		1，3，6，10，15，35，60，100，220，380 kV		互感器接通二次电压100 V	

续表

型号	名称	量限	准确度（%）	接入方式	用途
44L13-A	交流电流表	0.5，1，2.5，5，10 A	±1.5	直接接入	适于固定安装在控制盘、控制屏、开关板及电气设备面板上，用来测量交流电路中的电流与电压
		15，20，30，50，75，100，150，200，300，450，600，750 A		经电流互感器	
		1，1.5 kV			
44L13-V	交流电压表	10，15，30，50，75，100，150，250，300，450 V		直接接入	
		450，600，750 V		经电压互感器	
		1，1.5 kV			
16C14-A	直流电流表	50，100，150，200，300，500 μA ±25，±50，±100，±150，±250，±300，±500 μA；1，2，3，5，10，15，20，30，40，50，75，100，150，200，300，500 mA；1，2，3，5，7.5，10 A		直接接通	
		15，20，30，40，50，75，100，150，200，300，500，750 A；1，2，3，5，7.5，10 kA		外附FLZ型分流器	
16C14-V	直流电压表	1.5，3，5，7.5，10，15，20，30，50，75，100，150，200，250，300，450，500，600 V		直接接通	
		750，1 000，1 500 V		外附FJ17型定值电阻器	
42C6-A	直流电流表	1，2，3.5，7.5，10，15，20，50，75，100，150，200，300，500 mA		直接接通	
		1，2，3，5，7.5，10，15，20，30 A			
		75，100，150，200，300，500，750 A		外附定值分流器	
		1，1.5，2，3，4，5，6，7.5，10 kA			
42C6-V	直流电压表	3，7.5，10，15，20，30，50，75，150，200，250，300，450，500，600 V		直接接通	
		0.75，1，1.5 kV		外附定值分流器	

续表

型号	名称	量限	准确度（%）	接入方式	用途
42C20-A	直流电流表	100，200，300，500 μA；1，2，3，5，10，20，30，50，75，100，150，200，250，300，500，750 mA；1，2，3，5，7.5，10，15，20，30，50 A	±1.5	直接接通	适于固定安装在控制盘、控制屏、开关板及电气设备面板上，用来测量交流电路中的电流与电压
		75，100，150，200，300，500，750 A；1，1.5，2，3，4，5，6，10 kA		外附分流器	
42C20-V	直流电压表	1.5，3，7.5，10，15，20，30，50，75，100，150，200，250，300，450，500，600 V		直接接通	
		750 V；1，5 kV		外附定值电阻器	

2. 电能表

单相

三相

名称	型号	准确度（级）	额定电流（A）	额定电压（V）	外形尺寸（mm × mm × mm）
单相电能表	DD5	2.0	3，5，10	220	152 × 110 × 107
	DD5b		1，3，5		—
单相电能表	DDl0	2.0	2.5，5，10，15，20	220	144 × 107 × 111
	DD18-2		1，3，5		156 × 103 × 98
	DD20		1，2，10		157 × 107 × 105
	DD28		1，2，5，10，20，40		157 × 110 × 105
	DD28		2（4）		52 × 21 × 37

续表

名称	型号	准确度（级）	额定电流（A）	额定电压（V）	外形尺寸（mm×mm×mm）
三相四线有功电能表	D T6	2.0	5，10，15	380/220	236×156×115
	D T8		5，10，20，25		252×156×128
			40，80		260×165×132
	D T10		5		247×156×124
	D T18–2		5，10，20，30，60		294×166×107
用途	单相电能表用来测量单相交流电路耗用的有功电能。三相电能表用来测量三相四线电路或三相三线电路耗用的有功电能				

3. PZ52B型数字电表

	量程	分辨力	误差8 h（20±1）℃ ±（读数%+字）	误差6个月（20±5）℃ ±（读数%+字）	温度系数/℃ ±（读数%+字）
直流电压测量	19.999 mV	1 μV	0.024	0.036	0.002 52
	199.99 mV	10 μV	0.011	0.022	0.00250.2
	1.999 9 V	100 μV	0.011	0.021	0.002 5
	19.999 V	1 mV	0.021	0.021	0.0030.2
	199.99 V	10 mV	0.021	0.031	0.003
	1 000 V	100 mV	0.021	0.031	0.003
	量程	分辨力	输入电阻	误差6个月（20±5）℃ ±（读数%+字）	温度系数/℃ ±（读数%+字）
直流电流测量	19.999 μV	1 nA	1 kΩ	0.28	0.005 2
	199.99 μV	10 nA	1 kΩ	0.24	0.0050.2
	1.999 9 mV	100 hA	10 Ω	0.28	0.005 2
	19.999 mV	1 μA	10 Ω	0.24	0.0050.2
	199.99 mV	10 μA	0.1 Ω	0.48	0.005 2
	1.999 9 A	100 μA	0.1 Ω	0.44	0.0050.2

续表

交流电压测量（平均值测量、有效值刻度）	量程	分辨力	误差8 h（20±1）℃ 40 Hz～15 kHz±（读数%+字）	误差6个月（2±5）℃ Hz～15 kHz±（读数%+字）	温度系数/℃ ±（读数%+字）
	199.99 mV	10 μV	0.151 0	0.210	0.015
	1.999 9 V	100 μV	0.151 0	0.210	0.015
	19.999 V	1 mV	0.210	0.310	0.02
	199.99 V	10 mV	0.210	0.310	0.02
	600.0 V	100 mV	0.210	0.310	0.02
交流电压测量（40 Hz～10 kHz）	量程	分辨力	输入电阻	误差6个月±5℃ ±（读数%+字）	温度系数/℃ ±（读数%+字）
	19.99 μA	10 nA	1 kΩ	0.310	0.010.1
	199.9 μA	100 nA	1 kΩ	0.31	0.010.1
	1.999 mA	1 μA	10 Ω	0.310	0.010.1
	19.99 mA	10 μA	10 Ω	0.31	0.010.1
	199.9 mA	100 μA	0.1 Ω	0.510	0.010.1
	1.999 A	1 mA	0.1 Ω	0.51	0.010.1
用途	用于测量0～1 000 V直流电压、0～2 A直流电流以及0～600 V交流电压（频率范围为40～15 kHz），也可以作为标准表，校验等级较低的数字电压表、数字面板表及指针式仪表				

4. PZ90型交流数字电压表

型号	对应量程	测量范围	灵敏度	输入阻抗	过载电压(V)	采样速率(次/s)	平均无故障时间(h)	功耗(W)	外形尺寸(mm×mm×mm)
PZ90/1	200 mV	0～199.9 mV	100 μV	≥10 MΩ	2	2～3	>1 000	3.5	48×110×112
PZ90/2	2 V	0～1.999 V	1 mV	≥100 kΩ	20				
PZ90/3	20 V	1～19.99 V	10 mV	≥100 kΩ	200				
PZ90/4	200 V	0～199.9 V	100 mV	≥1 MΩ	400				
PZ90/5	400 V	0～400 V	1 V	≥1 MΩ	600				
用途	用于测量频率为50～1 kHz范围内0～400 V的交流电压								

5. 钳形电表

名称	型号	量限	精度（%）	外形尺寸（mm×mm×mm）
钳形交流电流表	MG3-1（T301）	10，25，50，100，250，10，25，100，300，600 A 10，30，100，300，1 000 A	±2.5	385×110×75
钳形交流电流电压表	MG3-2（T302）	10，50，250，1 000 A 300，600 V	±2.5	385×110×75
	MG4	10，30，100，300，1 000 A 150，300，600 V	±2.5	315×90×60
	MG24	5，25，50A；300，600 V 5，50，250，A；300，600 V	±2.5	160×82×36
钳形交、直流电流表	MG20	200，400，600 A	±2.5	308×107×70
	MG21	750，1 000，1 500 A		308×107×70
多用钳形电表	MG31	AC：5，25，50 A，450 V，Ω：50 kΩ AC：50，125，250 A，450 V 450 V，Ω：30 kΩ	±2.5	184×80×35
	MG33	AC：5，50；25，100；50，250 A AC：150，300，600 V，Ω：300 Ω		195×80×38
	MG41	AV：10，30，100，300，1 000 A 150，300，600 V W：1，3，30，100 kW		315×90×60
多用钳形电表	MG310	AC：6，15，60，150，300 A AC：150，300，750 V Ω：1，100 kΩ	±5.0	315×90×60
用途	钳形电表使用和携带方便，是一种整流系多量程的指针式仪表，可以在不断开被测线路的情况下对电气参数进行测量			

6. DD862型单相电能表

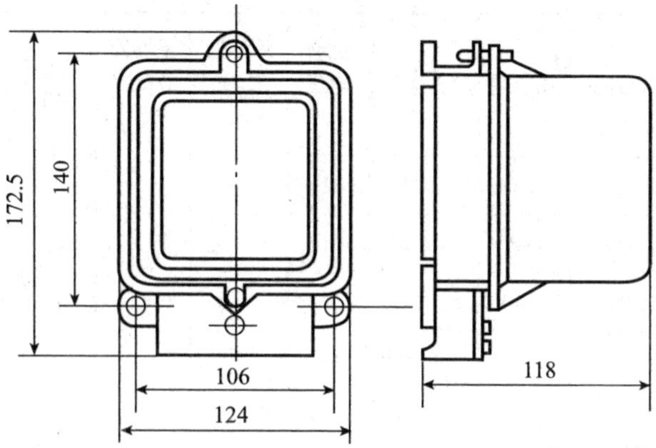

DD862-4型

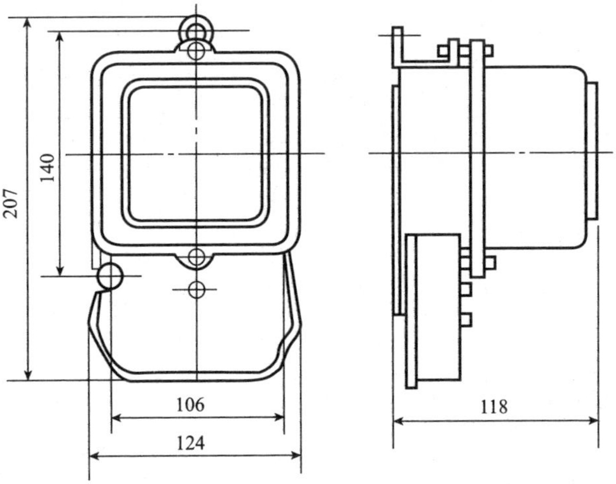

DD862a-4型

型号	名称	准确度（级）	额定电压（V）	标定电流（最大电流）（A）
DD862-4	单相电能表	2.0	220	2.5（10），5（20），10（40），15（60），30（100）
DD862a-4				1.5（6），2.5（10），5（20），10（40），15（60）
DD862a				3（6），5（10），10（20），20（40），30（60）；3（9），5（15），10（30），15（45），20（60）；1.5（6），2.5（10），5（20），10（40），15（60），20（80）
用途	用于测量额定频率50 Hz单相交流有功电能			

7. 三相电能表

型号	名称	准确度（级）	额定电压（V）	标定电流（最大电流）（A）
DS864-2	三相三线有功电能表	1.0	100	3（6）
DS864-4				1.5（6）
DS864a		1.0	100	3（6），1.5（6）
DS862-2		2.0	100 380	3（6）
DS862-4			380	5（20），10（40），1.5（60），30（100）
DS862a		2.0		5（10），10（20），15（30），20（40），30（60），40（80），60（120）；5（15），10（30），15（45），20（60），30（90），40（120）；1.5（6），5（20），10（40），15（60），20（80），30（120）

续表

<table>
<tr><th>型号</th><th>名称</th><th>准确度（级）</th><th>额定电压（V）</th><th>标定电流（最大电流）（A）</th></tr>
<tr><td>DS35</td><td rowspan="3">三相三线有功电能表</td><td>0.5</td><td>100</td><td>5</td></tr>
<tr><td>DS38</td><td>0.5</td><td>100</td><td>5（6）</td></tr>
<tr><td>FL246（DS246）</td><td>1.0</td><td>100
220
380</td><td>0.3（1.2），1.5（6），0.5（2），2.5（10）</td></tr>
<tr><td>A N31R</td><td>三相三线有功电能表</td><td>0.5
1.0</td><td>100</td><td>5（6）</td></tr>
<tr><td>AS31</td><td>三相三线无功电能表</td><td>2.0</td><td>100</td><td>5（6）</td></tr>
<tr><td>DX863—2</td><td rowspan="2">三相三线无功电能表</td><td>2.0</td><td rowspan="2">100，380</td><td rowspan="2">3（6）</td></tr>
<tr><td>DX865—2</td><td>3.0</td></tr>
<tr><td>D T864—2</td><td rowspan="5">三相四线有功电能表</td><td rowspan="2">1.0</td><td rowspan="5">380/220</td><td>3（6）</td></tr>
<tr><td>D T864—4</td><td>1.5（6）</td></tr>
<tr><td>D T862—2</td><td rowspan="3">2.0</td><td>3（6）</td></tr>
<tr><td>D T862—4</td><td>5（20），10（40），15（60），30（100）</td></tr>
<tr><td>D T862a</td><td>5（10），10（20），15（30），20（40）：30（60），40（80），60（120）；5（15），10（30），15（45），20（60）；30（90），40（120）；1.5（6），5（20），10（40），15（60）；20（80），30（120）</td></tr>
<tr><td>ML246（D T246）</td><td>三相四线有功电能表</td><td>1.0</td><td>100/57.7/，200/127，/380/220</td><td>0.3（1.2），1.5（6）；0.5（2），2.5（10）</td></tr>
<tr><td>DX246b</td><td>三相无功电能表</td><td>2.0</td><td>100
220
380</td><td>0.3（1.2），0.5（2），0.6（2.4）；1.5（6），2.5（10）</td></tr>
<tr><td>DX864-2</td><td rowspan="2">三相四线有功电能表</td><td>2.0</td><td rowspan="2">380</td><td rowspan="2">3（6）</td></tr>
<tr><td>DX862-2</td><td>3.0</td></tr>
<tr><td>用途</td><td colspan="4">用于计量额定频率为50 Hz的三相电路的有功和无功电能</td></tr>
</table>

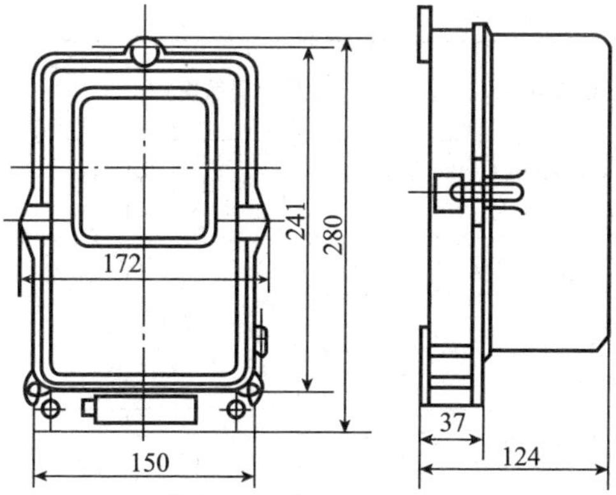

DS84 $\frac{2}{4}$，DS86 $\frac{2}{4}$，DX86 $\begin{smallmatrix}2\\3\\4\end{smallmatrix}$型

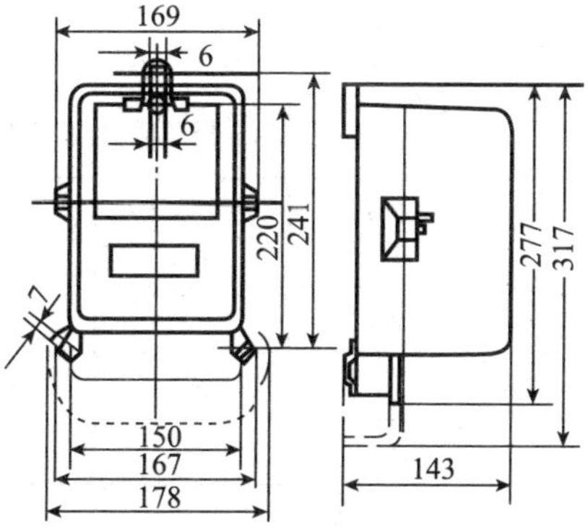

FL246 ML246、DX246b
型(胶木外壳)

8. 指针式万用表

<table>
<tr><th>型号</th><th colspan="2">测量范围</th><th>灵敏度</th><th>精度
（%）</th><th>外形尺寸
（mm×mm×mm）</th></tr>
<tr><td rowspan="4">MF64</td><td colspan="2">直流电压：
0 ~ 0.5 ~ 2 ~ 10 ~ 50 ~ 200 ~ 500 ~ 1 000 V</td><td>2 kΩ/V</td><td rowspan="2">± 2.5</td><td rowspan="4">171 × 122 × 59</td></tr>
<tr><td colspan="2">直流电流：0 ~ 5 μA ~ 0.25 ~ 2.5 ~ 1.25 ~ 25 ~ 125 ~ 500 mA ~ 2.5 A</td><td></td></tr>
<tr><td>0 ~ 10 V
交流电压：
0 ~ 50 ~ 2 500
0 ~ 500 ~ 1 000 V</td><td>45 ~ 20 kHz ~ 50 Hz
频率范围：
45 ~ 1 000 Hz
45 ~ 65 Hz</td><td>4 kΩ/V</td><td rowspan="2">± 5.0</td></tr>
<tr><td colspan="2">直流电流：0 ~ 0.5 ~ 5 ~ 25 ~ 50 ~ 250 m A ~ 1 A，频率范围：45 ~ 500 Hz</td><td>—</td></tr>
</table>

续表

型号	测量范围	灵敏度	精度（%）	外形尺寸（mm×mm×mm）
	电阻：0～2 kΩ～2 kΩ　0～200 kΩ～2 mΩ～20 mΩ	—	±5.0	171×122×59
	h_{FE}：Si.Ge三极管0～400			
	电平：0～+56 dB			
	V_{BATT}：0～1.5 V			
MF82	直流电流：0.1～0.5～5～25～50～250 mA～2.5 A	10.75 V	±2.5	149×100×41
	直流电压：150 mA（不考核）2～5～20～50～100～500 V	10 kΩ/V 4 kΩ/V	±2.5	
	交流电流0.5 mA（不考核）1～10～50～100～500 mA	1.5 V	±5.0	
	交流电压：750 mA（不考核）10～25～50～100～500 V	2 kΩ/V	±5.0	
	电阻：R×1 Ω，R×10 Ω，R×100 Ω，R×1 kΩ，R×10 kΩ	—	±2.5	
	h_{FE}：Si（硅）0～380Ge（锗）0～230	—	—	
	音频电平：−10～+22 dB	—	—	
	音频功率：0～12 W	—	—	
MF92	直流电流：0～0.5～1～10～100～500 mA	0.5 V	±2.5	150×100×46
	直流电压：0～0.5～2.5～10～50～250～1 000 V	±20 kΩ/V	±2.5	
	交流电压：0～2.5～10～250～500～1 000 V	5 kΩ/V	±5.0	
	直流电阻：R×1 Ω，R×10 Ω，R×100 Ω，R×1 kΩ，R×10 kΩ	—	±2.5	
	音频电平：−10～+22 dB	—	—	
	h_{FE}：0～250	—	参考值	
	信号源输出：1 kHz，150 MV，465 kHz（已调波）	—	参考值	
MF368	直流电压：0～0.15～0.5～2.5～10～50～250～500～1 500 V	20 kΩ/V 9 kΩ/V	±2.5 ±5.0	
	直流电流：0～50 μA～2.5～25～250 mA～2.5 A			

续表

型号	测量范围	灵敏度	精度（%）	外形尺寸（mm×mm×mm）
MF368	交流电压：0～2.5～10～50～250～500～1 500 V	20 kΩ/V	±2.5	150×100×46
	电阻：×1，×10，×100，×1 kΩ，×10 kΩ	9 kΩ/V	±5.0	
MF105	直流电压：0～0.1 V	20 kΩ/V	±5	223×149×73
	直流电压：0～0.5～2.5～10～25～100～250～500 V		±2.5	
	直流电压：0～1 000 V		±5	
	直流电流：0～50 pA～50 mA～5 mA～50 mA～500 mA～5 A	≤1 255 mV	±2.5	
	交流电压：0～2.5 V～10～25～100～250～500 V	4 kΩ/V	±5	
	交流电流：0～0.5 mA～5 mA～50 mA～500 mA～5 A	≤1 255 mV	±5	
	电阻量程：R×1 Ω，R×10 Ω，R×100 Ω，R×1 000 Ω	—	—	
	电容量程：μF×1，pF×10，μF×100，μF×1 000	—	—	
用途	用于测量直流电流、交流电流、交流电压、直流电阻以及音频电平、电容、电感等			

9. 数字式万用表

型号	量限	准确度	频率范围（Hz）	外形尺寸（mm×mm×mm）
PF33	直流电压：200 mV、2 V、20 V、200 V、1 000 V	（±0.25～0.35）±1字	—	51×83×191
	交流电压：200 mV、2 V、20 V、200 V	±1%读数	40～1 000	
	交流电压：750 V	±1%读数	40～400	
	交流电压：2 000 mV、2 V、20 V、200 V、750 V	±（0.5～0.6）%+3字	50或60	
	直流电流：2、20、200、2 000 mA	±0.75%读数+1字	—	
	交流电流：2、20、200、2 000 mA	1.5%读数+3字	—	

续表

型号	量限	准确度	频率范围（Hz）	外形尺寸（mm × mm × mm）
PF33	电阻：200 Ω、2、20、200、2 000 kΩ、20 MΩ	0.25%读数+1字	—	51 × 83 × 191
PF24A	直流电压：0.2 ~ 1 000 V	± 0.2%读数，± 0.1%满度	—	117 × 178 × 49
	直流电流：0.2 ~ 2 000 mA	± 0.5%读数，± 0.2%满度		
	交流电压：0.2 ~ 750 V	± 0.1%读数，± 0.5%满度		
	交流电流：0.2 ~ 2 000 kΩ	± 0.5%读数，± 0.2%满度		
D T830	DC：200 mV ~ 1 000 V 200 μA ~ 10 A AC：200 mA ~ 750 V 200 μA ~ 10 A 200 Ω ~ 20 MΩ h_{FE}：0 ~ 1 000	± 0.8% ± 2字 ± 1% ± 2字 ± 1% ± 5字 ± 1.2% ± 5字 ± 2% ± 3字	—	160 × 84 × 26
D T890	DC:200 mV ~ 1 000 V 200 μA ~ 10 A AC：200 mV ~ 700 V 2 mA ~ 10 A R：200 Ω ~ 20 MΩ h_{FE}：0 ~ 1 000	± 0.5% ± 1字 ± 1.2% ± 1字 ± 1.2% ± 3字 ± 1.8% ± 3字 ± 1% ± 2字	—	162 × 88 × 36
PF5b	直流电压： 1 000 mV 10 V 100 V 1 000 V	±（0.05%读数+0.02%满度） ±（0.03%读数+0.02%满度） ±（0.05%读数+0.02%满度） ±（0.05%读数+0.02%满度）	—	78 × 200 × 240
	直流电流： 1 000 μA 10 mA 100 mA 200 mA	±（0.1%读数+0.02%满度） ±（0.1%读数+0.02%满度） ±（0.1%读数+0.02%满度） ±（0.1%读数+0.1%满度）		
	交流电压： 1 000 mV 10 V 100 V 600 V	±（0.1%读数+0.1%满度） ±（0.2%读数+0.15%满度） ±（0.15%读数+0.15%满度） ±（0.3%读数+0.2%满度） ±（0.5%读数+0.3%满度）	100 ~ 1 000 45 ~ 100 1 ~ 10 000 100 ~ 1 000 45 ~ 100 1 ~ 5 000 45 ~ 1 000	

续表

型号	量限	准确度	频率范围（Hz）	外形尺寸（mm × mm × mm）
PF5b	交流电流： 1 000 μA 10 mA 1 000 mA	±（0.3%读数+0.2%满度） ±（0.5%读数+0.2%满度） ±（0.2%读数+0.1%满度） ±（0.3%读数+0.2%满度）	100 ~ 1 000 45 ~ 100 1 ~ 5 000 100 ~ 1 000 45 ~ 100 1 ~ 5 000	78 × 200 × 240
	交流电流： 200 mA	±（0.5%读数+0.3%满度） ±（0.7%读数+0.5%满度）	100 ~ 1 000 45 ~ 100 1 ~ 5 000	
	电阻：1 000 Ω 10 kΩ 100 kΩ 1 000 kΩ 10 MΩ 20 MΩ	±（0.05%读数+0.02%满度） ±（0.05%读数+0.02%满度） ±（0.05%读数+0.02%满度） ±（0.05%读数+0.02%满度） ±（0.5%读数+0.05%满度） ±（0.1%读数+0.2%满度）	—	

10. 电流互感器

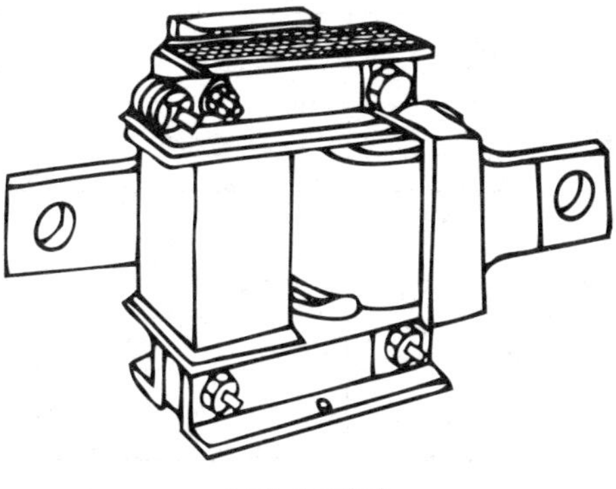

LGQ–0.5系列

	型号名称	准确二次额定电压	额定电流比（A）	质量（kg/个）	外形尺寸（mm × mm × mm）
规格	LQG–05 电流互感器	0.5 500（V）	7.5/5、10/5、15/5、20/5、25/5	1.7	130 × 115 × 105
			30/5、40/5、50/5、75/5、100/5	1.7	130 × 120 × 105
			150/5、200/5、250/5、300/5、400/5、500/5、600/5	1.7	112 × 170 × 105
				2.0	112 × 210 × i05
用途	在大电流的交流电路中，应用电流互感器将大电流转换成较小的电流（5 A），供测量或继电保护用				

11. 电压互感器

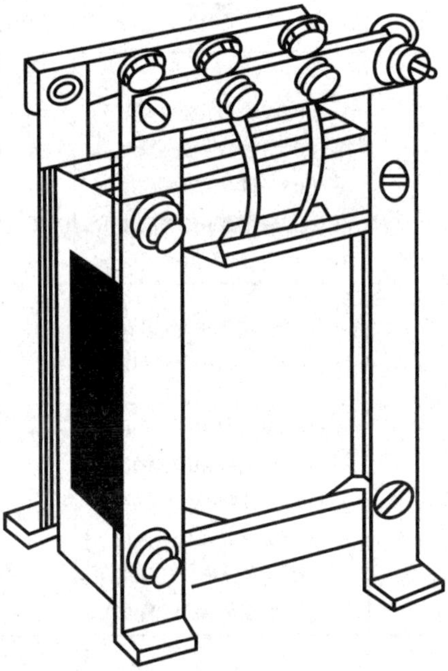

型号名称	额定电压（V）		准确容量（W）	
	一次	二次	0.5级	1级
LDG–0.5 电流互感器	220	100	25	40
	380	100	25	40
	500	100	25	40

型号名称	准确容量（W）2级	最大容量（W）	质量（kg/个）	外形尺寸（mm × mm × mm）
LDG–0.5 电流互感器	100	200	8	132 × 153 × 192
	100	200	8	
	100	200	8	
用途	将高压转变为较低的电压（100 V），供测量、继电保护或指示用			

（二）开关与插座

1. 照明开关

（1）AP86系列

名称	图例	型号	规格	用途
单位单极开关		AP86K11-10	250 V 10 A	适用于各类民用住宅、宾馆、公共建筑、工矿企业、办公楼、实验室以及文化体育设施，教学楼、医院等
单位双联开关		AP86K12-10		
两位单极开关		AP86K22-10	250 V 10 A	
两位双联开关		AP86K21-10		
三位单极开关		AP86K31-10	250 V 10 A	
三位双联开关		AP86K32-10		
四位单极开关		AP86K41-10	250 V 10 A	
四位双联开关		AP86K42-10		
电铃开关		AP86KL-10	250 V 10 A	
带指示器电铃开关		AP86KLD10	250 V 10 A	
带电铃开关“请勿打扰”显示板		AP86KQ-10	250 V 10 A	
调光开关		AP86K T-1	250 V 100 W	
调光开关		AP86K T-2	250 V 400 W	
单位单极拉线开关		AP86K11-6L	250 V 6 A	
单位双联拉线开关		AP86K12-6L		

（2）H86系列

名称	型号	规格	图例	用途
单位单极开关	H86K11-10	10 A 250 V		适用于各类民用住宅、宾馆、办公楼、实验室教学楼、医院等
单位双联开关	H86K12-10			
两位单极开关	H86K21-10	10 A 250 V	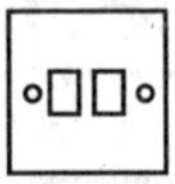	
两位双联开关	H86K22-10			
三位单极开关	H86K31-10	10 A 250 V	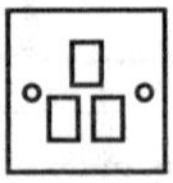	
三位双联开关	H86K32-10			
四位单极开关	H86K41-10	10 A 250 V		
四位双联开关	H86K42-10			
电铃开关	H86KL1-6	6 A 250 V		
带指示器电铃开关	H86KL1D6	6 A 250 V		
调光开关	H86K T150	250 V 150 VA		
调光开关	H86K T250	250 V 150 VA		
调速开关	H86K TS150	250 V 150 VA		
调速开关	H86K TS250	250 V 250 VA		
两位调速开关	H146K2 TS150	250 V2 × 250 VA		
两位调速开关	H146K2 TS250	250 V2 × 250 VA		

2. 转换开关

名称	使用类别	控制容量	接通 U(V)	接通 I(A)	接通 COS φ	接通 T(ms)	分断 U(V)	分断 J(A)	分断 COS φ	分断 T(ms)	寿命(万次)	用途
LW5系列万能转换开关	AC-11	1 000 VA	500	20	0.7	—	500	2.0	0.4	—	20	适用于交流50 Hz、额定电压至500 V及直流电压至400 V的电路中，作为电气控制线路（控制电磁线圈、电气测量仪表和伺服电动机等）的转换设备使用
			380	26			380	2.6				
			220	46			220	4.6				
	DC-11	60 W 双断点	440	0.14	—	300	440	0.14	—	300	20	
			220	0.27			220	0.27				
			110	0.55			110	0.55				
	DC-11	90 W 四断点	40	0.20	—	300	440	0.20	—	300	20	
			220	0.14			220	0.41				
			110	0.82			110	0.82				
LW8系列万能转换开关	AC-11	360 VA	380	9.5	0.7	—	380	0.95	0.4	—	20	适用于交流50 Hz，额定工作电压≤380 V，直流电压≤220 V的电力线路中，作为各种配电设备远距离控制，各种电气仪表，伺服电动机、微电动机的控制。也可以用于小容量笼型异步电动机的控制
		720 VA		9				1.9			10	
	DC-11	28 VA	220	0.14	—	0.3	220	0.14	—	0.3	10	
		56 VA		0.28				0.28			5	
	AC-21	3.8 kW	380	10	0.95		380	10	0.95	—	5	
	AC-3	2.2 kW	380	30	0.65		64.6	5	0.65	—	5	
LW12—16系列万能转换开关	AC-11	1 000 VA	380	26	0.7	—	380	2.6	0.4	—	20	适用于交流50 Hz、601 Hz，额定电压至380 V，直流电压至220 V的电路中，作为电气控制线路和热工仪表的控制用，也可直接控制小容量交流电动机的起动、可逆转换，变速电动机的变速
			220	46			220	4.6				
	DC-11	60 W 双断点	220 110	0.27 0.55	—	300	220 110	0.27 0.55	—	300	20	
		90 W 四断点	220 110	0.41 0.82			220 110	0.41 0.82				

3. TCL国际电工及松本电工普通型开关

名称	TCL型号	松本型号	规格	图例	用途
单联单控开关	T31/1/2A	B31/1	10 A 250 V	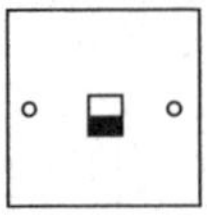	适用于各类民用住宅、高级宾馆、办公楼、实验室、教学楼、医院
单联双控开关	T31/2/3A	B31/2	10 A 250 V		
单联单控开关	T32/1/2A	B32/1	10 A 250 V		
单联双控开关	T32/2/3A	B32/2	10 A 250 V		
三联单控开关	T33/1/2A	B33/1	10 A 250 V		
三联双控开关	T33/2/3A	B33/2	10 A 250 V		
四联单控开关	T34/1/2A	B34/1	10 A 250 V		
四联双控开关	T34/2/3A	B34/2	10 A 250 V		
五联单控开关	T35/1/2A	B35/1	10 A 250 V	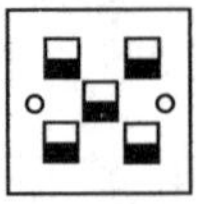	
五联双控开关	T35/2/3A	B35/2	10 A 250 V		
电铃开关	T31BPA2	B31BP	10 A 250 V	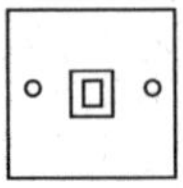	
电铃带开关，廊灯或厅灯控制开关	T32BPA/10	B32BP	10 A 250 V	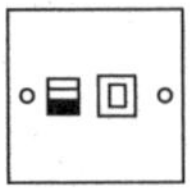	
双极开关	T31D20A	B3120	20 A 250 V	 T32D20NA	
双极带指示灯开关	T32D20 NA	B320 N	20 A 250 V		
单联单控开关带指示灯	T32/10 NA	B32/10 N	10 A 250 V		

续表

名称	TCL型号	松本型号	规格	图例	用途
双联单控开关带指示灯	T33/10 NA	B33/10 N	10 A 250 V		适用于各类民用住宅、高级宾馆、办公楼、实验室、教学楼、医院
双联单控开关带双指示灯	T34/10 NA	B34/10 N	10 A 250 V		
四联单控开关带指示灯	T35/10 NA	B35/10 N	10 A 250 V	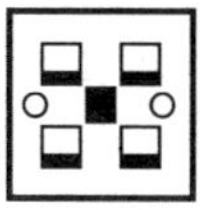	
单联单控带熔丝管开关	T32FD	B32FD	10 A 250 V		
单联双控带熔丝管开关	T32FD/3	B32FD/3	10 A 250 V		
双联单控带熔丝管开关	T33FD	B33FD	10 A 250 V		
双联双控带熔丝管开关	T33FD/3	B33FD/3	10 A 250 V		
双联单控带双熔丝管开关	T34FD	B34FD	10 A 250 V		
双联双控带双熔丝管开关	T34FD/3	B34FD/3	10 A 250 V		
四联单控带熔丝管开关	T35FD	B35FD	10 A 250 V		
四联双控带熔丝管开关	T35FD/3	T35FD/3	10 A 250 V		
防弹胶面调光开关	TM2	BM2	250 W 250 V		
防弹胶面调速开关	TM3	BM3	250 W 250 V		
触摸延时开关	TP31 TS	B318	100 W 250 V	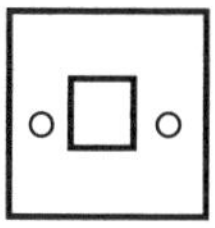	

4. 组合开关

（1）3LB、3S T（HZW1）系列组合开关

型号	用于控制50 Hz三相交流电动机						用于辅助电流开关						
	额定绝缘电压（V）	额定电流（A）AC–3/A–23、380 V）	额定功率（kW）				使用类别	额定电流（A）			额定通断能力（kA）		
			220 V	380 V	500 V	660 V		220 V	380 V	500 V	220 V	380 V	500 V
3S T1	380	8.5	2.2	4	—	—	AC–11	7	6	—	15.4	22.8	—
3LB3（HZW1）–25	660	16.5	4.5	8	11	11	AC–11	25	10	4	60	42	22
3LB4（HZW1）–40	660	30	11	15	15	12	AC–11	32	14	6	77	58	33
3LB5（HZW1）–63	660	45	18.5	22	22	13	AC–11	—	—	—	—	—	—

型号	用作控制开关（交流50 Hz）						用作Y/△转换开关					
	使用类别	额定电流（A）	额定功率（kW）				使用类别	额定电流（A）	额定功率（kW）			
			220 V	380 V	500 V	660 V			220 V	380 V	500 V	660 V
3S T1	AC–1 AC–21	10	38	6.5	—	—	AC–3 AC–23	8.5	2.2	4	—	—
3LB3（HZW1）–25	AC–1 AC–21	25	9	15.5	20	27	AC–3 AC–23	25	5.5	11	15	11
3LB4（HZW1）–40	AC–1 AC–21	40	11.5	20	26	35	AC–3 AC–23	35	11	15	18.5	12

续表

型号	用作单相50 Hz负荷开关				用作直流开关							机械寿命（次）	电气寿命（次）	操作频率（次/h）
	使用类别	额定电流（A）	额定功率（kW）		使用类别	额定电流（A）								
			220 V	380 V		24 V	60 V	110 V	220 V	440 V	600 V			
3LB5（HZW1）-63	AC-1 AC-21	63	19	31.5	43	17	AC-3 AC-23	45	18.5	22	22	13		
3S T1	AC-1 AC-21	10	2.2	3.8	DC-11	6	3	0.2	0.1	0.04	—	3×10^6	3×10^5	500
3LB3（HZW1）-25	AC-1 AC-21	25	5.2	9	DC-11	15	4.5	1.95	0.6	0.3	0.21	3×10^6	3×10^5	500
3LB4（HZW1）-40	AC-1 AC-21	40	8.5	15	DC-11	15	4.5	1.95	0.6	0.3	0.21	1×10^6	1×10^4	100
3LB5（HZW1）-63	AC-1 AC-21	63	13	22	DC-11	—	—	—	—	—	—	1×10^6	1×10^4	100

（2）HZl5系列组合开关

<table>
<tr><th rowspan="2">电流种类</th><th rowspan="2" colspan="2">使用类别</th><th rowspan="2">约定发热电流（A）</th><th colspan="3">接通</th><th colspan="3">断开</th><th rowspan="2">电寿命（次）</th><th rowspan="2">机械寿命（次）</th></tr>
<tr><th>试验电流（A）</th><th>试验电压（V）</th><th>功率因数</th><th>试验电流（A）</th><th>试验电压（V）</th><th>功率因数</th></tr>
<tr><td rowspan="2">交流</td><td>作为配电电器用</td><td>AC-20
AC-21
AC-22</td><td>10
25
63</td><td>10
25
63</td><td rowspan="2">380</td><td rowspan="2">0.65</td><td>10
25
63</td><td>380</td><td rowspan="2">0.65</td><td>1 000</td><td>30 000</td></tr>
<tr><td>作为控制电动机用</td><td>AC-3</td><td>10
25</td><td>18
13</td><td>3
5.5</td><td>65</td><td>5 000</td><td>30 000</td></tr>
<tr><td>电流种类</td><td>使用类别</td><td>约定发热电流（A）</td><td colspan="2">试验电流（A）</td><td>试验电压（V）</td><td colspan="2">试验电流（A）</td><td>试验电压（V）</td><td colspan="2">电寿命（次）</td><td>机械寿命（次）</td></tr>
<tr><td>直流</td><td>DC-20
DC-21</td><td>10
25
63</td><td colspan="2">15
38
95</td><td>242</td><td colspan="2">15
38
95</td><td>242</td><td colspan="2">10 000</td><td>30 000</td></tr>
</table>

注：①额定工作电压：直流220 V、交流380 V；额定工作电流：10 A（Hz15-10）、25 A（Hz15-63）。

②主要用途：Hz15系列组合开关适用于交流50 Hz、额定工作电压380 V及以下、直流额定工作电压220 V及以下的线路中，作为手动不频繁地接通或分断电路、转换电路的设备使用，也作为直接开闭小容量交流电动机的设备使用。

5. 插座

（1）AP86系列插座

名称	型号	规格	图例	用途
两极双用插座	AP86Z12 T10	250 V 10 A		适用于各类民用住宅、宾馆、办公楼、实验室、教学楼、医院等
带保护门两极双用插座	AP86Z12A T10			
两位两极双用插座	AP86Z22 T10	250 V 10 A		
带保护门两位两极双用插座	AP86Z22A T10			
两极带接地插座	AP86Z13-10	250 V 10 A		
带保护门两极带接地插座	AP86Z13A10			
两位两极双用两极带接地插座	AP86Z223-10	250 V 10 A		
带保护门两位两极双用两极带接地插座	AP86Z223A10			
三位两极双用两极带接地插座	AP86Z332-10	250 V 10 A		
带保护门三位两极双用两极带接地插座	AP86Z332A10			
带开关两极双用插座	AP86Z12K Tl0	250 V 10 A		
带开关保护门两极双用插座	AP86Z12KA T10			
两位带开关两极双用插座	AP86Z22K T10	250 V 10 A		
两位带开关保护门两极双用插座	AP86Z22KA T10			
带开关两极带接地插座	AP86Z13K10	250 V 10 A		
带开关保护门两极带接地插座	AP86Z13AK10			
带开关两位两极双用两极带接地插座	AP86Z223K10	250 V 10 A		
带开关保护门两位两极双用两极带接地插座	AP86Z223AK10			

续表

名称	型号	规格	图例	用途
带指示器两极双用插座	AP86Z12 TD10	250 V 10 A		适用于各类民用住宅、宾馆、办公楼、实验室、教学楼、医院等
带指示器保护门两极双用插座	AP86Z12A TD10			
带指示器两位两极双用插座	AP86Z22 TD10	250 V 10 A		
带指示器保护门两位两极双用插座	AP86Z22A TD10			
带指示器两极带接地插座	AP86Z13D10	250 V 10 A		
带指示器保护门两极带接地插座	AP86Z13ADl0			
带指示器两位两极双用两极带接地插座	AP86Z223D10	250 V 10 A		
带指示器保护门两位两极双用两极带接地插座	AP86Z223AD10			
两位两极带接地插座	AP146Z23-10	250 V 10 A	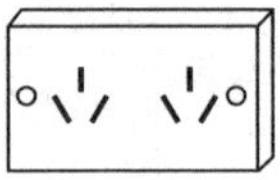	
带保护门两位两极带接地插座	AP146Z23A10			
三位二极双用二极带接地插座	AP146Z323-10	250 V 10 A		
带保护门三位二极双用二极带接地插座	AP146Z323A10			
电视插座	AP86Z TV	75 Ω	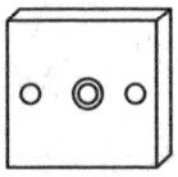	
两位电视插座	AP86Z2 TV	75 Ω	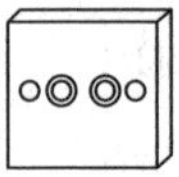	
电话出线插座	AP86ZD		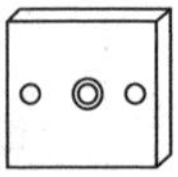	

（2）HP86系列插座

名称	型号	规格	图例	用途
两极双用插座	H86Z12 T10	10 A 250 V		住宅、宾馆、公共建筑、办公楼、教学楼、实验室等场所
带保护门两极双用插座	H86Z12A T10			
带开关两极双用插座	H86Z12 TK10	10 A 250 V		适用于各类住宅、宾馆、公共建筑、办公楼、教学楼、实验室等场所
带开关保护门两极双用插座	H86Z12 TAK10			
带开关两极双用插座	H86Z12 TK12-10			
带开关保护门两极双用插座	H86212 TAK12-10			
带指示器两极双用插座	H86Z12 TD10	10 A 250 V		
带指示器保护门两极双用插座	H86Z12 TAD10			
两位两极双用插座	H86Z22 T10	10 A 250 V	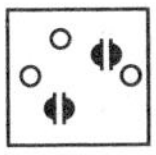	
两位带保护门两极双用插座	H86Z22 TA10			
两位带开关两极双用插座	H86Z22 TK10	10 A 250 V	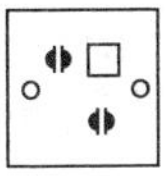	
两位带开关保护门两极双用插座	H86Z22 TAK10			
两位带开关两极双用插座	H86Z22 TK12-10			
两位带开关保护门两极双用插座	H86Z22 TAK12-10	10 A 250 V		
两位带指示器两极双用插座	H86Z22 TD10			
两位带指示器保护门两极双用插座	H86Z22 TAD10			
两位带开关指示器两极双用插座	H86Z22 TKD10	10 A 250 V	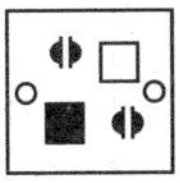	
两位带开关指示器两极双用插座	H86Z22 TAKD10			
两极带接地插座	H86Z13-10	10 A 250 V		
带保护门两极带接地插座	H86Z13A10			

续表

<table>
<tr><th>名称</th><th>型号</th><th>规格</th><th>图例</th><th>用途</th></tr>
<tr><td>两极带接地插座</td><td>H86Z13-16</td><td rowspan="2">16 A
250 V</td><td rowspan="4"></td><td rowspan="16">适用于各类住宅、宾馆、公共建筑、办公楼、教学楼、实验室等场所</td></tr>
<tr><td>带保护门两极带接地插座</td><td>H86Z13A16</td></tr>
<tr><td rowspan="2">两极带接地插座</td><td>H86Z12-20</td><td>20 A
250 V</td></tr>
<tr><td>H86Z13-32</td><td>32 A
250 V</td></tr>
<tr><td>带指示器两极带接地插座</td><td>H86Z13D10</td><td rowspan="2">10 A
250 V</td><td rowspan="2">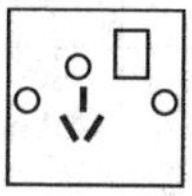</td></tr>
<tr><td>带指示器保护门两极带接地插座</td><td>H86Z13AD10</td></tr>
<tr><td>两位两极双用两极带接地插座</td><td>H86Z223-10</td><td rowspan="2">10 A
250 V</td><td rowspan="2"></td></tr>
<tr><td>两位带保护门两极双用两极带接地插座</td><td>H86Z223A10</td></tr>
<tr><td>两位带开关两极双用两极带接地插座</td><td>H86Z223K10</td><td rowspan="4">10 A
250 V</td><td rowspan="4"></td></tr>
<tr><td>两位带开关保护门两极双用两极带接地插座</td><td>H86Z223AK10</td></tr>
<tr><td>两位带开关两极双用两极带接地插座</td><td>H86Z223K12-10</td></tr>
<tr><td>两位带开关保护门两极双用两极带接地插座</td><td>H86Z223AK12-10</td></tr>
<tr><td>两位两极带接地插座</td><td>H146Z23-10</td><td rowspan="2">10 A
250 V</td><td rowspan="2">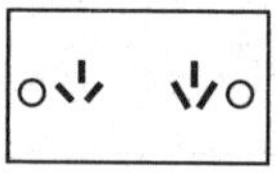</td></tr>
<tr><td>两位带保护门两极带接地插座</td><td>H146Z23A-10</td></tr>
<tr><td>三位两极双用两极带接地插座</td><td>H146Z323-10</td><td rowspan="2">10 A
250 V</td><td rowspan="2"></td></tr>
<tr><td>三位带保护门两极双用两极带接地插座</td><td>H146Z323A10</td></tr>
<tr><td>四位两极双用两极带接地插座</td><td>H146Z423-10</td><td rowspan="2">10 A
250 V</td><td rowspan="2"></td><td></td></tr>
<tr><td>四位带保护门两极双用两极带接地插座</td><td>H146Z423A10</td><td></td></tr>
</table>

续表

名称	型号	规格	图例	用途
两位带开关两极双用两极带接地插座	H146Z223K10	10 A 250 V	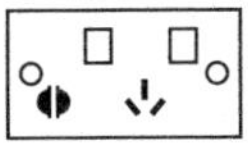	适用于各类住宅、宾馆、公共建筑、办公楼、教学楼、实验室等场所
两位带开关保护门两极双用两极带接地插座	H146Z223AK10			
两位带开关两极带接地插座	H146Z23K21-10	10 A 250 V	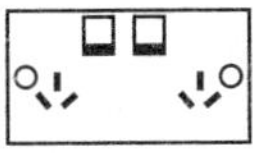	
两位带开关保护门两极带接地插座	H146Z23AK21-10			
带熔断器两极带接地插座	H86Z13R10	10 A 250 V		
带熔断器保护门两极带接地插座	H86Z13AR10			
带熔断器两极带接地插座	H86Z13R16	16 A 250 V		
带熔断器保护门两极带接地插座	H86Z13AR16			
两位带熔断器两极带接地插座	H146Z23R16	16 A 250 V		
两位带熔断器保护门两极带接地插座	H146Z23AR16			
电视插座	H86Z TV Ⅱ		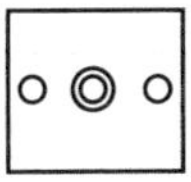	
电视串接插座（1分支）	H86Z TVF7			
电视串接插座（1分支）	H86Z TVF12			
电视串接插座（1分支）	H86Z TVF16			
两位电视插座	H86Z2 TV		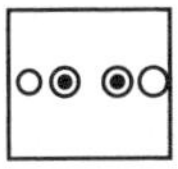	
电视串接插座（2分支）	H86Z2 TVF			
电话出线座	H86ZDI		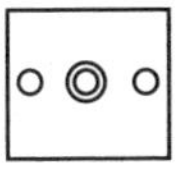	
六线电话插座	H86ZD T N6 Ⅱ	—		
六线电话插座	H86ZD T N6/2	两芯		
六线电话插座	H86ZD T N6/4	两芯		

（3）TCL国际电工及松本电工普通型插座

名称	TCL型号	松本型号	规格	图例	用途
单相二极扁圆两用插座	T426U	B4U	10 A 250 V	 T15U	适用于各类民用住宅、高级宾馆、办公楼、实验室、教学楼、医院
单相二极带开关插座	T15U	B15U			
单相二极扁圆两用插座	T426U2	B4U2			
单相三极插座（不带保护门）	T426/10	134/10		 T15/10S	
单相三极插座	T426/10S	B4/10S			
带开关扁脚插座（不带保护门）	T15/10	—			
带开关扁脚插座	T15/10S	—			
单相三极插座	T426/15CS	B4/15CS	16 A 250 V		
单相三极带开关插座	T15/15CS	15/15C			
单相三极带灯带开关插座	T15/15C N	B15/15C N			
单相双联二极及三极插座（不带保护门）	T426/10U	B4/10U	10 A 250 V		
单相双联二三极插座	T426/10US	B4/10US			
二三极带开关插座（不带保护门）	T426/10U3	B4/10US4			
二三极带开关插座	T426/10US3	B426			
方圆两用插座	T426/13/5	B15	13 A 250 V	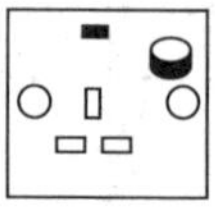 T15/13/5N	
带开关方圆两用插座	T15/13/5	B15 N			
带开关带灯方圆两用插座	T15/13/5 N	B426/15			
圆脚插座	T426/15	B15/15	16 A 250 V	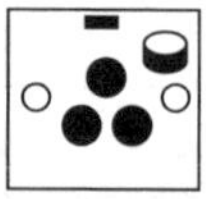 T15/15N	
带开关圆脚插座	T15/15	B15/15 N			
带开关带灯圆脚插座	T15/15 N	B32 TU			

续表

名称	TCL型号	松本型号	规格	图例	用途
单联普通型电视插座	T31V TV75	B31 TV	—	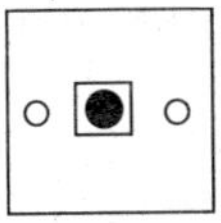 T31VTV75	适用于各类民用住宅、高级宾馆、办公楼、实验室、教学楼、医院
双联普通型电视插座	T32A75M	B32 TV	—		
双联带电子线路板电视插座	T32V TV75FW	B32 TV/FM	—		
电话插座	T01	B T01	—	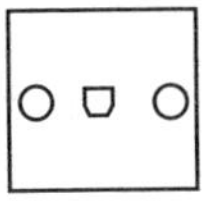	
防雷保密电话插座	T02	B T02	—		
单相二极扁圆带指示灯插座	T426U N	B4U N	10 A 250 V		
单相三极带灯插座	T426/10S N	B4/10 N			
二三极带灯插座	T426/10US N	B4/10U N			
单相二极扁圆插座	T426UF	B4UF			
单相三极带熔丝插座	T426/10SF	B4/2FD			
单相二三极带熔丝插座	T426/10USF	B4/10UF			
单相三极带熔丝插座	T15/15CF	B4/10F	15 A 250 V		
塑料门铃开关及指示“请勿打扰”（须配合变压器或电池使用）	TH8	BH8	8 V		
塑料门铃开关及指示“请勿打扰”	TH250	BH3	250 V		

续表

名称	TCL型号	松本型号	规格	图例	用途
双极带指示灯节能开关及匙牌	T31KF+ TK T	B31KF+BK T	15 A 250 V	 T32KT	适用于各类民用住宅、高级宾馆、办公楼、实验室、教学楼、医院
双极电磁式节能开关及匙牌	T32KF+ TK T	B32K+BK T	15 A		
刮须插座（内附变压器及过流保护）	T727	B727	110/240 V	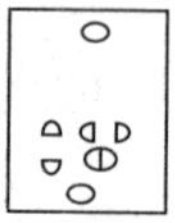 T727	
装饰电器精品供住宅浴室使用	737	—	10 V 250 V		
空白盖板	T31X	B31X	—		
单联明装胶盒	T238/20	B238	下沿带 20 mm 出线孔	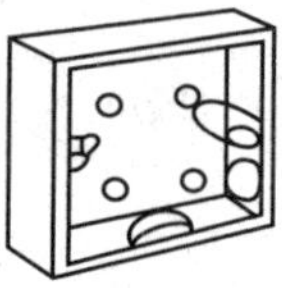	
单联暗装铁盒	T157	B157	深38 mm		
暗装胶盒	T257	—	80 mm × 80 mm × 38 mm		
双联暗装铁盒	TL157D	B T157DE	供 T727或 T727X/C用	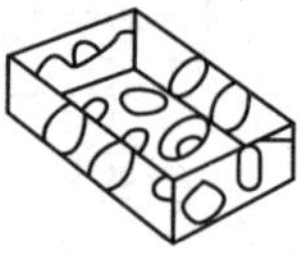	

（三）按钮

1. LA101系列控制按钮

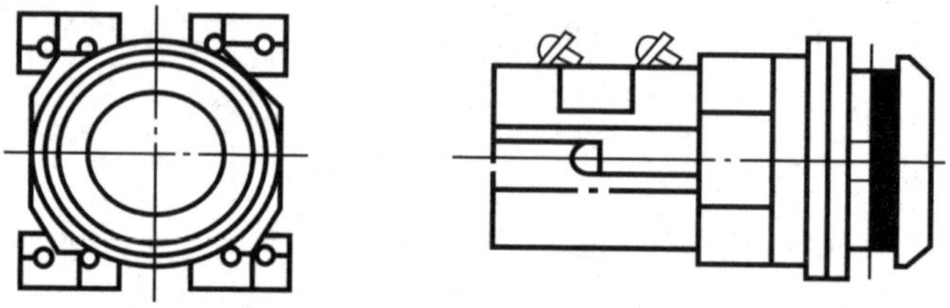

额定电压（V）		通断能力（A）	额定工作电流（A）	额定发热电流（A）	额定控制容量（VA）	用途
交流	220 380 660	14 8.8 5.0	1.36 0.8 0.45	5 5 5	300 300 300	适用于交流50 Hz、0 Hz，电压至660 V及直流电压至440 V的电磁起动器、接触器、继电器及其他电气线路中，作远程控制用
直流	110 220 440	0.61 0.33 0.17	0.55 0.3 0.15	5 5 5	60 60 60	

2. LAl9系列控制按钮

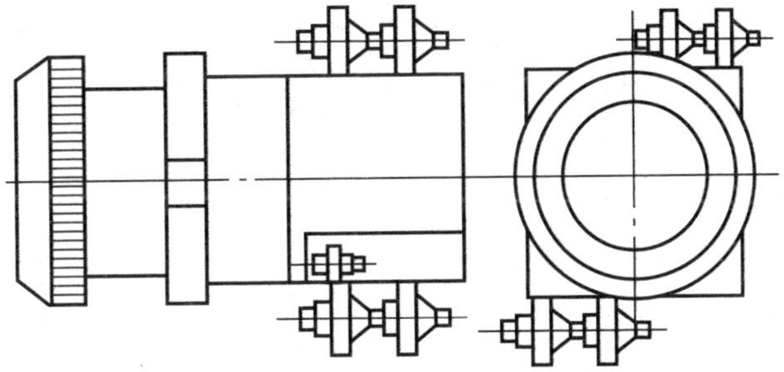

型号	额定电压（V）	额定电流（A）	结构型式	控制容量	用途
LA19-11、LA19-11A	AC380 DC220	5	揿压式单触桥	AC380 V 300 VA DC200 V 60 W	适用于交流50 Hz、60 Hz，额定工作电压380 V或直流额定工作电压至220 V、额定工作电流不大于5 A的控制电路中，一般用作起动器、接触器、继电器的远距离控制元件
LA19-11J、LA19-11A/J			紧急式单触桥		
LA19-11D、LA19-11A/D			带信号灯单触桥		
LA19-11DJ、LA19-11A/DJ			带灯紧急式单触桥		
LA19-11B			揿压式双触桥		
LA19-11B/J			紧急式双触桥		
LA19-11B/D			带信号灯双触桥		
LAl9-11B/DJ			带灯紧急式双触桥		

（四）熔体材料

1. 铅熔丝

直径/mm	截面积（mm^2）	额定电流（A）	熔断电流（A）	直径/mm	截面积（mm^2）	额定电流（A）	熔断电流（A）
0.08	0.005	0.25	0.5	0.98	0.75	5	10
0.15	0.018	0.5	1.0	1.02	0.82	6	12
0.20	0.031	0.75	1.5	1.25	1.23	7.5	15
0.22	0.038	0.8	1.6	1.51	1.79	10	20
0.25	0.049	0.9	1.8	1.67	2.19	11	22
0.28	0.062	1	2	1.75	2.41	12	24
0.29	0.066	1.05	2.1	1.98	3.08	15	30
0.32	0.080	1.1	2.2	2.40	4.52	20	40
0.35	0.096	1.25	2.5	2.78	6.07	25	50
0.36	0.102	1.35	2.7	2.95	6.84	27.5	55
0.40	0.126	1.5	3	3.14	7.74	30	60
0.46	0.166	1.85	3.7	3.81	11.40	40	80
0.52	0.212	2	4	4.12	13.33	45	90
0.54	0.229	2.25	4.5	4.44	15.48	50	100
0.60	0.283	2.5	5	4.91	18.93	60	120
0.71	0.40	3	6	5.24	21.57	70	140
0.81	0.52	3.75	7.5	—	—	—	—
用途	熔体是熔断器的主要部件，当通过熔断器的电流大于规定值时，熔体即熔断而自动断开电路，从而达到保护电力线路和电气设备的目的。熔体材料有银、铜、铅、锡、铝等纯金属						

2. 铜熔丝

直径/mm	截面积（mm^2）	额定电流（A）	熔断电流（A）	直径/mm	截面积（mm^2）	额定电流（A）	熔断电流（A）
0.234	0.043	4.7	9.4	0.70	0.385	25	50
0.254	0.051	5	10	0.80	0.5	29	58
0.274	0.059	5.5	11	0.90	0.6	37	74
0.295	0.068	6.1	12.2	1.00	0.8	44	88
0.315	0.078	6.9	13.8	1.13	1.0	52	104
0.345	0.093	8	16	1.37	1.5	63	125

续表

直径 / mm	截面积（mm^2）	额定电流（A）	熔断电流（A）	直径 / mm	截面积（mm^2）	额定电流（A）	熔断电流（A）
0.376	0.111	9.2	18.4	1.60	2	80	160
0.417	0.137	11	22	1.76	2.5	95	190
0.457	0.164	12.5	25	2.00	3	120	240
0.508	0.203	15	29.5	2.24	4	140	280
0.559	0.245	17	34	2.50	5	170	340
0.60	0.283	20	39	2.73	6	200	400

注：铜熔丝的用途与铅熔丝相同。

第三章　连接件

一、螺栓连接件的强度级别

1. 螺栓连接件的常用材料

螺栓连接件的常用材料是中碳钢、低碳钢，如Q235，10，35，45号钢。对于承受变载、冲击和振动的螺栓连接，可用合金钢；对于需要防锈蚀、防磁、导电和耐高温等特殊用途的螺栓连接件，可用特种钢、铜合金和铝合金等材料。

表3-1　常用螺纹连接件材料的力学性能

钢号	Q215	Q235	35	45	40Cr
强度极限σ_b/ mPa	335 ~ 410	375 ~ 460	530	600	980
屈服极限σ_s/ mPa	185 ~ 215	205 ~ 235	315	355	785

注：螺栓直径16 mm≤d≤100 mm。当d较小时，取偏高值。

2. 碳钢与合金钢螺栓连接件

表3-2　螺栓的强度级别

强度级别（标记）	3.6	4.6	4.8	5.6	5.8	6.8	8.8	9.8	10.9	12.9
抗拉强度 σ_{bmin}b/ mPa	330	400	420	500	520	600	800	900	1 040	1 220
屈服强度 σ_{smin}b/ mPa	190	240	340	300	420	480	640	720	940	1 100
硬度HBS	90	109	113	134	140	181	232	269	312	365
推荐材料	低碳钢	低碳钢或中碳钢					中碳钢		合金钢	

注：螺栓强度级别代号以两组数字及一个圆点表示。例如螺栓强度级别6.8，表示小数点前的数值“6”为螺栓材料公称抗拉强度σ_b=600 MPa，除以100而得；小数点后的数值“8”为螺栓材料的公称屈服强度σ_S=480 MPa，除以σ_b后再乘以10而得。一般将6.8打在螺栓头顶面。

3. 碳钢与合金钢螺母

表3–3 螺母的强度级别

强度级别（标记）	4	5	6	8	9	10	12
抗拉强度 σ_{bminb}/ mPa	410（d>M16）	520（d≤M16）	600	800	900	1 040	1 150
推荐材料	易切削钢或低碳钢		低碳钢或中碳钢	中碳钢		合金钢	
相配螺栓的性能等级	3.6 4.6 4.8（d≤M16）	3.6 4.6 4.8（d>M16） 5.6 5.8	6.8	8.8	8.8 （d≥M16～M39） 9.8 （d<M16）	10.9	12.9

注：硬度HRC不大于30。

表3–4 细牙螺母的强度级别

强度级别（标记）	6	8	10	12
抗拉强度极限 σ_{bminb}/ mPa	600	800	1 040	1 150
推荐材料	低碳钢或中碳钢	中碳钢	合金钢	合金钢
相配螺栓的性能等级	≤6.8（d≤M39）	8.8（d≤M39） 9.8（d≤M16）	10.9 （d≤M39）	12.9 （d≤M16）

4. 碳钢与合金钢紧定螺钉

表3–5 紧定螺钉的强度级别

强度级别（标记）	14H	22H	33H	45H
硬度HV_{min}	140	220	330	450
推荐材料	碳钢			合金钢

5. 有色金属螺栓连接件

表3–6 有色金属螺栓连接件的强度级别

强度级别（标记）		螺纹直径 d/ mm	抗拉强度 σ_b/ mPa（≥）	屈服强度 σ_s/ mP$_a$（≥）	推荐材料
铜和铜合金	CU1	≤39	240	160	T2
	CU2	≤6 >6～39	440 370	340 250	H62
	CU3	≤6 >6～39	440 370	340 250	HPb58–2

续表

强度级别（标记）		螺纹直径 d/ mm	抗拉强度 σ_b/ mPa（≥）	屈服强度 σ_s/ mPa（≥）	推荐材料
铜和铜合金	CU4	≤12 >12～39	470 400	340 200	QSn6.5–0.4
	CU5 CU6 CU7	≤39 >6～39 >12～39	590 440 640	540 180 270	Qsi1–3 CuZn40Mn—1Pb QAI10–4–4
铝和铝合金	AL1	≤10 >10～24	270 250	230 180	LF2
	AL2	≤14 >14～36	310 280	205 200	LF11、LF5
	AL3	≤6 >6～39	320 310	250 260	LF43
	AL4 AL5 AL6	≤10 >10～39	420 380	290 260	LY8、LD9
		≤39 ≤39	460 510	380 440	A1ZnMg–Cu0.5 LC9

6. 不锈钢螺栓连接件

表3–7　不锈钢螺栓连接件的强度级别

强度级别（标记）		50	70	80	50	70	80	45	60
螺纹直径 d/ mm（≤）		M20	M20	M20	—	—	—	M24	M24
抗拉强度 σ_b/ mPa（≥）		500	700	800	500	700	800	450	600
屈服极限 σ_s/ N · mm^{-2}		210	450	600	250	410	640	250	410
推荐材料	奥氏体A	A1、A2、A4							
	马氏体C				C1、C4		C3		
	铁素体F							F1	
奥氏体钢螺钉的断裂扭矩 T_m/ N · m（≥）		M1.6 M2 M2.5 M3 M4 M5	0.15 0.3 0.6 1.1 2.7 5.5	0.2 0.4 0.9 1.6 3.8 7.8	0.27 0.56 1.2 2.1 4.9 10				

注：不锈钢螺栓连接件的强度级别表示通常将材料类别写出，例A2—80，A2为奥氏体钢，80为强度级别（表示材料抗拉强度的1/10）。

二、螺栓和螺柱

表3-8 螺栓和螺柱的类型、规格、特点及用途

类型	名称	标准	规格范围		特点及用途
			d/ mm	*l*/ mm	
六角头	六角头螺栓-C级	GB5780-2000	M5 ~ M64	25 ~ 500	应用广泛，产品分A、B和C三个等级。A级精度最高，C级精度最低。A级用于装配精度高、振动冲击较大或承受变载荷的重要连接A级螺栓：$d \leqslant 24$ mm，$1 \leqslant 10d$或$1 \leqslant 150$ mm B级螺栓：$d > 24$ mm，$1 > 10d$或$f > 150$ mm
	六角头螺栓-全螺纹-C级	GB5781-2000		10 ~ 500	
	六角头螺栓	GB5782-2000	M3 ~ M64	20 ~ 400	
	六角头螺栓-全螺纹	GB5783-2000	M3 ~ M64	6 ~ 500	
	六角头螺栓-细杆-B级	GB5784-1986	M3 ~ M20	20 ~ 150	
	六角头螺栓=细牙	GB5785-2000	M8 × 1 ~ M64 × 4	35 ~ 400	
	六角头螺栓-细牙全螺纹	GB5786-2000		16 ~ 400	
六角法兰面	六角法兰面螺栓-加大系列-B级	CB5789-1986	M5 ~ M20	10 ~ 200	防松性能好。应用愈来愈广泛
	六角法兰面螺栓-加大系列一细杆-B级	GB5790-1986		30 ~ 200	
六角头头部带孔、带槽	六角头头部带孔螺栓-细杆-B级	GB32.2-1988	M6 ~ M20	25 ~ 150	使用时，可通过机械方法将螺栓锁合，防松可靠
	六角头头部带孔螺栓-A级和B级	GB32.1-1988	M6 ~ M48	30 ~ 400	
	六角头头部带孔螺栓-细牙-A级和B级	GB32.3-1988	M8 × 1 ~ M48 × 3	35 ~ 400	
	六角头头部带槽螺栓-A级和B级	GB29.1-1988	M3 ~ M12	6 ~ 100	
六角头螺杆带孔	六角头螺杆带孔螺栓-A级和B级	GB31.1-1988	M6 ~ M48	30 ~ 300	螺杆上制出开口销孔或金属丝孔，采用机械防松，防松可靠
	六角头螺杆带孔螺栓-细牙A级和B级	GB31.3-1988	M8 × 1 ~ M48 × 3	35 ~ 300	
	六角头螺杆带孔螺栓-细杆-B级	GB31.2-1988	M6 ~ M20	25 ~ 150	

续表

<table>
<tr><th rowspan="2">类型</th><th rowspan="2">名称</th><th rowspan="2">标准</th><th colspan="2">规格范围</th><th rowspan="2">特点及用途</th></tr>
<tr><th>d/ mm</th><th>l/ mm</th></tr>
<tr><td>十字槽凹穴六角头</td><td>十字槽凹穴六角头螺栓</td><td>GB29.2–1988</td><td>M4 ~ M8</td><td>8 ~ 60</td><td>安装拧紧方便，主要用于受载较小的轻工、仪器仪表</td></tr>
<tr><td rowspan="2">六角头铰制孔</td><td>六角头铰制孔用螺栓A级和B级</td><td>GB27–1988</td><td rowspan="2">M6 ~ M48</td><td rowspan="2">25 ~ 300</td><td rowspan="2">承受横向载荷，能精确保证被连接件的相互位置，加工精度要求高</td></tr>
<tr><td>六角头螺杆带孔铰制孔用螺栓A级和B级</td><td>GB28–1988</td></tr>
<tr><td rowspan="2">方头</td><td>方头螺栓—C级</td><td>GB8–1988</td><td>M10 ~ M48</td><td>20 ~ 300</td><td rowspan="2">方头尺寸小，便于扳手口卡住或靠其他零件防止转动。可用于T形槽中，便于在槽中位置调整</td></tr>
<tr><td>小方头螺栓B级</td><td>GB35–1988</td><td>M5 ~ M48</td><td>20 ~ 300</td></tr>
<tr><td rowspan="3">沉头</td><td>沉头方颈螺栓</td><td>GB10–1988</td><td>M6 ~ M20</td><td>25 ~ 200</td><td rowspan="3">方颈或榫有止转作用。多用于零件表面要求平坦或不阻挡东西的场合</td></tr>
<tr><td>沉头带榫螺栓</td><td>GB11–1988</td><td>M6 ~ M24</td><td>25 ~ 200</td></tr>
<tr><td>沉头双榫螺栓</td><td>GB800–1988</td><td>M6 ~ M12</td><td>25 ~ 80</td></tr>
<tr><td rowspan="4">半圆头</td><td>半圆头带榫螺栓</td><td>GB13–1988</td><td>M6 ~ M24</td><td>20 ~ 200</td><td rowspan="4">多用于由于结构受限制而不能使用其他螺栓头或零件表面要求光滑的场合。半圆头方颈螺栓多用于金属件、大半圆头的用于木制件</td></tr>
<tr><td>半圆头方颈螺栓</td><td>GB12–1988</td><td>M6 ~ M20</td><td>16 ~ 200</td></tr>
<tr><td>大半圆头方颈螺栓C级</td><td>GB14–1998</td><td>M6 ~ M24</td><td>20 ~ 200</td></tr>
<tr><td>大半圆头带榫螺栓</td><td>GB15–1988</td><td>M6 ~ M24</td><td>20 ~ 200</td></tr>
<tr><td>T形槽</td><td>T形槽用螺栓</td><td>GB37–1988</td><td>M5 ~ M48</td><td>25 ~ 300</td><td>螺栓插入被连接件T形槽中，靠T形槽防止转动，构成连接，多用于工装</td></tr>
<tr><td>地脚用</td><td>地脚螺栓</td><td>GB799–1988</td><td>M6 ~ M48</td><td>80 ~ 1 500</td><td>用于水泥基础上机座的固定</td></tr>
<tr><td>单头螺栓</td><td>焊接单头螺栓</td><td>GB902–1988</td><td>M6 ~ M20</td><td>16 ~ 300</td><td></td></tr>
<tr><td>铁链用</td><td>活节螺栓</td><td>GB798–1988</td><td>M4 ~ M36</td><td>20 ~ 300</td><td>多用于经常拆装的场所和工装</td></tr>
</table>

续表

类型	名称	标准	规格范围		特点及用途
			d/ mm	*l*/ mm	
钢结构用	钢结构用扭剪型高强度螺栓连接副	GB3632-1995	M16 ~ M24	40 ~ 180	强度高，主要用于桥梁、塔架等钢结构
双头螺栓	等长双头螺柱-B级	GB901-1988	M2 ~ M56	10 ~ 500	用于被连接件太厚不使用螺栓或因拆装频繁不宜采用螺钉连接的场合，双头螺柱通常一端旋入螺孔，一端用螺母连接，等长双头螺柱则两端均配螺母
	等长双头螺柱-C级	GB953-1988	M8 ~ M48	100 ~ 2 500	
	双头螺柱： bm=I*d* bm=1.25*d* bm=1.5*d* bm=2*d*	GB897-1988 GB898-1988 GB899-1988 GB900-1988	M5 ~ M48 M5 ~ M48 M2 ~ M48 M2 ~ M48	16 ~ 300 16 ~ 300 12 ~ 300 12 ~ 300	
	螺杆	GB15389-1994	M4 ~ M42 M8 × 1 ~ M42 × 3	1 000 ~ 4 000	

注：用作紧固连接件，要求保证连接强度（有时还要求紧密性）。连接件分为三个精度等级，其代号为A级、B级、C级。A级精度最高，用于要求配合精确、防止振动等重要零件的连接；B级精度多用于受载较大且经常装拆、调整或承受变载的连接；C级精度多用于一般的螺纹连接。小六角头螺栓适用于被连接件表面空间较小的场合。螺杆带孔和头部带孔、带槽的螺栓是为了防止松脱用的。

1. 六角头螺栓-C级与六角头螺栓-全螺纹-C级

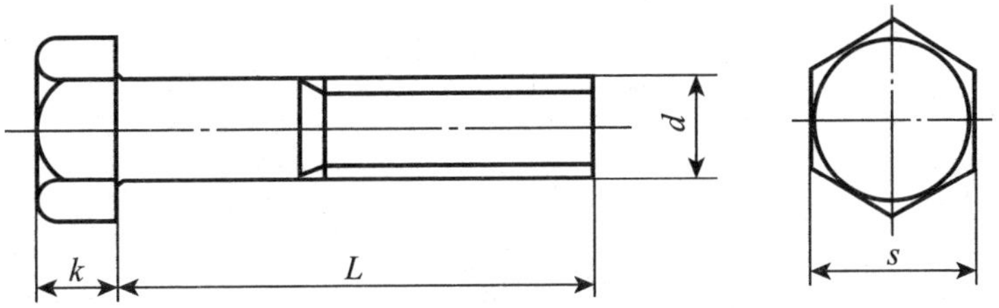

表3-9　GB/ T5780-2000.GB/ T5781-2000　　/ mm

螺纹规格 *d*	头部尺寸		螺杆长度*L*		L系列尺寸
	k（公称）	*s*（最大）	GB/ T5780-2000	GB/ T5781-2000	
M5	3.5	8	25 ~ 50	10 ~ 40	25，30，35.40，
M6	4	10	30 ~ 60	12 ~ 50	45，50，（55），60，
M8	5.3	13	35 ~ 80	16 ~ 65	（65），70，80，90，
M10	6.4	16	40 ~ 100	20 ~ 80	100，110，120.
M12	7.5	18	45 ~ 120	25 ~ 100	130，140，150，
M16	10	14	55 ~ 160	35 ~ 100	160，180，200，
M20	12.5	30	65 ~ 200	40 ~ 100	220，240，260，

续表

螺纹规格 d	头部尺寸		螺杆长度L		L系列尺寸
	k（公称）	s（最大）	GB/ T5780-2000	GB/ T5781-2000	
M24	15	36	80 ~ 240	50 ~ 100	280，300，320，340，360，380，400，420，440，460.480.500
M30	18.7	46	90 ~ 300	60 ~ 100	
M36	22.5	55	110 ~ 300	70 ~ 100	
M42	26	65	160 ~ 420	80 ~ 420	
M48	30	75	180 ~ 480	100 ~ 480	
M56	35	85	220 ~ 500	110 ~ 500	
M64	40	95	260 ~ 500	120 ~ 500	

注：尽可能不采用括号内的规格。

2. 六角头螺栓–A级和B级与六角头螺栓–全螺纹–A级和B级

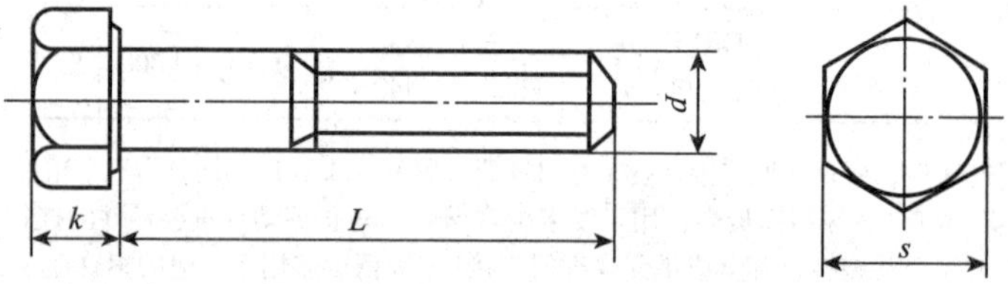

表3-10　GB/ T5782-2000.GB/ T5783-2000　/ mm

螺纹规格 d	头部尺寸		螺杆长度L		L系列尺寸
	k（公称）	s（最大）	GB/ T5780-2000	GB/ T5781-2000	
M3	2	5.5	20 ~ 30	6 ~ 30	20，25，30，35，40，45，50，55，60，（65），70，80，90，100，110，120，130.140，150，160，180，200.220，240，260，280，300，320，340，360，380，400
M4	2.8	7	25 ~ 40	8 ~ 40	
M5	3.5	8	25 ~ 50	10 ~ 50	
M6	4	10	30 ~ 60	12 ~ 60	
M8	5.3	13	35 ~ 80	16 ~ 80	
M10	6.4	16	40 ~ 100	20 ~ 100	
M12	7.5	18	45 ~ 120	25 ~ 100	
M16	10	24	55 ~ 160	35 ~ 100	
M20	12.5	30	65 ~ 200	40 ~ 100	
M24	15	36	80 ~ 240	40 ~ 100	
M30	18.7	46	90 ~ 300	40 ~ 100	
M36	22.5	55	110 ~ 360	40 ~ 100	
M42	26	65	130 ~ 400	80 ~ 500	
M48	30	75	140 ~ 400	100 ~ 500	
M56	35	85	160 ~ 400	110 ~ 500	
M64	40	95	200 ~ 400	120 ~ 500	

注：尽可能不采用括号内的规格。

3. 六角头螺栓–细牙–A级和B级与六角头螺栓–细牙–全螺纹–A级和B级

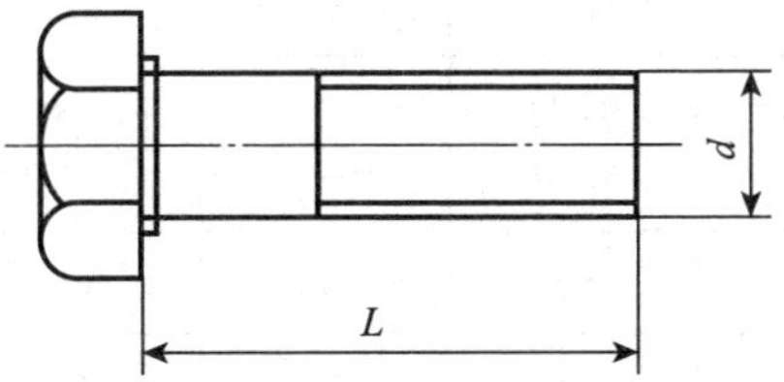

表3–11　GB/ T5785–2000.GB/ T5786–2000　　/ mm

螺纹规格 $d \times P$	螺杆长度L		螺纹规格 $d \times P$	螺杆长度L	
	GB/ T5785–2000	GB/ T5786–2000		GB/ T5785–1986	GB/ T5786–1986
M8 × 1	35 ~ 80	16 ~ 80	（M27 × 2）	90 ~ 260	55 ~ 280
M10 × 1	40 ~ 100	20 ~ 100	M30 × 2	90 ~ 300	40 ~ 200
（M10 × 1.25）	40 ~ 100	20 ~ 100	（M33x2）	100 ~ 320	65 ~ 340
M12 × 1	45 ~ 120	25 ~ 120	M36 × 3	110 ~ 300	40 ~ 200
（M12 × 1.25）	45 ~ 120	25 ~ 120	（M39 × 3）	120 ~ 380	80 ~ 380
（M14 × 1.5）	50 ~ 140	30 ~ 140	M42 × 3	130 ~ 400	90 ~ 400
M16 × 1.5	55 ~ 160	35 ~ 160	（M45 × 3）	130 ~ 400	90—400
（M18 × 1.5）	60 ~ 180	40 ~ 180	M48 × 3	140 ~ 400	100 ~ 400
（M20 × 1.5）	65 ~ 200	40 ~ 200	（M52 × 4）	150 ~ 400	100 ~ 400
M20 × 2	65 ~ 200	40 ~ 200	M56 × 4	160 ~ 400	120 ~ 400
（M22 × 2）	70 ~ 220	45 ~ 220	（M60 × 4）	160 ~ 400	l20 ~ 400
M24 × 2	80 ~ 240	40 ~ 200	M64 × 4	200 ~ 400	130 ~ 400
L系列尺寸	16、18、20 ~ 75（5进级）、80 ~ 160（10进级）、180 ~ 400（20进级）				

注：尽可能不采用括号内的规格。

4. 六角头铰制孔用螺栓–A级和B级

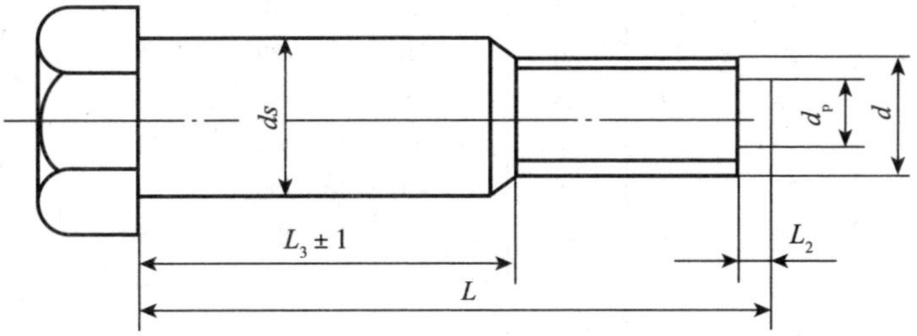

表3–12　六角头铰制孔用螺栓–A级和B级　　/ mm

螺纹规格d		M6	M18	M10	M12	M16	M20
d_s (h9)	最大	7.000	9.000	11.000	13.000	17.000	21.000
	最小	6.964	8.964	10.957	12.957	16.957	20.948
d_p		4	5.5	7	8.5	12	15
螺纹长度L-L_3		12	15	18	22	28	32
L_2		1.5		2		3	4
L范围		25 ~ 65	25 ~ 80	30 ~ 120	35 ~ 180	45 ~ 200	55 ~ 200

5. 方颈螺栓

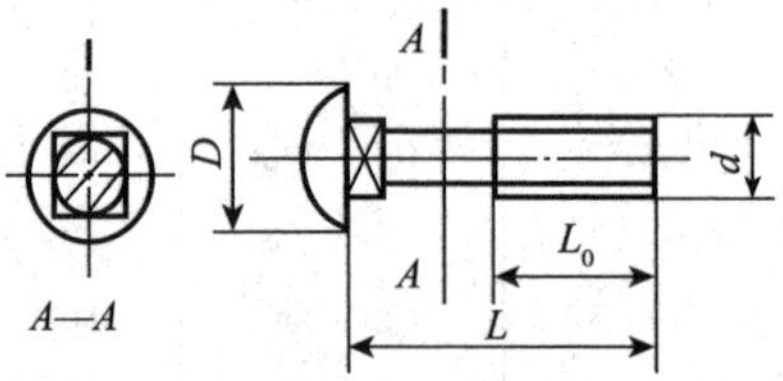

半圆头方颈螺栓(GB/T 12—1988)

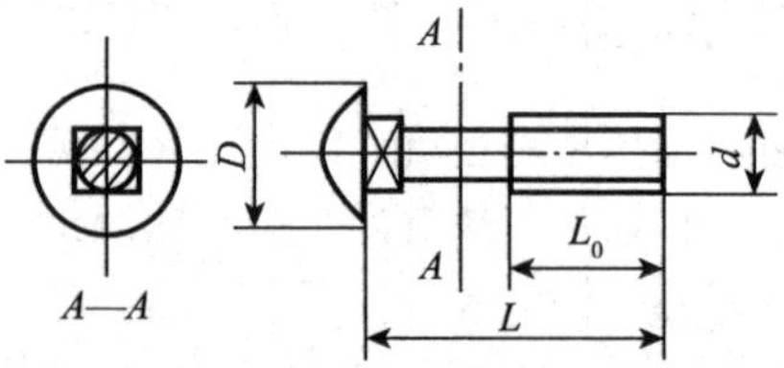

大半圆头方颈螺栓(GB/T 14—1988)

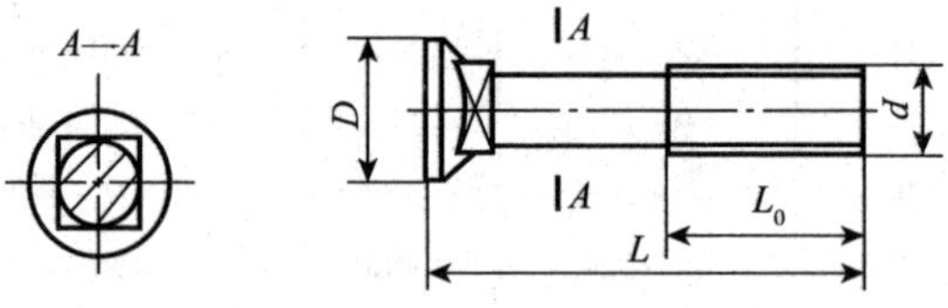

沉头方颈螺栓(GB/T 10—1988)

表3–13　方颈螺栓　　/ mm

螺纹直径d	头部直径D			螺纹长度(L_0)	螺杆长度L			L系列尺寸
	半圆头	大半圆头	沉头		半圆头	大半圆头	沉头	
6	12	16	11	16	16 ~ 60	20 ~ 110	25 ~ 60	16，20，25，30，35，40，45，50，55，60，65，70，75，80，90，100，110，123，130，140，150，160，180，200
8	16	20	14	20	16 ~ 70	20 ~ 130	25 ~ 80	
10	20	24	17	25	25 ~ 120	30 ~ 160	30 ~ 100	
12	24	30	21	30	30 ~ 160	35 ~ 200	30 ~ 120	
(14)	28	32	24	35	40 ~ 180	40 ~ 200	—	
16	32	38	28	40	45 ~ 180	40 ~ 200	45 ~ 160	
20	40	46	36	50	60 ~ 200	55 ~ 200	55 ~ 200	
24	—	54	45	60	—	75 ~ 200	—	

注：尽可能不采用括号内的规格。

用于铁木结构件的链接。

6. 带榫螺栓

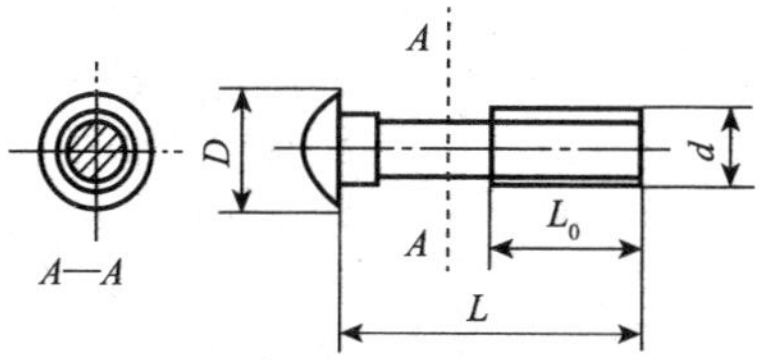

半圆头带榫螺栓（GB/T13—1998）

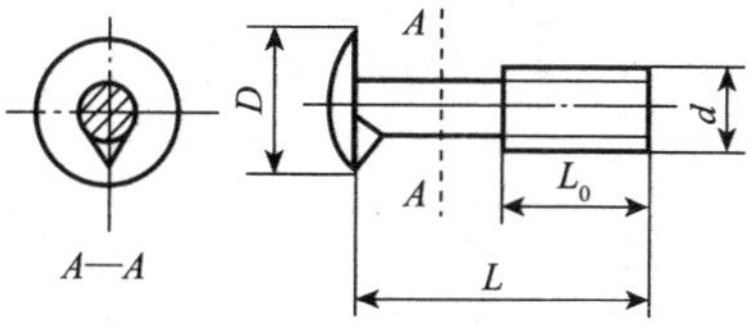

大半圆头带榫螺栓（GB/T 15—1988）

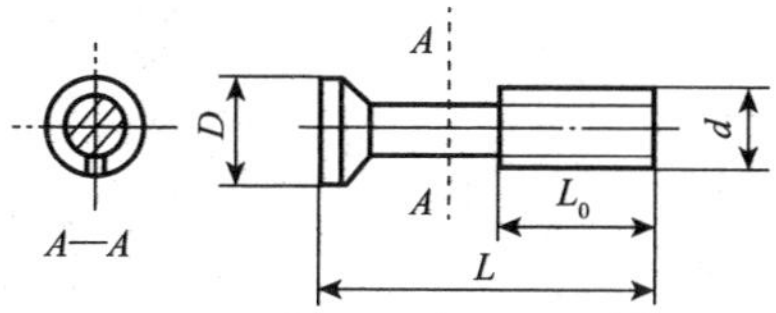

沉头带榫螺栓（GB/T 11—1988）

表3–14　带榫螺栓　/ mm

螺纹直径 d	头部直径D			螺纹长度（L_0）	螺杆长度L		
	半圆头	大半圆头	沉头		半圆头	大半圆头	沉头
6	11	14	10.5	16	20 ~ 50	20 ~ 90	25 ~ 50
8	14	18	14	20	20 ~ 60	20 ~ 100	30 ~ 60
10	17	23	17	25	30 ~ 150	40 ~ 150	35 ~ 120
12	21	28	21	30	35 ~ 150	40 ~ 200	40 ~ 140
（14）	24	32	24	35	35 ~ 200	40 ~ 200	45 ~ 160
16	28	35	28	40	50 ~ 200	40 ~ 200	45 ~ 200
20	34	44	36	50	60 ~ 200	55 ~ 200	60 ~ 200
（22）	—	—	40	55	—	—	65 ~ 200
24	42	52	45	60	75 ~ 200	80 ~ 200	75 ~ 200

注：①螺杆长度系列尺寸除16 mm外，其余尺寸均与方颈螺栓相同。
　　②尽可能不采用括号内尺寸。

用于连接铁木结构件。

7. T形槽用螺栓

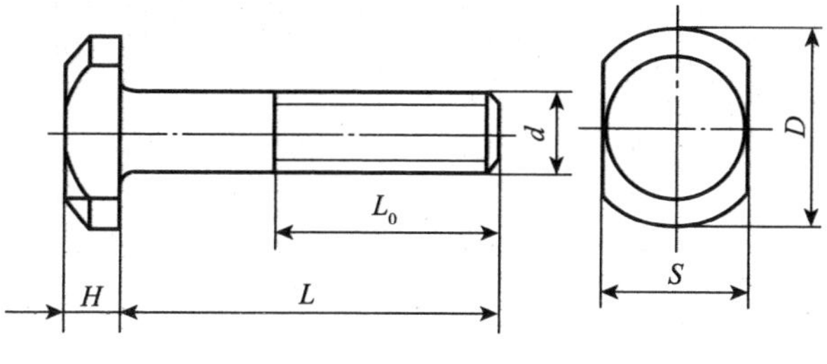

表3–15　T形槽用螺栓　　/mm

公称直径d	T形槽宽	头部尺寸			螺纹长度L_0	螺杆长度L	L系列尺寸
		S	H	D			
5	6	9	4	12	16	25 ~ 70	25，30，35，40，45，50，（55），60，（65），70，（75），80，90，100，（110），120，（130），140，（150），160，180，200，250.300
6	8	12	5	16	20	25 ~ 70	
8	10	14	6	20	25	25 ~ 80	
10	12	18	7	25	30	30 ~ 90	
12	14	22	9	30	40	40 ~ 100	
16	18	28	12	38	45	45 ~ 120	
20	22	34	14	46	50	70 ~ 160	
24	28	44	16	58	60	120 ~ 200	
30	36	57	20	75	70	130 ~ 300	
36	42	67	24	85	80	140 ~ 300	
42	48	76	28	95	90	150 ~ 300	
48	54	86	32	105	100	150 ~ 300	

注：尽可能不采用括号内的规格。

用于有 T形槽的连接件上，如机床、机床附件等。可在只旋转螺母而不卸螺栓时即可将连接件拧紧或松脱。

8. 活节螺栓

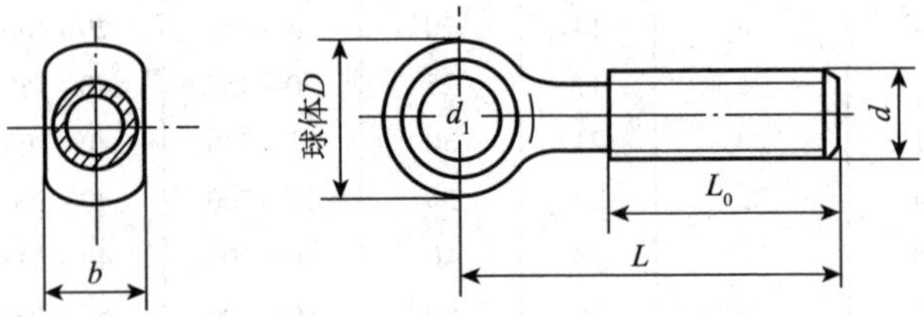

表3–16　活节螺栓　　/mm

公称直径d	节孔直径$d1$	球体直径D	节头宽度b	螺纹长度L_0	螺杆长度L	L系列尺寸
5	4	10	6	16	25 ~ 50	20，25，30，35，40，45，50，55，60，65，70，75，80，85，90。95，100，110，120，130，140，150，160，180，200，220，240，260，280，300
6	5	12	8	20	30 ~ 60	
8	6	14	10	25	35 ~ 80	
10	8	18	12	30	40 ~ 120	
12	10	20	14	40	50 ~ 140	
16	12	28	18	45	60 ~ 180	
20	16	34	22	50	70 ~ 200	
24	20	42	26	60	85 ~ 260	
30	25	52	34	70	100 ~ 300	
36	30	64	40	80	120 ~ 300	

用于需紧固又有铰接的连接件。

9. 焊接单头螺栓

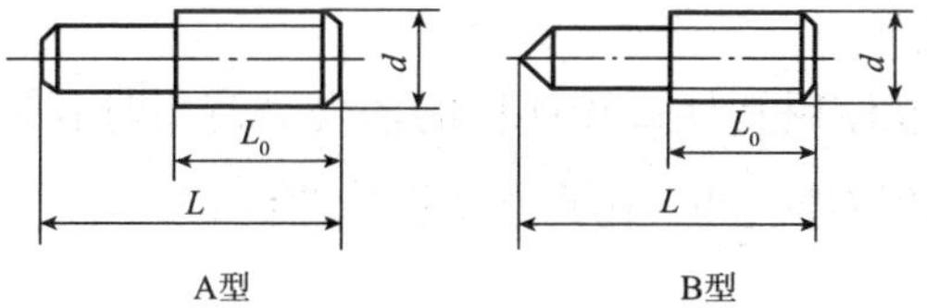

表3-17　焊接单头螺栓　/mm

公称直径d	螺纹长度L_0		螺栓长度L	L系列尺寸
	标准	加长		
6 8 10 12 （14） 16 （18） 20	16 20 25 30 35 40 45 50	25 30 40 50 60 60 70 80	11~200 20~200 25~250 30~250 35~280 45~280 50~300 60~300	16，20，25，30，35，40，45，50，55，60，65，70，75，80，（85），90，（95）．100，（105），110，（115），120，130，140，150，160.170，180，190，200，210，220，230，240，250，260，280，300

注：括号内的尺寸尽量不采用。

有螺纹的一头用作拧紧和松脱，没有螺纹的一头焊在被连接之零件上。

10. 地脚螺栓

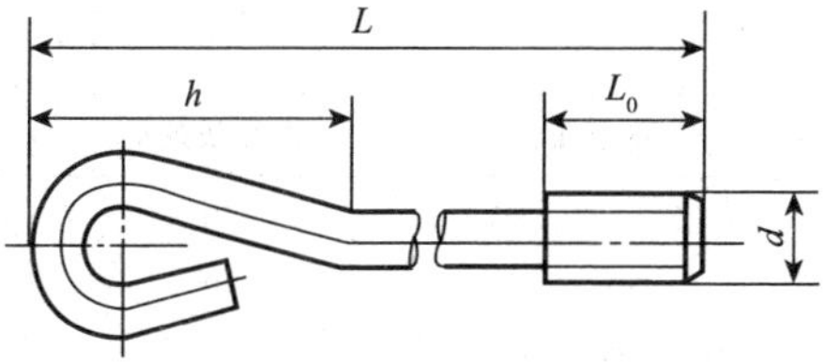

表3-18　地脚螺栓　/mm

公称直径d	螺纹长度L_0	弯曲部长度h	螺栓全长L	L系列尺寸
6 8 10 12 16 20 24 30 36 42 48	20 20 30 40 50 60 70 80 100 120 140	41 46 65 82 93 127 139 192 244 261 302	80~160 120~220 160~300 160~400 220~500 300~630 300~800 400~1 000 500~1 000 630~1 250 630~1 500	80，120，160，220，300，400，500，630，800，1 000，1 250，1 500

用作紧固各种机器、设备的底座，埋于地基中。

11. 胀管螺栓

（1）钢膨胀螺栓

用于结构上不能使用其他螺栓连接的场合。使用时利用此螺栓结构上的特点，通过膨胀来压紧被连接件，达到紧密连接的目的。

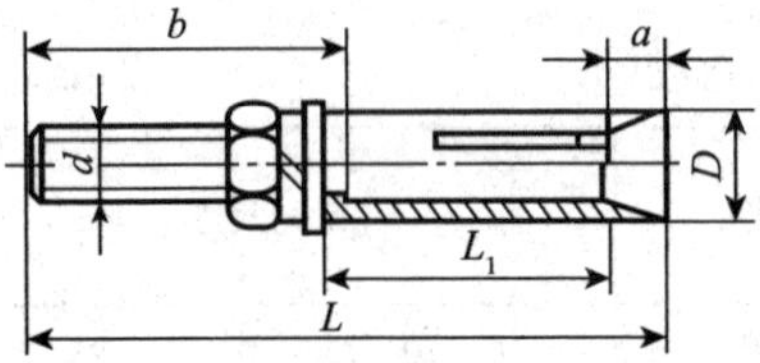

Ⅰ型

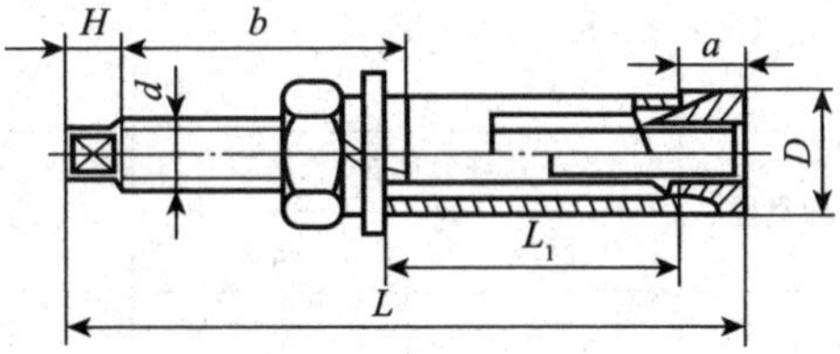

Ⅱ型

表3-19　钢膨胀螺栓　　/ mm

螺纹规格 *d*	胀管尺寸		方头高度 H	安装尺寸 *a*（参考）	钻孔尺寸	
	直径*D*	长度L_1			直径	深度
M6	10	35	—	3	10.5	40
M8	12	45	—	3	12.5	50
M10	14	55	8	3	14.5	60
M12	18	65	10	4	19	75
M16	22	90	13	4	23	100

Ⅰ型		Ⅱ型	
螺纹长度*b*	公称长度*L*	螺纹长度*b*	公称长度*L*
35 40 50 52 70	65，75，85，80， 90， 100，95，110， 125，110，130， 150，150，175	50 52 70	150，175，200，150， 200，250，200，250，300

（2）塑料胀管

配合木螺钉使小型被连接件（如金属制品、电器等）固定安装在混凝土墙壁、天花板等上用的一种特殊连接件。

甲型

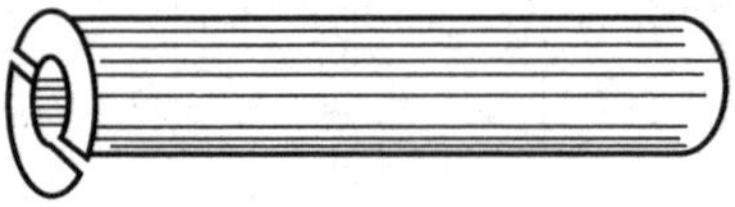
乙型

表3-20　塑料胀管　/mm

类型		甲型				乙型			
直径 长度		6 31	8 48	10 59	12 60	6 36	8 42	10 46	12 64
适用木螺钉	直径	3.5，4	4，4.5	5，5.5	5.5，6	3.5，4	4，4.5	5，5.5	5.5，6
	长度	被连接件厚度+胀管长度+10				被连接件厚度+胀管长度+3			
钻孔尺寸	直径	混凝土：等于或小于胀管直径0.3 加气混凝土：小于胀管直径0.5～1 硅酸盐砌块：小于胀管直径0.3～0.5							
	深度	大于胀管长度10～12				大于胀管长度3～5			

12. 方头螺栓（C级）

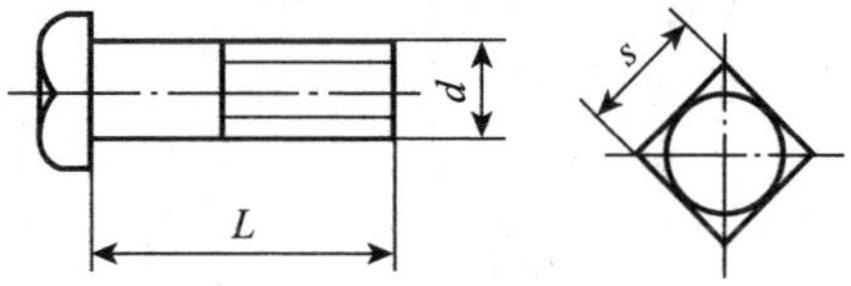

方头螺栓（GB/ T8–1988）
小方头螺栓（GB/ T35–1988）

表3-21　方头螺栓（C级）　/mm

螺纹规格 *d*	螺杆长度*L*		扳手尺寸*s*		L系列尺寸
	方头	小方头	方头	小方头	
5		10～60		8	
6		10～75		10	10，12，（14），
8		10～85		12	16，（18），20，
10	20～200	12～200	17	14	（22），25，（28），
12	25～260	14～260	19	17	30，32，35.
（14）		16～260	22	19	（38），40，45，
16	30～300		24	22	50，55，60，65，70，
（18）		18～260	27	24	75，80，85，90，95，
20	35～300	20～260	30	27	100，
（22）	50～300	22～260	32	30	110，120，130，
24	55～300	25～260	36	32	140，150，160，
（27）		30～260	41	36	170，180，190，
30	60～300	32～260	46	41	200，210，220，
36	80～300	40～300	55	50	230，240，250，
42		45～300	65	55	260，280，300
48	110～300	55～300	75	65	

注：尽可能不采用括号内尺寸。

用作紧固连接。

13. 双头螺栓

A型：无螺纹部分直径与螺纹外径相等

B型：无螺纹部分直径小于螺纹外径

L_1=1*d*（GB/ T897–1988）

L_1=1.25*d*（GB/ T898–1988）

L_1=1.5*d*（GB/ T899–1988）

L_1=2*d*（GB/ T900–1988）

L_1–L_0等长双头螺栓–B级（GB/ T901–1988）、C级（GB/ T953–1988）

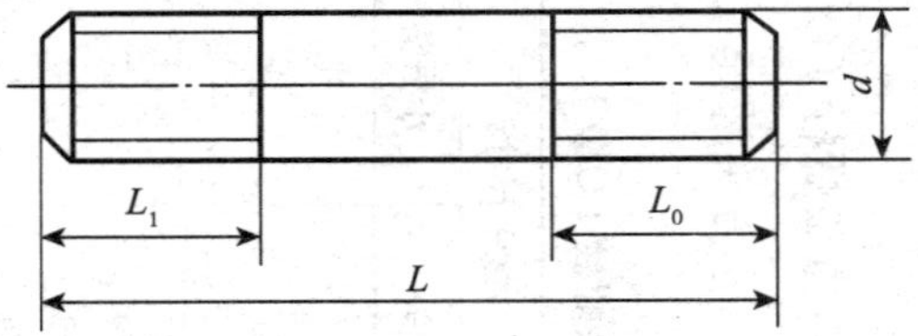

表3–22　双头螺栓

/ mm

公称直径*d*	螺纹长度L_1				螺栓长度*L*/标准螺栓长度L_0		
	1*d*	1.25*d*	1.5*d*	2*d*	GB/ T897～900—1988	GB/ T901–1988	GB/ T953–1988
2			3	4	（12～16）/6，（18～25）/10	（10～60）/10	
2.5			3.5	5	（14～18）/8，（20～30）/11	（10～80）/11	
3			4.5	6	（16～20）/6，（22～40）/12	（12～120）/12	
4			6	3	（16～22）/8，（25～40）/14	（16～300）/14	
5	5	6	8	10	（16～22）/10，（25～50）/16	（20～300）/16	

续表

公称直径d	螺纹长度$L1$				螺栓长度L/标准螺栓长度L_0				
	1d	1.25d	1.5d	2d	GB/ T897～900—1988			GB/ T901–1988	GB/ T953–1988
6	6	8	10	12	（12～22）/10	（25～8）/14	（30～75）/16	（25～300）/16	
8	8	10	12	16	（20～22）/12	（25～28）/16	（30～90）/20	（32～300）/20	（100～600）/20
10	10	12	15	20	（25～28）/14	（30～35）/16	（38～130）/25	（40～300）/25	（100～800）/25
12	12	15	18	24	（25～30）/16	（22～40）/20	（45～180）/30	（50～300）/30	（150～1 200）/30
14*	14	18	21	28	（30～35）/18	（38～45）/25	（S0～180）/35	（60～300）/35	（150～1 200）/35
16	16	20	24	32	（30~38）/20	（40～55）/30	（60～200）/40	（60～300）/40	（200～1 500）/40
18*	18	22	27	36	（35～40）/22	（45～60）/35	（60～200）/45	（60～300）/45	（200～1 500）45
20	20	25	30	40	（35～40）/25	（45～65）/35	（70～200）/50	（70～300）/50	（260～1 500）/50
22*	22	28	33	44	（40～45）/30	（50～70）/40	（75～200）/55	（80～300）/55	（260～1 800）/55
24	24	30	36	48	（45～50）/30	（55～75）/45	（80～200）/60	（90～300）/60	（300～1 800）/60
27*	27	35	40	54	（50～60）/35	（65～80）/50	（90～200）/65	（100～300）/65	（300～2 000）/65
30	30	38	45	60	（60～65）/40	（70～90）/50	（95～250）/70	（120～400）/70	（350～2 500）/70
36	36	45	54	72	（65～75）/45	（80～110）/60	（120~300）/80	（140～500）/80	（350～2 500）/80
42	42	50	63	84	（70～80）/50	（85～120）/70	（130～300）/90	（140～500）/90	（500～2 500）/90
48	48	60	72	96	（80～90）/60	（95～140）/80	（150～300）/100	（150～500）/100	（500～2 500）/100

注：①表中带“*”的尺寸尽可能不采用。

②螺栓长度系列尺寸/ mm：20，（22），25，（28），30，（32），35，（38），40～90（5进级），（95），100～200，（210），220，（230），（240），250，（260），280，300，320，350，380，400，420，450，480，500～950（50进级），1 000～2 500（100进级）。加“（）”号的尺寸尽可能不采用。

适用于结构上不能采用螺栓连接的场合，例如被连接件之一太厚不宜制成通孔或需要经常拆装时，往往采用双头螺栓连接。

三、螺钉

表3-23 螺钉的类型、规格、特点及用途

类型	名称	标准	规格范围		特点及用途
			d/ mm	l/ mm	
普通螺钉	十字槽盘头螺钉	GB/ T818-2000	M1.6 ~ M10	3 ~ 60	十字槽拧紧时间中性好，易实现自动装配，生产率高，槽的强度高、不易打滑
	十字槽沉头螺钉	GB/ T819.1-2000 GB/ T819.2-19997	M1.6 ~ M10	3 ~ 60	
	十字槽半沉头螺钉	GB/ T820-2000			
	十字槽圆柱头螺钉	GB/ T822-2000	M2 ~ M10	3 ~ 60	
	十字槽小盘头螺钉	GB/ T823-1988	M2 ~ M8	3 ~ 60	
	开槽圆柱头螺钉	GB/ T65-2000	M1.6 ~ M10	2 ~ 80	开槽螺钉。多用于较小零件的连接
	开槽盘头螺钉	GB/ T67-2000	M1.6 ~ M10	2 ~ 80	
	开槽沉头螺钉	GB/ T68-2000	M1.6 ~ M10	2.5 ~ 80	
	开槽半沉头螺钉	GB/ T69-2000			
	内六角花形圆柱头螺钉-4.8级	GB/ T2671.1-2004	M6 ~ M20	8 ~ 80	内六角可承受较大的拧紧力矩，连接强度高，可替代六角头螺栓。头部可埋入零件沉孔中，外形平滑.结构紧凑
	内六角花形圆柱头螺钉-8.8级和10.9级	GB/ T2671.2-2004			
	内六角花形盘头螺钉	GB/ T2672-2004	M6 ~ M12	8 ~ 80	
	内六角花形沉头螺钉	GB/ T2673-1986	M6 ~ M20	8 ~ 80	
	内六角花形半沉头螺钉	GB/ T2674-2004			
	内六角圆柱头螺钉	GB/ T70.1 ~ 70.3-2000	M1.6 ~ N36	2 ~ 200	
	内六角圆柱头轴肩螺钉	GB/ T5281-1985	N5 ~ M20	10 ~ 120	
紧定螺钉	开槽锥端紧定螺钉	GB/ T71-1985	M1.2 ~ M12	2 ~ 60	锥端靠端头直接顶紧零件，一般用于不常拆装或零件硬度不高的场合平端端头平滑，不伤零件表面，多用于受载小，经常调节位置的场合凹端适用于零件硬度较大的场合
	开槽平端紧定螺钉	GB/ T73-1985			
	开槽凹端紧定螺钉	GB/ T4-1985	M1.2 ~ M12		
	开槽长圆柱紧定螺钉	GB/ T75-1985			
	内六角平端紧定螺钉	GB/ T77-2000	M1.6 ~ M24	2 ~ 60	
	内六角锥端紧定螺钉	GB/ T78-2000			
	内六角凹端紧定螺钉	GB/ T80-2000			
	内六角圆柱端紧定螺钉	GB/ T79-2000			

续表

类型	名称	标准	规格范围		特点及用途
			d/ mm	l/ mm	
紧定螺钉	方头长圆柱球面端紧定螺钉	GB/ T83-1988	M8 ~ M20	16 ~ 100	圆柱端承载能力高，用于位置经常调节或固定安装在管轴上的零件。使用时应有防松措施 球面端除压顶平面外，还可压在零件的圆窝中紧定螺钉的硬度，螺钉硬度高于零件硬度。一般螺钉的热处理硬度为28 ~ 38 HRC
	方头凹端紧定螺钉	GB/ T84-1988	M5 ~ M20	10 ~ 100	
	方头长圆柱端紧定螺钉	G13/ T85-1988		12—100	
	方头短圆柱端紧定螺钉	GB/ T86-1988			
	方头侧角端紧定螺钉	GB/ T821-1988	M5 ~ M20	8 ~ 100	
定位螺钉	开槽盘头定位螺钉	GB/ T828—1988	M1.6 ~ M10	1.5 ~ 20	主要作用是定位，也可传递不大的载荷
	开槽圆柱端定位螺钉	GB/ T829—1988	M1.6 ~ M10	1.0 ~ 20	
	开槽锥端定位螺钉	GB/ T72—1988	M3 ~ M12	4 ~ 50	
不脱出螺钉	开槽盘头不脱出螺钉	GB/ T837—1988	M3 ~ M10	10 ~ 60	多用于冲击震动较大，不允许脱出的连接。可在细的螺杆处装防脱元件
	六角头不脱出螺钉	GB/ T838—1988	M5 ~ M16	14 ~ 100	
	滚花头不脱出螺钉	GB/ T839—1988	M3 ~ M10	10 ~ 60	
	开槽沉头不脱出螺钉	GB/ T948—1988	M3 ~ MI0	10 ~ 60	
	开槽半沉头不脱出螺钉	GB/ T949—1988	M3 ~ M10	10 ~ 60	
自攻螺钉	十字盘头自攻螺钉	GB/ T845—1985	S T2.2 ~ S T9.5	4.5 ~ 50	多用于较薄的钢板和有色金属板的连接。螺钉硬度较高，一般热处理硬度为50 ~ 58 HRC。被连接件可不预先制出螺纹，在连接时，利用螺钉攻出螺纹
	十字槽沉头自攻螺钉	GB/ T846—1985	S T2.2 ~ S T9.5	4.5 ~ 50	
	十字槽半沉头自攻螺钉	GB/ T847—1985	S T2.2 ~ S T9.5	4.5 ~ 50	
	六角头自攻螺钉	GB/ T5285-1985	S T2.2 ~ S T9.5	4.5 ~ 50	
	十字槽凹穴六角头自攻螺钉	GB/ T9456-1988	S T2.2 ~ S T9.5	4.5 ~ 50	
	开槽盘头自攻螺钉	GB/ T5282-1985	S T2.2 ~ S T9.5	4.5 ~ 50	
	开槽沉头自攻螺钉	GB/ T5283-1985	S T2.2 ~ S T9.5	4.5 ~ 50	
	开槽半沉头自攻螺钉	GB/ T5284-1985	S T2.2 ~ S T9.5	4.5 ~ 50	多用于较薄的钢板和有色金属板的连接。螺钉硬度较高，一般热处理硬度为50 ~ 58 HRC。被连接件可不预先制出螺纹，在连接时。利用螺钉攻出螺纹
	十字槽盘头自钻自攻螺钉	GB/ T15856.1-2002	S T2.9 ~ S T6.3	13 ~ 50	
	十字槽沉头自钻自攻螺钉	GB/ T15856.2-2002	S T2.9 ~ S T6.3	13 ~ 50	
	十字槽半沉头自钻自攻螺钉	GB/ T15856.3-2002	S T2.9 ~ S T6.3	13 ~ 50	
	墙板自攻螺钉	GB/ T14210-1993	3.5 ~ 4.2	19 ~ 70	
	十字槽沉头自攻锁紧螺钉	GB/ T6561-1986	M2.5 ~ M6	6 ~ 40	
	六角头自攻锁紧螺钉	GB/ T6563-1986	M5 ~ M12	10 ~ 80	

续表

类型	名称	标准	规格范围		特点及用途
			d/ mm	l/ mm	
特殊用途螺钉	开槽无头轴位螺钉	GB/ T831-1988	M1.6 ~ M10	1 ~ 20	多用于受载较小的工装设备的连接
	开槽带孔球面圆柱头螺钉	GB/ T832-1988	M1.6 ~ M10	2.5 ~ 60	
	开槽大圆柱头螺钉	GB/ T833-1988	M2 ~ M10	2 ~ 20	
	滚花高头螺钉	GB/ T834-1988	M1.6 ~ M10	2 ~ 35	
	滚花平头螺钉	GB/ T835-1988	M1.6 ~ M10	2 ~ 45	
	滚花小头螺钉	GB/ T836-1988	M1.6 ~ M6	3 ~ 40	
	塑料滚花头螺钉	GB/ T840-1988	M4 ~ M16	8 ~ 80	
	开槽球面圆柱头轴位螺钉	GB/ T946-1988	M1.6 ~ M10	1 ~ 20	
	开槽球面大圆柱头螺钉	GB/ T947-1988	M2 ~ M10	3 ~ 60	
	吊环螺钉	GB/ T825-1988	M8 ~ M100X6	16 ~ 140	用于起吊机械等
	精密机械用紧固件十字槽螺钉	GB/ T13806.1-1992	M1.2 ~ M3	1.6 ~ 10	主要用于仪器、仪表等精密机械

1. 开槽普通螺钉

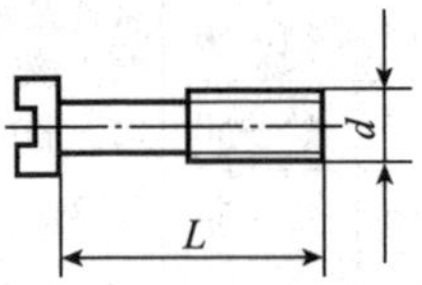

圆柱头螺钉
(GB/T 65—2000)

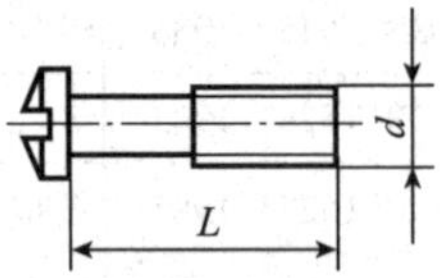

球面圆柱头螺钉
(GB/T 66—2000)

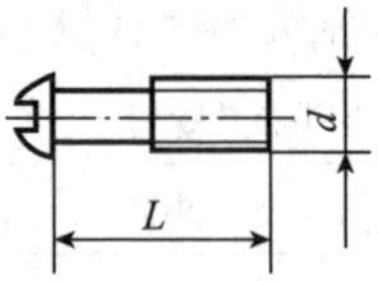

半圆头螺钉
(GB/T 67—2000)

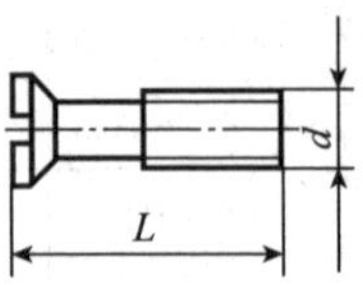

沉头螺钉
(GB/T 68—2000)

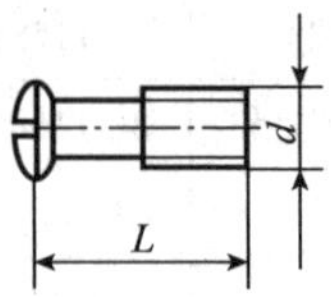

半沉头螺钉
(GB/T 69—2000)

表3-24　开槽普通螺钉　　/mm

公称直径 *d*	钉杆长度 *L* 圆柱头、半圆头 GB65-2000、GB67-2000	钉杆长度 *L* 球面圆柱头 GB66-2000	钉杆长度 *L* 沉头、半沉头 GB68-2000、GB69-2000	L系列尺寸
1.0	1.5 ~ 5.0		2.0 ~ 5.0	1.5，2.0，2.5，3.0，4.0，5.0，6.0，8.0，10.0，12.0，（14.0），16.0，（18.0），20.0，（22.0），25.0，（28.0），30.0，（32.0），35.0，（38.0），40.0，45.0，50.0，55.0，60.0
1.2	1.5 ~ 5.0		2.5 ~ 6.0	
1.4	1.5 ~ 5.0		2.5 ~ 6.0	
1.6	2.0 ~ 6.0		3.0 ~ 8.0	
2.0	2.0 ~ 8.0		3.0 ~ 10.0	
2.5	2.5 ~ 16.0		4.0 ~ 16.0	
3.0	3.0 ~ 22.0		4.0 ~ 22.0	
4.0	4.0 ~ 25.0		6.0 ~ 25.0	
5.0	5.0 ~ 28.0		8.0 ~ 28.0	
6.0	8.0 ~ 30.0		10.0 ~ 30.0	
8.0	10.0 ~ 32.0		14.0 ~ 32.0	
10.0	12.0 ~ 38.0		18.0 ~ 40.0	
12.0	18.0 ~ 40.0	—	18.0 ~ 45.0	
（14.0）	25.0 ~ 40.0	—	22.0 ~ 45.0	
16.0	30.0 ~ 45.0	—	25.0 ~ 50.0	
（18.0）	35.0 ~ 50.0	—	30.0 ~ 55.0	
20.0	40.0 ~ 55.0	—	35.0 ~ 60.0	

注：括号内的尺寸尽量不采用。

用于受力不大，又不需要经常拆装的场合。其特点是一般不用螺母，而把螺钉直接旋入被连接件的螺纹孔中，使被连接件紧密地连接起来。

2. 圆柱头内六角螺钉

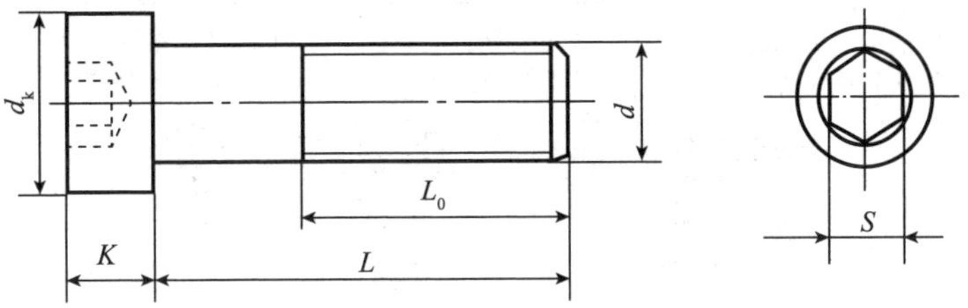

表3-25　圆柱头内六角螺钉　　/mm

公称直径d	螺钉头直径 dK	螺钉头长度 K	内六角扳手尺寸 S	螺钉长度L		L系列尺寸
				L/L_0	全长加工螺纹	
1.6	3.0	1.6	1.5	（2.5～16）/15	15	8，10，12，（14），16，（18），20，（22），25，（28），30，35，40，45，50，55，60，65，70，75，80，85，90，95，100，110，120，130，140，150，160，170，180，190，200，210，220，230，240，250，260.280，300
2	3.8	2	1.5	（3～20）/16	16	
2.5	4.5	2.5	2	（4～25）/17	20	
3	5.5	3	5.5	（5～20）/18	20	
4	7	4	3	（18—40）/12	8～16	
5	8.5	5	4	（18～50）/14	10～16	
6	10	6	5	（20～60）/16	10～18	
8	13	8	6	（25～80）/20	12～22	
10	16	10	8	（30～100）/25	14～28	
12	18	12	10	（40～130）/30	16～35	
14*	21	14	12	（45～140）/35	20～40	
16	24	16	12	（50～160）/40	22～45	
18*	28	18	14	（55～180）/45	25～50	
20	30	20	14	（60～220）/50	25～55	
22*	33	22	17	（65～250）/55	28～60	
24	36	24	17	（70～250）/60	28～65	
27*	40	27	19	（75～260）/65	40～70	
30	45	30	19	（80～300）/70	45～75	
36	54	36	24	（95～300）/80	60～90	
42	63	42	27	（110～300）/90	70～100	

注：加“*”号的尺寸尽可能不采用。

用于需把螺钉头埋入机件内，而紧固力又要求较大的场合。

3. 十字槽普通螺钉

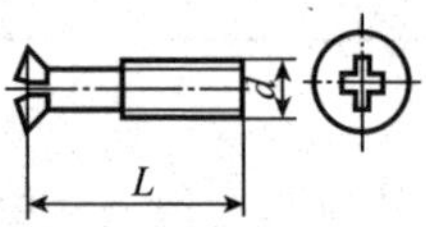

120°半沉头螺钉
（GB/T 974-1985）

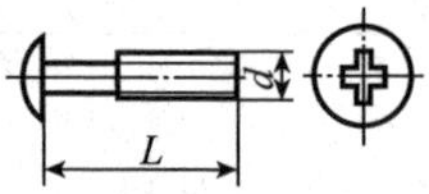

扁圆头螺钉
（GB/T 973-1985）

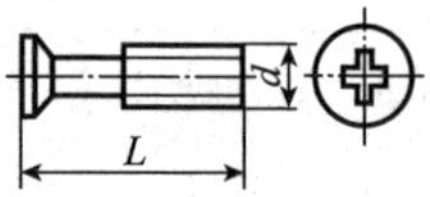

沉头螺钉
（GB/T 819-2000）

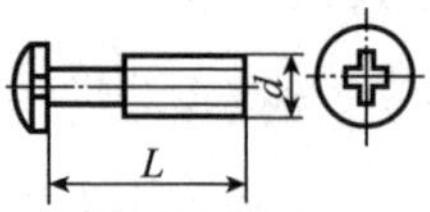

球面中柱头螺钉
（GB/T 945-1985）

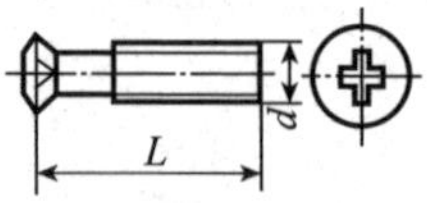

半沉头螺钉
（GB/T 820-2000）

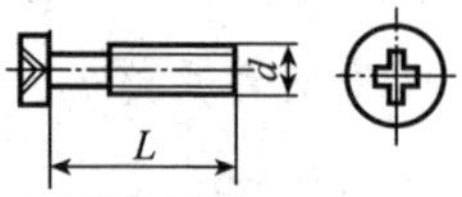

圆柱头螺钉
（GB/T 822-2000）

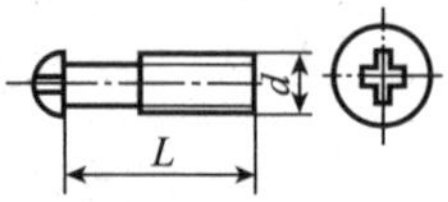

平圆头螺钉
（GB/T 818-2000）

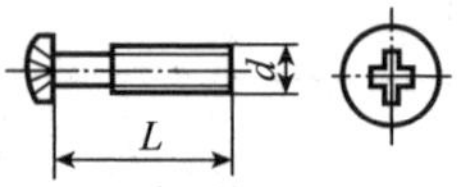

球面圆柱头螺钉
（GB/T 823-1988）

表3-26 十字槽普通螺钉

/ mm

公称直径*d*	螺钉长度*L*						采用螺钉旋具规格号	L系列尺寸
	120°半沉头	沉头半沉头	平圆头	扁圆头	球面中柱头	圆柱头球面圆柱头		
2.0	—	4～20			5～20	4～20	Ⅰ	4，5，6，8，10，12，（14），16，（18），20，（22），25，（28），30，（32），35，（38），40,45，50，65，70，55，60，75，80
2.5	—	5～35						
3.0	—	5～40	6～40				Ⅱ	
4.0	6～50		8～50			8～60		
5.0	8～50					8～80		
6.0	8～50	10～50	8～50			8～80	Ⅲ	
8.0	12～65	14～65	12～65	12～50		12～80		
10.0	16～88	18～80	16～80	—	16～50	16～80	Ⅳ	
12.0	—	18～80	20～80	—	—	20～80		

注：括号内的尺寸尽可能不采用。

与开槽普通螺钉用途相同。

4. 紧定螺钉

紧定螺钉的种类有：

方头锥端紧定螺钉（GB/ T86–1988）；

方头平端紧定螺钉（GB/ T821–1988）；

方头凹端紧定螺钉（GB/ T84–1988）；

方头圆柱端紧定螺钉（GB/ T85–1988）；

方头圆尖端紧定螺钉（GB/ T83–1988）；

内六角头锥端紧定螺钉（GB/ T78–2000）；

内六角头平端紧定螺钉（GB/ T77–2000）；

内六角头凹端紧定螺钉（GB/ T80–2000）；

内六角头圆柱端紧定螺钉（GB/ T79–2000）；

槽头锥端紧定螺钉（GB/ T71–1985）；

槽头平端紧定螺钉（GB/ T73–1985）；

槽头凹端紧定螺钉（GB/ T74–1985）；

槽头圆柱端紧定螺钉（GB/ T75–1985）。

用于固定零部件的相对位置。

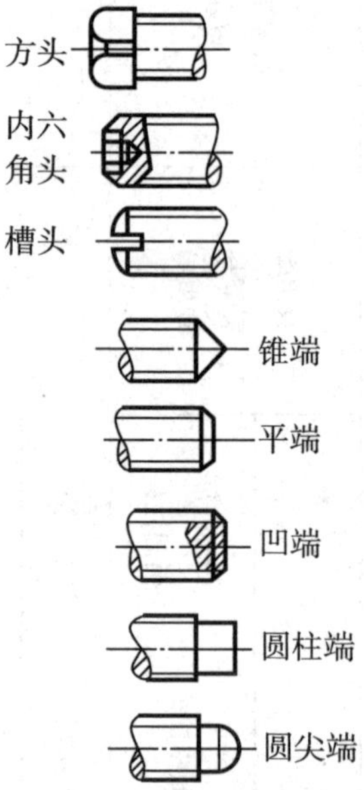

表3–27 方头紧定螺钉

公称直径 D/ mm	螺钉长度L/ mm					L系列尺寸
	平端	锥端	圆柱端	凹端	圆尖端	
5	8 ~ 30	12 ~ 30		10 ~ 30	—	8，10，11，（14），16，（18），20，（22），25，（28），30，35，40，45，50，60，70，80，90，100
6	8 ~ 30	12 ~ 30			—	
8	10 ~ 40	14 ~ 40			16 ~ 40	
10	12 ~ 50	18 ~ 50			—	
12	14 ~ 60	22 ~ 60			—	
16	20 ~ 80	25 ~ 80			28 ~ 80	
20	—	40 ~ 100			35 ~ 100	

注：括号内的尺寸尽量不采用。

表3-28　内六角头紧定螺钉

公称直径 d/ mm	螺钉长度L/ mm				L系列尺寸
	锥端	平端	凹端	圆柱端	
3	4～8			5～12	4，5，6，8，10，12，（14），16，（18），20，（22），25，（28），30，35，40，45，50，55，60，65，70.75，80，85，90。95，100
4	5～16			6～16	
5	6～20			8～18	
6	8～35			8～30	
8	10～50			10～40	
10	12～55			15～50	
12	16～60		16～65	16～60	
14	18～70				
20	22～90	20～90	20～100	20～90	
24	28～100	22～100	—	22～100	

注：括号内的尺寸尽量不采用。

表3-29　槽头紧定螺钉

公称直径 d/ mm	螺钉长度L/ mm				L系列尺寸
	圆柱端	锥端	下端	凹端	
1.0	—	2～4		—	2，3，4，5，6，8，10，12，（14），16，（18），20，（22）.25，（28），30，35，40，50
1.2	—	2～4		—	
1.4	—	2～5		—	
1.6	—	2～6	3～6	—	
2.0	3～6	3～8		—	
2.5	4～8	3～10	4～10	—	
3.0	5～12	4～12	5～12	4～16	
4.0	6～16	5～16	6～16	4～20	
5.0	8～18	6～20	8～20	8～25	
6.0	8～20	8～22		8～25	
8.0	10～28		10～25		
10.0	12～35		12～30		
12.0	12～45		12～40		
16.0	—	16～45	—	—	

注：括号内的尺寸尽量不采用。

5. 大圆柱头螺钉

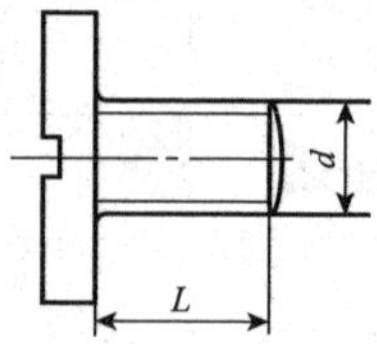

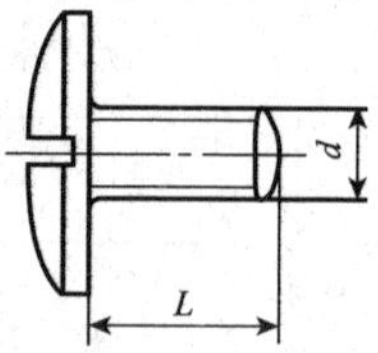

大圆柱头螺钉（GB/T 833—1988）　　球面大圆柱头螺钉（GB/T 947—1988）

表3-30　大圆柱头螺钉　/ mm

公称直径	螺杆长度L		公称直径	螺杆长度L	
	大圆柱头	球面大圆柱头		大圆柱头	球面大圆柱头
2.0	2～20	3～6	5.0	2～20	5～60
2.5	2～20	4～14	6.0	2～20	5～60
3.0	2～20	5～30	8.0	2～20	10～18
4.0	2～20	5～45	10.0	2～20	12～20

用于连接。

6. 滚花螺钉

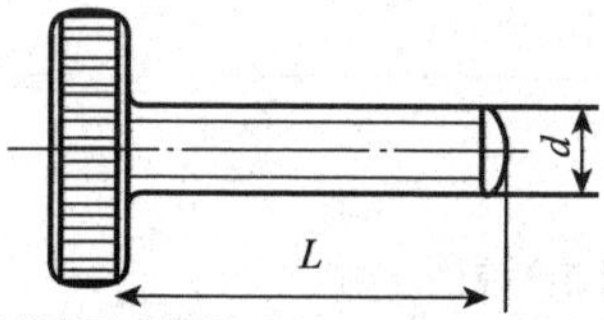

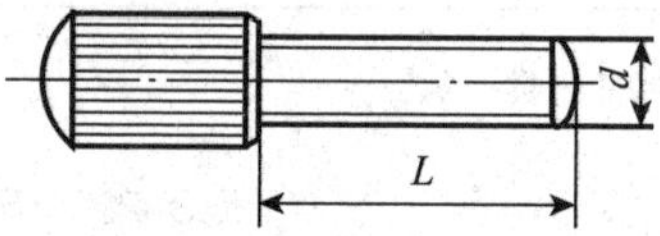

滚花平头螺钉（GB/T 835—1988）　滚花小头螺钉（GB/T 836—1988）/mm

表3-31　滚花螺钉　/ mm

公称直径	螺杆长度L		公称直径	螺杆长度L	
	滚花平头	滚花小头		滚花平头	滚花小头
2.0	—	4～40	4.0	8～20	4～40
2.5	—	4～40	5.0	—	4～40
3.0	8～20	4～40	6.0	—	4～40

用于连接，适宜需经常做松紧动作的场合。

7. 吊环螺钉

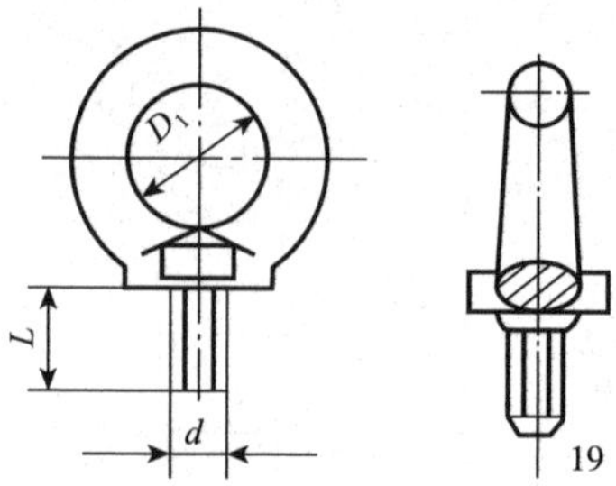

GB 825—1988

表3-32　吊环螺钉　　/ mm

螺纹直径d	吊环内径D_1	钉杆长度L	螺纹直径d	吊环内径D_1	钉杆长度L
8	20	16	42	80	65
10	24	20	48	95	70
12	28	22	56	112	80
16	34	28	64	125	90
20	40	35	M72×6	140	100
24	48	40	M80×6	160	115
30	56	45	M100×6	200	140
36	67	55			

装在机器或大型零部件的顶盖或外壳上，便于起吊用。

8. 自攻螺钉

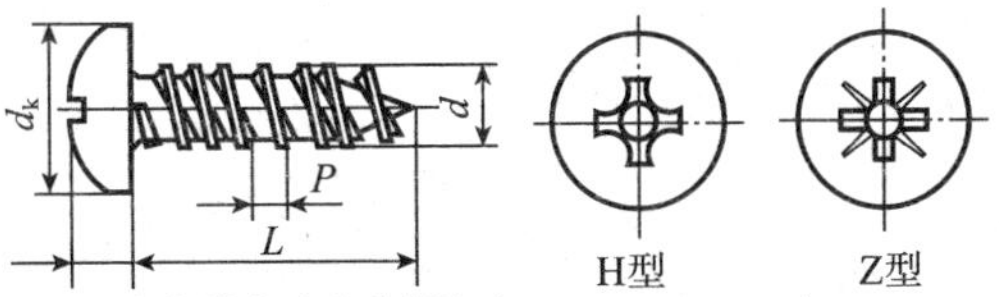

十字槽盘头自攻螺钉（GB/T 845—1985）

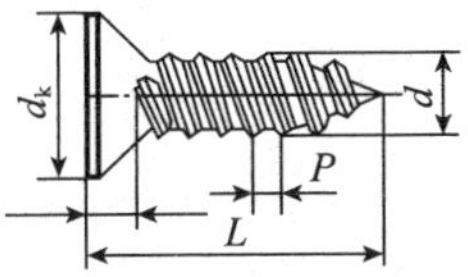

十字槽沉头自攻螺钉（GB/T 846—1985）

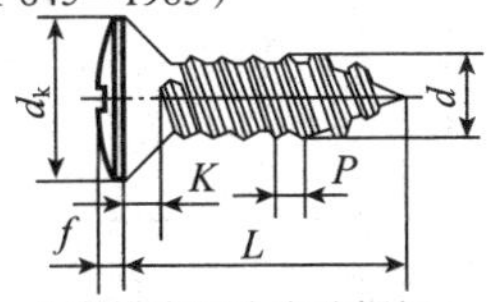

十字槽半沉头自攻螺钉（GB/T 847—1985）

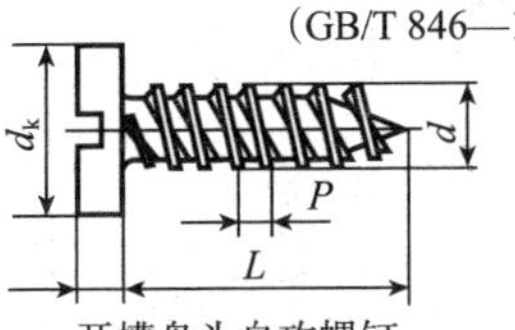

开槽盘头自攻螺钉（GB/T 5282—1985）

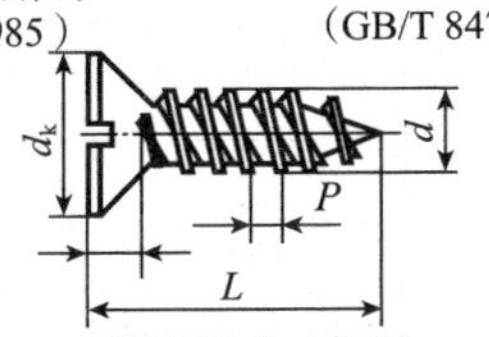

开槽沉头自攻螺钉（GB/T 5283—1985）

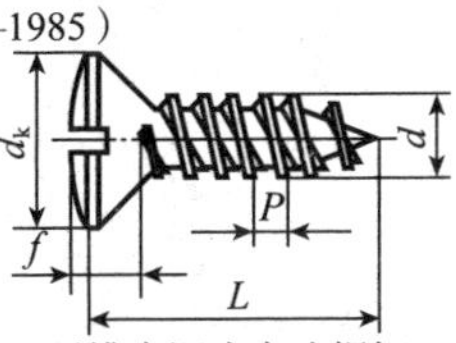

开槽半沉头自攻螺钉（GB/T 5284—1985）

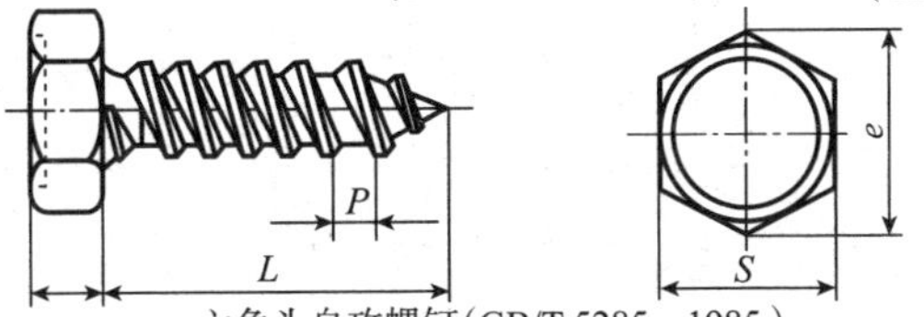

六角头自攻螺钉（GB/T 5285—1985）

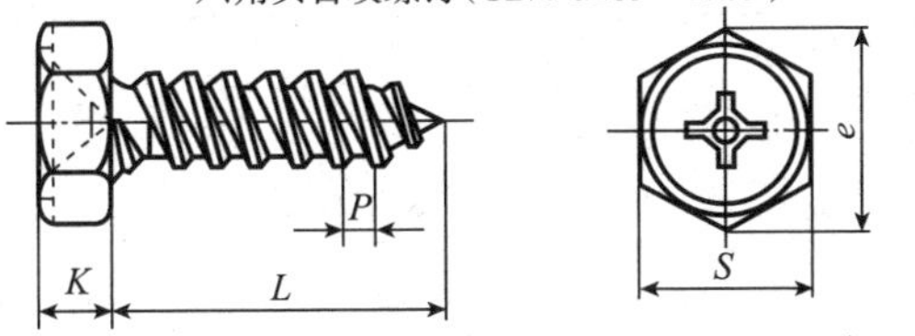

十字槽凹穴六角头自攻螺钉（GB/T 9456—1988）

表3–33　自攻螺钉

/ mm

自攻螺钉用螺纹规格	螺纹外径 d（≤）	螺距 P	公称长度L						螺钉头直径d_K			
			十字槽		开槽		六角头		十字槽、开槽		六角头	
			盘头	沉头 半沉头	盘头	沉头 半沉头	无槽	十字槽	盘头	沉头 半沉头	s	e
S T2.2	2.24	0.8	4.5 ~ 16	4.5 ~ 16	4.5 ~ 16	4.5 ~ 16	4.5 ~ 16	—	4	3.8	3.2	3.38
S T2.9	2.90	1.1	6.5 ~ 19	6.5 ~ 19	6.5 ~ 19	6.5 ~ 19	6.5 ~ 19	6.5 ~ 19	5.6	5.5	5	5.4
S T3.5	3.53	1.3	9.5 ~ 25	9.5 ~ 25	9.5 ~ 22	9.5 ~ 25（22）	9.5 ~ 22	9.5 ~ 22	7	7.3	5.5	5.96
S T4.2	4.22	1.4	9.5 ~ 32	9.5 ~ 32	9.5 ~ 25	9.5 ~ 32（25）	9.5 ~ 25	9.5 ~ 25	8	8.4	7	7.59
S T4.8	4.80	1.6	9.5 ~ 38	9.5 ~ 32	9.5 ~ 32	9.5 ~ 32	9.5 ~ 32	9.5 ~ 32	9.5	9.3	8	8.71
S T5.5	5.46	1.8	13 ~ 38	13 ~ 38	13 ~ 32	13 ~ 38（32）	13 ~ 32	—	11	10.3	8	10.95
S T6.3	6.25	1.8	13 ~ 38	13 ~ 38	13 ~ 38	13 ~ 38	13 ~ 38	13 ~ 38	12	11.3	10	10.95
S T8	8.00	2.1	16 ~ 50	16 ~ 50	16 ~ 50	16 ~ 50	13 ~ 50	13 ~ 50	16	15.8	13	14.26
S T9.5	9.65	2.1	16 ~ 50	16 ~ 50	16 ~ 50	19 ~ 50	16 ~ 50	—	20	18.3	16	17.62

用于薄金属制件与较厚金属制作之间的连接。

表3-34　ISD国际标准自攻螺钉

产品名称	标准	规格	长度/ mm
十字槽盘头自攻螺钉	ISO7049-1983（E）（等效GB/ T845-1985）	S12.9	6.5 ~ 19
		S13.5	9.5 ~ 25
		ST4.2	9.5 ~ 32
		ST4.8	9.5 ~ 38
		ST5.5	13 ~ 38
		ST6.3	13 ~ 38
十字槽沉头自攻螺钉	ISO7050-1983（E）（等效GB/ T846-1985）	S12.9	6.5 ~ 19
		ST3.5	9.5 ~ 25
		ST4.2	9.5 ~ 32
		ST4.8	9.5 ~ 32
		ST5.5	13 ~ 38
		ST6.3	13 ~ 38
十字槽盘头自攻螺钉	ISO1481-1983（E）（等效GB/ T5282-1985）	ST2.9	6.5 ~ 19
		ST3.5	6.5 ~ 22
		ST4.2	9.5 ~ 25
		ST4.8	9.5 ~ 32
		ST5.5	13 ~ 32
		ST6.3	13 ~ 38
一字槽沉头自攻螺钉	ISO1482-1983（E）（等效GB/ T5283-1985）	ST2.9	6.5 ~ 19
		ST3.5	9.5 ~ 25
		ST4.2	9.5 ~ 32
		ST4.8	9.5 ~ 32
		ST6.5	13 ~ 38
		ST6.3	13 ~ 38

9. 自钻自攻螺钉

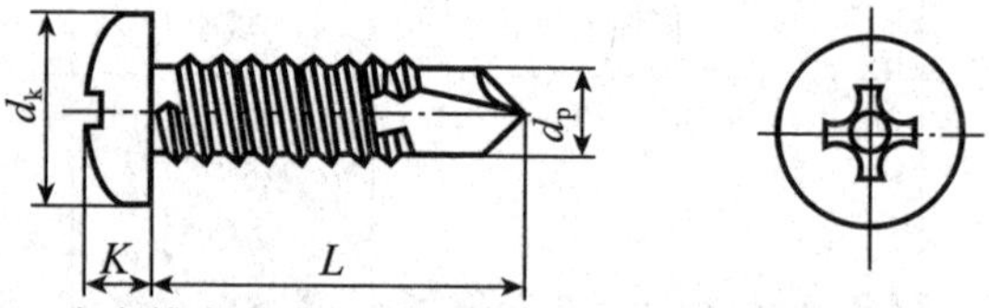

十字槽盘头自钻自攻螺钉(GB/T 15856.1—2002)

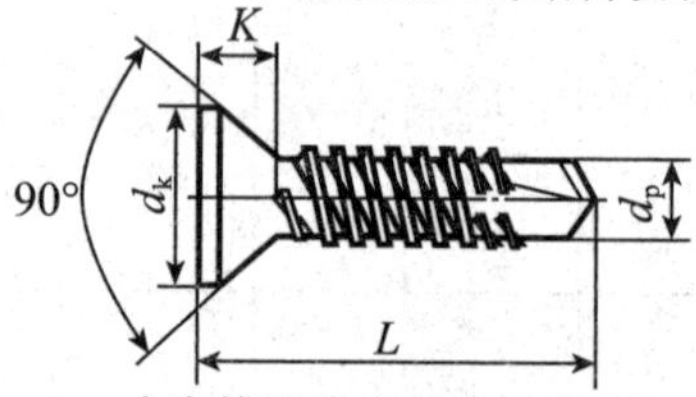

十字槽沉头自钻自攻螺钉
(GB/T 15856.2—2002)

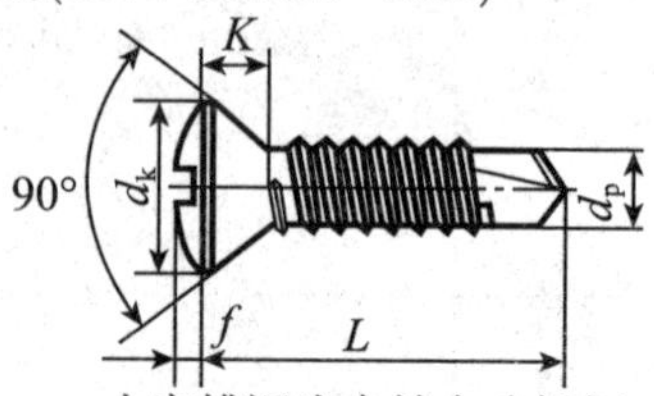

十字槽沉头自钻自攻螺钉
(GB/T 15856.3—2002)

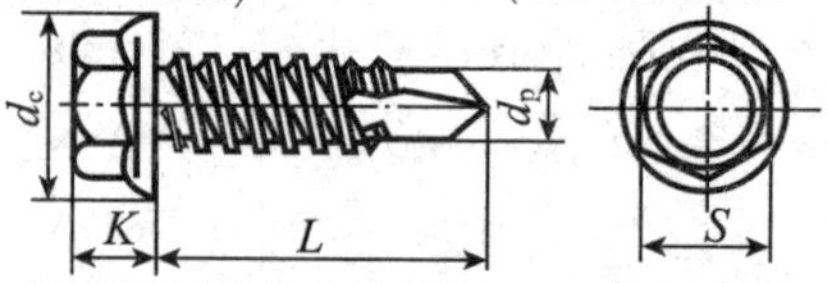

六角法兰面自钻自攻螺钉(GB/T 15856.4—2002)

表3–35 自钻自攻螺钉 / mm

自攻螺钉用螺纹规格	螺纹外径 d（≤）	公称长度 L	钻头直径 d（≈）	钻削范围（板厚）
S T2.9	2.90	13 ~ 19	2.3	0.7 ~ 1.9
S T3.5	3.53	13 ~ 25	2.8	0.7 ~ 2.25
S T4.2	4.22	13 ~ 38	3.6	1.75 ~ 3
S T4.8	4.80	16 ~ 50	4.1	1.75 ~ 4.4
S T5.5	5.46	19 ~ 50	4.8	1.75 ~ 5.25
S T6.3	6.25	19 ~ 50	5.8	2 ~ 6

用于连接。连接时可将钻头和攻丝两道工序合并一次完成。

四、螺母

表3-36 螺母的类型、规格、特点及用途

类别	名称	标准编号	规格范围	特点及用途
方形	方螺母C级	GB/ T39-1988	M3 ~ M24	扳手卡口大，不易打滑，用于结构简单，支承面粗糙的场合
六角形	1型六角螺母	GB/ T6170-2000	M1.6 ~ M64	应用较多，产品分A、B、C三个等级，A级精度最高，C级最差。A级螺母D≤16 mm，B级螺母D>16 mm。2型较1型螺母约厚10%，性能等级也略高 薄螺母在双螺母防松时，作为副螺母使用 厚螺母用于经常拆装的场合 扁螺母用于受切向力为主或结构尺寸要求紧凑的场合 六角法兰螺母防松性能较好，可省去弹簧垫圈 球面六角螺母多用于管路的连接
	六角薄螺母	GB/ T6172-2000	M1.6 ~ M64	
	1型六角螺母细牙	GB/ T6171-2000	M8X1 ~ M64X4	
	六角薄螺母细牙	GB/ T6173-2000	M8X1 ~ M64X4	
	六角螺母C级	GB/ T41-2000	M5 ~ M64	
	2型六角螺母	GB/ T6175-2000	M5 ~ M36	
	2型六角螺母细牙	GB/ T6176-2000	M8X1 ~ M36X3	
	六角薄螺母无倒角	GB/ T6174-2000	M1.6 ~ M10	
	小六角特扁细牙螺母	GB/ T808-1988	M4X0.5 ~ M24X1	
	六角厚螺母	GB/ T56-1988	M16 ~ M48	
	六角法兰面螺母	GB/ T6177-2000	M5 ~ M20	
	球面六角螺母	GB/ T804-1988	M6 ~ M48	
六角形槽	1型六角开槽螺母-C级	GB/ T6179-1986	M5 ~ M36	配开口销防止松退，用于振动、冲击、变载荷等易发生螺母松退的场合
	2型六角开槽螺母-A级和B级	GB/ T6180-1986	M5 ~ M36	
	六角开槽薄螺母-A级和B级	GB/ T6181-1986	M5 ~ M36	
	1型六角开槽螺母-A级和B级	GB/ T6178-1986	M4 ~ M36	
	1型六角开槽螺母细牙A级和B级	GB/ T9457-1988	M8X1 ~ M36X3	
	2型六角开槽螺母细牙A级和B级	GB/ T9458-1988	M8X1 ~ M36X3	
	六角开槽薄螺母细牙A级和B级	GB/ T9459-1988	M8X1 ~ M36X3	

续表

类别	名称	标准编号	规格范围	特点及用途
六角锁紧和扣紧	1型全金属六角锁紧螺母	GB/ T6185-2000	M5 ~ M36	带嵌件锁紧螺母防松性能好，弹性好扣紧螺母一般与六角螺母配合使用，防止螺母松退
	2型全金属六角锁紧螺母	GB/ T6186-2000	M5 ~ M36	
	1型非金属嵌件六角锁紧螺母	GB/ T889-2000	M6 ~ M36	
	2型非金属嵌件六角锁紧螺母	GB/ T6182-2000	M3 ~ M36	
	非金屑嵌件六角法兰面锁紧螺母	GB/ T6183-2000	M5 ~ M36	
	全金属六角法兰面锁紧螺母	GB/ T6187-2000	M5 ~ M20	
	扣紧螺母	GB/ T805-1988	M6X1 ~ M48X5	
异形	蝶形螺母	GB/ T62-1988	M3X0.5 ~ M16X1.5	蝶形、环形螺母一般不用工具即可拆装。通常用于经常装拆和受载不大的地方 盖形螺母用于在端部螺纹需要罩盏处 圆螺母多为细牙螺纹，常用于直径较大的连接，一般配圆螺母止动垫圈。小圆螺母外径、厚度较小，结构紧凑。适用于两件成组使用，可作轴向微调 滚花螺母和带槽螺母多用于工艺装备
	组合式盖形螺母	GB/ T802-1988	M5 ~ M24	
	圆螺母	GB/ T812-1988	M10X1 ~ M60X2	
	小圆螺母	GB/ T810-1988	M10X1 ~ M200X3	
	环形螺母	GB/ T63-1988	M12 ~ M24	
	滚花高螺母	GB/ T806-1988	ML6 ~ M10	
	滚花薄螺母	GB/ T807-1988	M1.4 ~ M10	
	盖形螺母	GB/ T923-1988	M3 ~ M24	
	端面带孔圆螺母	GB/ T815-1988	M2 ~ M10	
	侧面带孔圆螺母	GB/ T816-1988	M2 ~ M10	
	带槽圆螺母	GB/ T817-1988	M1.4 ~ M12	

1. 六角螺母和六角开槽螺母

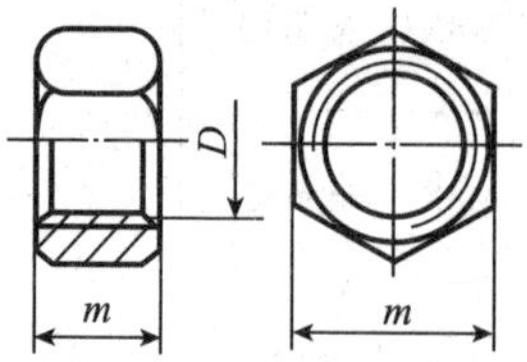

六角螺母

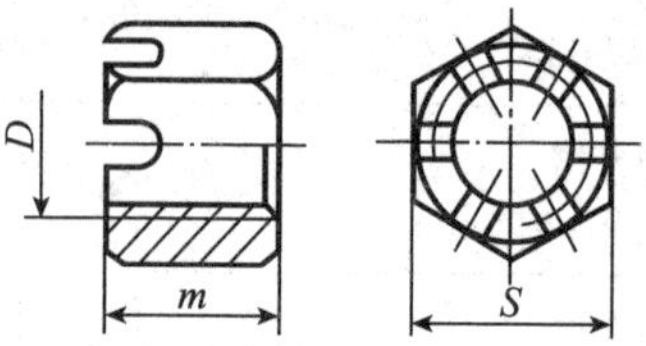

六角开槽螺母

表3-37　六角螺母和六角开槽螺母　　/mm

螺纹规格 D	扳手尺寸 S	螺母最大高度m								
		六角螺母			六角开槽螺母				六角薄螺母	
		1型 C级	1型 A级和B级	2型 A级和B级	1型 C级	薄型 A级和B级	1型 A级和B级	2型 A级和B级	B级无倒角	A级和B级无倒角
M1.6	3.2	—	1.1	—	—	—	—	—	1	1
M2	4	—	1.6	—	—	—	—	—	1.2	1.2
M2.5	5	—	2	—	—	—	—	—	1.6	1.6
M3	5.5	—	2.4	—	—	—	—	—	1.8	1.8
M4	7	—	3.2	—	—	—	5	—	2.2	2.2
M5	8	5.6	4.7	5.1	7.6	5.1	6.7	7.1	2.7	2.7
M6	10	6.4	5.2	5.7	8.9	5.7	7.7	8.2	3.2	3.2
M8	13	7.94	6.8	7.5	10.94	7.5	9.8	10.5	4	4
M10	16	9.54	8.4	9.3	13.54	9.3	12.4	13.3	5	5
M12	18	12.17	10.8	12	17.17	12	15.8	17	—	6
（M14）	21	13.9	12.8	14.1	18.9	14.1	17.8	19.1	—	7
M16	24	15.9	14.8	16.4	21.9	16.4	20.8	22.4	—	8
（M18）	27	16.9	15.8	—	—	—	—		—	9
M20	30	19	18	20.3	25	20.3	24	26.3	—	10
（M22）	34	20.2	19.4	—	—	—	—	—	—	11
M24	36	22.3	21.5	23.9	30.3	23.9	29.5	31.9	—	12
（M27）	41	24.7	23.8	—	—	—	—	—	—	13.5
M30	46	26.4	25.6	28.6	35.4	28.6	34.6	37.6	—	15
（M33）	50	29.5	28.7	—	—	—	—	—	—	16.5
M36	55	31.9	31	34.7	40.9	34.7	40	43.7	—	18
（M39）	60	34.3	33.4	—	—	—	—	—	—	19.5
M42	65	34.9	34	—	—	—	—	—	—	21
（M45）	70	36.9	36	—	—	—	—	—	—	22.5
M48	75	38.9	38	—	—	—	—	—	—	24
（M52）	80	42.9	42	—	—	—	—	—	—	26
M56	85	45.9	45	—	—	—	—	—	—	28
（M60）	90	48.9	48	—	—	—	—	—	—	30
M64	95	52.4	51	—	—	—	—	—	—	32

注：螺纹规格中带括号的尽可能不采用。

与螺栓、螺柱、螺钉配合使用，起连接紧固作用。其中以1型六角螺母应用最广，C级螺母用于表面比较粗糙、对精度要求不高的机器、设备或结构上；A级（适用于螺纹公称直径$D\leqslant16$ mm）和B级（适用于$D>16$ mm）螺母用于表面粗糙度较小、对精度要求较高的机器、设备或结构上。2型六角螺母的厚度m较厚，多用于经常需要装拆的场合。六角薄螺母的厚度m较薄，多用于被连接机件的表面空间受限制的场合，也常用作防止主螺母回松的锁紧螺母。六角开槽螺母专供与螺杆末端带孔的螺栓配合使用，以便把开口销从螺母的槽中插入螺杆的孔中，防止螺母自动回松，主要用于具有振动载荷或交变载荷的场合。一般六角螺母均制成粗牙普通螺纹。各种细牙普通螺纹的六角螺母必须配合细牙六角头螺栓使用，用于薄壁零件或承受交变载荷、振动载荷、冲击载荷的机件上。

2. 圆螺母和小圆螺母

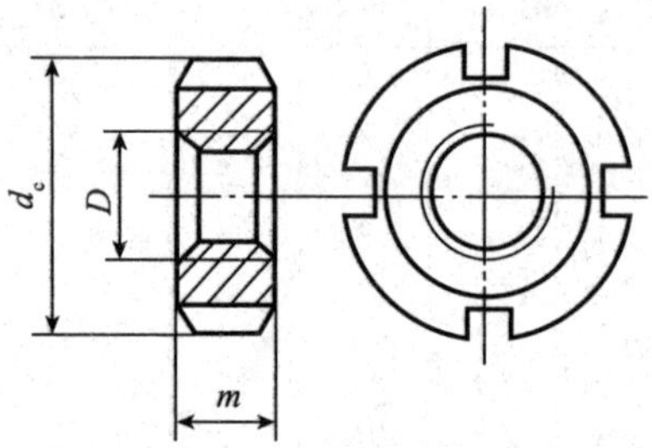

表3–38　圆螺母和小圆螺母　　/ mm

螺纹规格 $D\times P$	外径dc		厚度m		螺纹规格 $D\times P$	外径dc		厚度m	
	普通	小型	普通	小型		普通	小型	普通	小型
M10×1.00	22	20	8	6	M64×2	95	85	12	10
M12×1.25	25	22			M65×2*	95	—		
M14×1.50	28	25			M68×2	100	90		
M16×1.50	30	28			M72×2	105	95		
M18×1.50	32	30			M75×2*	105	—	15	12
M20×1.50	35	32			M76×2	110	100		
M22×1.50	38	35			M80×2	115	105		
M24×1.50	42	38			M85×2	120	110	18	12
M25×1.50*	42	—			M90×2	125	115		
M27×1.50	45	42			M95×2	130	120		
M30×1.50	48	45			M100×2	135	125		
M33×1.50	52	48	10	8	M105×2	140	130	18	15
M3×51.50*	52	—			M110×2	150	135		
M36×1.50	55	52			M150×2	155	140		
M39×1.50	58	55			M120×2	160	145	22	15
M40×1.50*	58	—			M125×2	165	150		
M42×1.50	62	58			M130×2	170	160		
M45×1.50	68	62			M140×2	180	170	26	18
M48×1.50	72	68			M150×2	200	180		
M50×1.50*	72	—			M160×3	210	195		
M52×1.50	78	72			M170×3	220	205		
M55×2.00*	78	—			M180×3	230	220	30	22
M56×2.00*	85	78			M190×3	240	230		
M60×2.00*	90	80	12	10	M200×3	250	240		

注：带“*”记号的圆螺母仅用于滚动轴承锁紧装置。

常用来固定传动及转动零件的轴向位移。亦常与止退垫圈配用，作为滚动轴承的轴向固定。

3. 方螺母

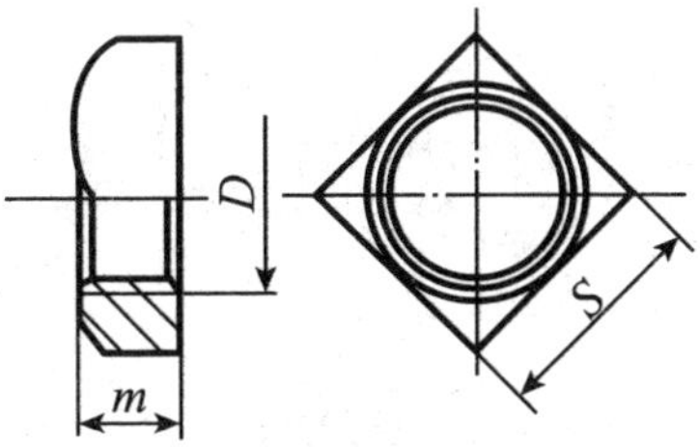

表3-39　方螺母　　/mm

螺纹规格 D	厚度 m（最大）	扳手尺寸 S（最大）	螺纹规格 D	厚度 m（最大）	扳手尺寸 S（最大）
M3	2.4	5.5	（M14）	11	21
M4	3.2	7	M16	13	24
M5	4	8	（M18）	15	27
M6	5	10	M20	16	30
M8	6.5	13	（M22）	18	34
M10	8	16	M24	19	36
M12	10	18			

注：尽可能不采用括号内的规格。

4. 蝶形螺母

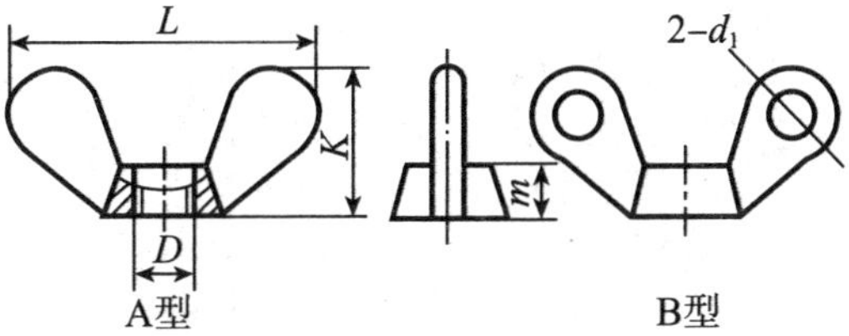

表3-40　蝶形螺母　　/mm

螺纹规格 DXP	L	K	d_1	
M3×0.5	20	8	3.5	3
M4×0.7	24	10	4	4
M5×0.8	28	12	5	4
M6×1	32	14	6	5
M8×1.25/M8×1	40	18	8	6
M10×1.5/M10×1.25	48	22	10	7
M12×1.75/M12×1.5	58	27	12	8
M16×2/M16×1.5	72	32	14	10

用于经常拆装和受力不大的地方。

5. 盖形螺母

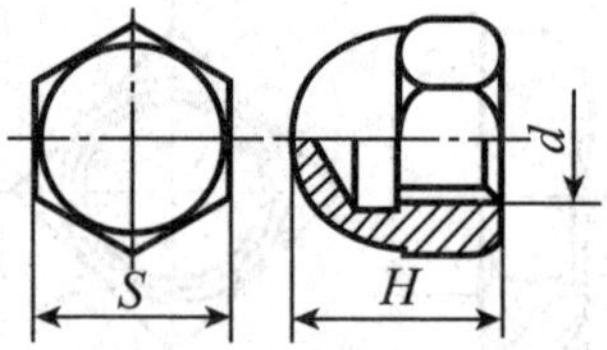

表3-41 盖形螺母 / mm

公称直径d	扳手尺寸s	高度H	公称直径d	扳手尺寸s	高度H
3	5.5	6	(14)	22.0	24
4	7.0	7	16	24.0	26
5	8.0	9	18	27.0	29
6	10.0	11	20	30.0	32
8	14.0	15	(22)	32.0	35
10	17.0	18	24	36.0	38
12	19.0	22			

注：括号内的尺寸尽量不采用。

用于管路的端头。

6. 滚花螺母

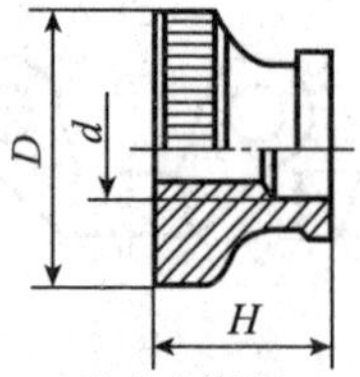

滚花高螺母
(GB/T 806—1988)

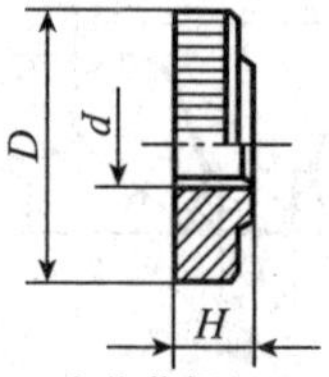

滚花薄螺母
(GB/T 807—1988)

表3-42 滚花螺母 / mm

公称直径d	滚花前直径D	厚度H		公称直径d	滚花前直径D	厚度H	
		高螺母	扁螺母			高螺母	扁螺母
1.4	6	—	2.0	4.0	12	8.0	3.0
1.6	7	4.7	2.5	5.0	16	10.0	4.0
2.0	8	5.0	2.5	6.0	20	12.0	5.0
2.5	9	5.5	2.5	8.0	24	16.0	6.0
3.0	11	7.0	3.0	10.0	30	20.0	8.0

适宜用在便于用手拆装的场合。

五、垫圈和挡圈

表3–43　垫圈和挡圈的类型、规格、特点及用途

类别	名称	标准编号	规格范围（螺纹大径）/ mm	特点及用途
圆形	平垫圈–A级	GB/ T97.1–2002	1.6–36	一般用于金属零件的连接，增加支承面积，防止损伤零件表面。大垫圈多用于木质结构中
	平垫圈–C级	GB/ T95–2002	5 ~ 36	
	平垫圈倒角型–A级	GB/ T97.2–2002	5 ~ 36	
	小垫圈–A级	GB/ T848–2002	1.6 ~ 36	
	大垫圈–A和C级	GB/ T96–2002	3 ~ 36	
	特大垫圈C级	GB/ T5287–2002	5 ~ 36	
异形	工字钢用方斜垫圈	GB/ T852–1988	6 ~ 36	方斜垫圈用于槽钢、工字钢翼缘类倾斜面垫平，使连接件免受弯矩作用 球面垫圈与锥面垫圈配合使用，具有自动调位作用，多用于工装设备开口垫圈可从侧面装拆。用于工装设备
	槽钢用方斜垫圈	GB/ T853–1988	6 ~ 36	
	球面垫圈	GB/ T849–1988	6 ~ 48	
	锥面垫圈	GB/ T850–1988	6 ~ 48	
	开口垫圈	GB/ T851–1988	5 ~ 36	
弹簧及弹性垫圈	标准型弹簧垫圈	GB/ T93–1987	2 ~ 48	靠弹性及斜口摩擦防松，广泛用于经常拆装的连接
	重型弹簧垫圈	GB/ T7244–1987	6 ~ 36	
	轻型弹簧垫圈	GB/ T859–1987	3 ~ 30	
	波形弹性垫圈	GB/ T955–1987	3 ~ 30	靠弹性变形压紧紧固件防松，波形弹力较大，受力均匀，鞍形变形大，支承面积小
	波形弹簧垫圈	GB/ T7246–1987	3 ~ 30	
	鞍形弹性垫圈	GB/ T860–1987	2 ~ 10	
	鞍形弹簧垫圈	GB/ T7245–1987	3 ~ 30	
	锥形锁紧垫圈	GB/ T956.1–1987	3 ~ 12	防松可靠，受力均匀，不宜用在经常拆装和材料较软的连接中
	锥形锯齿锁紧垫圈	GB/ T956.2–1987	3 ~ 12	
	内齿锁紧垫圈	GB/ T861.1–1987	2 ~ 20	内齿用于螺钉头部尺寸较小的连接，外齿应用较多，防松可靠
	外齿锁紧垫圈	GB/ T862.1–1987	2 ~ 20	

续表

类别	名称	标准编号	规格范围（螺纹大径）/ mm	特点及用途
止动垫圈	单耳止动垫圈	GB/ T854-1988	2.5 ~ 48	允许螺母拧紧在任意位置加以锁合，防松可靠
	双耳止动垫圈	GB/ T855-1988	2.5 ~ 48	
	外舌止动垫圈	GB/ T856-1988	2.5 ~ 48	
	圆螺母用止动垫圈	GB/ T858-1988	10 ~ 200	与圆螺母配合使用，可用于滚动轴承的固定
挡圈	螺栓紧固轴端挡圈	GB/ T892—1986	20 ~ 100	用于锁紧固定在轴端的零件
	螺钉紧固轴端挡圈	GB/ T891—1986	20 ~ 100	
	螺钉锁紧挡圈	GB/ T884—1986	8 ~ 90	
	带锁圈的螺钉锁紧挡圈	GB/ T885-1986	8 ~ 90	

1. 垫圈

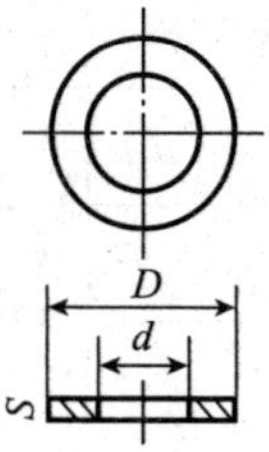

平垫圈

平垫圈C级（GB/T 95—2002）
平垫圈A级（GB/T 97.1—2002）
平垫圈-倒角形A级（GB/T 97.2—2002）
特大垫圈C级（GB/T 2587—2002）
大垫圈A和C级（GB/T 96—2002）
小垫圈A级（GB/T 848—2002）

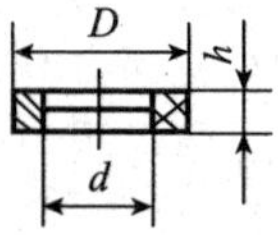

球面垫圈（GB/T 849—1988）

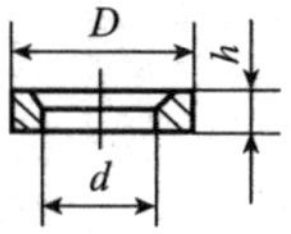

锥面垫圈（GB/T 850—1988）

表3–44 垫圈 / mm

螺纹直径	内径d				外径D						厚度S				高度
	A级	c级	球面	锥面	小系列	标准系列	大系列	特大系列	球面	锥面	小系列	标准系列	大系列	特大系列	
1	1.1					3						0.3			
1.2	1.3					3.2						0.3			
1.4	1.5					3.5						0.3			
1.6	1.7	—			3.5	4						0.3			
2	2.2	—			4.5	5					0.3	0.3			
2.5	2.7	—			5	6					0.3	0.5			
3	3.2	—			6	7	9				0.5	0.5	0.8		
4	4.3	—			8	9	12				0.5	0.8	1		
5	5.3	5.5			9	10	15	18			1	1	1.2	2	
6	6.4	6.6	6.4	8.0	11	12	18	22	12.5	12.5	1.6	1.6	1.6	2	4
8	8.4	9	8.4	10.0	15	16	24	28	17	17	1.6	1.6	2	3	5
10	10.5	11	10.5	12.5	18	20	30	34	21	21	1.6	2	2.5	3	6
12	13	13.5	13.0	16	20	24	37	44	24	24	2	2.5	3	4	7
14	15	15.5			24	28	44	50			2.5	2.5	3	4	
16	17	17.5	17	17	28	30	50	56	30	30	2.5	3	3	5	8
20	21	22	21	25	34	37	60	72	37	37	3	3	4	6	10
24	25	26	25	30	39	44	72	85	44	44	4	4	5	6	13
30	31	33	31	36	50	56	92	105	56	56	4	4	6	6	33
36	37	39	37	43	60	66	110	125	66	66	5	5	8	8	36
42	45		13	50	66	78			78	78		7			24
48	52		50	60	78	92			92	92		8			30
56	62					1.05						9			
64	70					115						10			
72	78					125						12			
80	86					145						14			
90	96					165									
100	107					175									

放置在螺母和被连接件之间，起保护支承表面等作用。

2. 开口垫圈

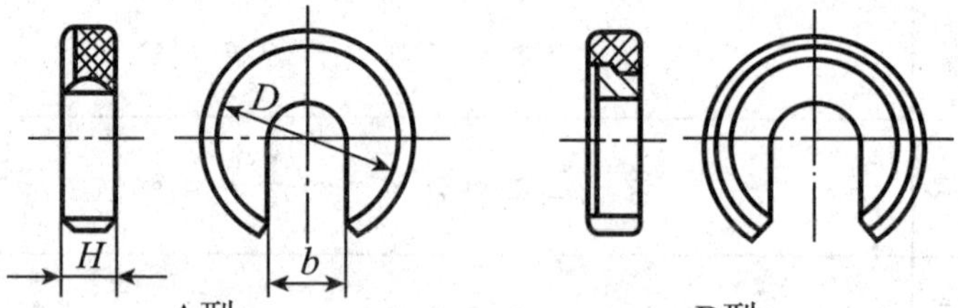

A型　　B型

表3-45　开口垫圈　　/mm

公称直径（螺纹直径）	开口宽度 b	厚度H	外径D
5	6	4	16 ~ 30
6	8	5 6	20 ~ 25 30 ~ 35
8	10	6 7	25 ~ 30 35 ~ 50 30 ~ 35
10	12	8	40 ~ 60 35 ~ 50
12	16	10	60 ~ 80 40 ~ 70
16	18	12	80 ~ 100 50 ~ 70
20	22	10 12	80 ~ 100

公称直径（螺纹直径）	开口宽度 b	厚度H	外径D
20	22	14	110 ~ 120
24	26	12 14 16	60 ~ 90 100 ~ 110 120 ~ 130
30	32	14 16 18 16	70 ~ 100 110 ~ 120 130 ~ 140 90 ~ 100
36	40	— 12 — 18 20	— 120 — 140 160

注：①网纹滚花按JB2—59的规定。

②垫圈外径系列尺寸/为16，20，25，30，35，40，50，60，70，80，90，100，110，120，130，140，160。

易装拆，用途与垫圈同。

3. 弹簧垫圈

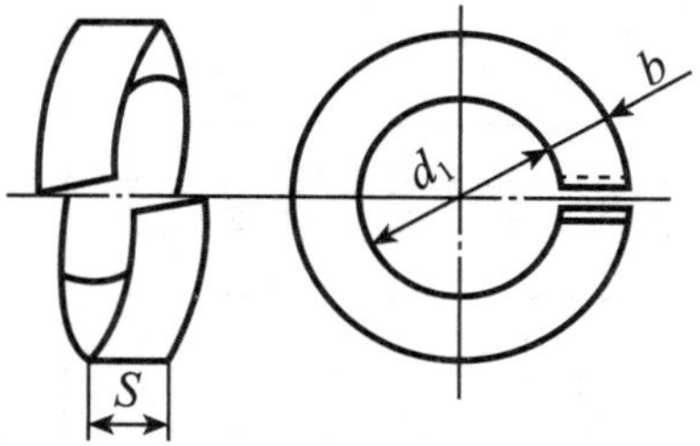

标准型弹簧垫圈(GB/T 93—1987)
轻型弹簧垫圈(GB/T 859—1987)
重型弹簧垫圈(GB/T 7244—1987)

表3–46　弹簧垫圈　　/ mm

螺纹直径		2	2.5	3	4	5	6	8	10	12	16	20	24	30	36	42	48
d_1		2.1	2.6	3.1	4.1	5.1	6.1	8.1	10.2	12.2	16.2	20.2	24.5	30.5	36.5	42.5	48.5
标准型	S	0.5	0.65	0.8	1.1	1.3	1.6	2.1	2.6	3.1	4.1	5	6	7.5	9	10.5	12
	b	0.5	0.65	0.8	1.1	1.3	1.6	2.1	2.6	3.1	4.1	5	6	7.5	9	10.5	12
轻型	S			0.6	0.8	1.1	1.3	1.6	2	2.5	3.2	4	5	6			
	b			1	1.2	1.5	2	2.5	3	3.5	4.5	5.5	7	9			
重型	S						1.8	2.4	3	3.5	4.8	6	7.1	9	10.8		
	b						2.6	3.2	3.8	4.3	5.3	6.4	7.5	9.3	11.1		

装在螺母下面，起防松作用。

4. 弹性垫圈

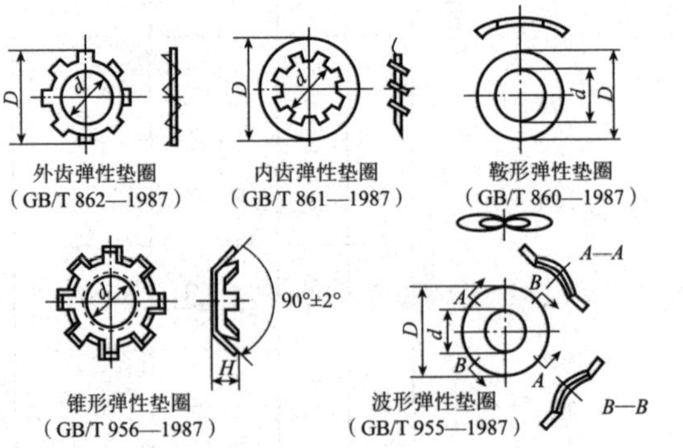

外齿弹性垫圈（GB/T 862—1987） 内齿弹性垫圈（GB/T 861—1987） 鞍形弹性垫圈（GB/T 860—1987）

锥形弹性垫圈（GB/T 956—1987） 波形弹性垫圈（GB/T 955—1987）

表3–47 弹性垫圈 / mm

公称直径	内径d 外齿	内径d 内齿	内径d 鞍形	内径d 锥形	内径d 波形	外径D 外齿	外径D 内齿	外径D 鞍形	外径D 波形	锥形厚度H
2.0	2.2	2.2	2.2	—	—	5	5	4.5	—	—
2.5	2.7	2.7	2.7	—	—	6	6	5.5	—	—
3.0	3.2	3.2	3.2	3.2		7	7	6.0	—	1.5
4.0	4.2	4.2	4.2	4.2	4.2	9	9	8.0	9.0	1.7
5.0	5.2	5.2	5.3	5.2	5.3	10	10	9.0	10.0	2.2
6.0	6.2	6.2	6.4	6.2	6.4	12	12	11.5	12.5	2.7
8.0	8.2	8.2	8.4	8.2	8.4	15	15	15.5	17.0	3.6
10.0	10.2	10.2	10.5	10.2	10.5	18	18	18.0	21.0	4.4
12.0	12.3	12.3	—	12.3	13.0	22	22		24.0	5.4
(14.0)	14.3	14.3	—	—	15.0	24	24		28.0	—
16.0	16.3	16.3	—	—	17.0	27	27		30.0	—
(18.0)	18.3	18.3	—	—	19.0	30	30		34.0	—
20.0	20.5	20.5	—	—	21.0	33	33		37.0	—
(22.0)					23.0				39.0	—
24.0					25.0				44.0	—
(27.0)					28.0				50.0	—
30.0					31.0				56.0	—

注：括号内的尺寸尽量不采用。

起防松作用。

5. 止退垫圈

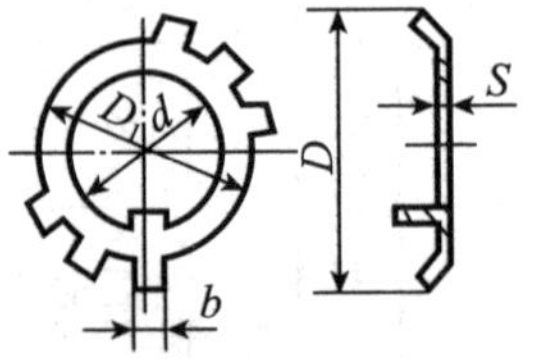

表3–48 止退垫圈 / mm

公称直径	内径 d	外径 D	齿外径D	齿宽b	厚度S	公称直径	内径 d	外径 D	齿外径D	齿宽b	厚度 S
10	10.5	16	25	3.8	1.0	64	65.0	84	100	9.6	1.5
12	12.5	19	28			65*	66.0	84	100		
14	14.5	20	32	4.8		68	69.0	88	105		
16	16.5	22	34			72	73.0	93	110		
18	18.5	24	35			75*	76.0	93	110		
20	20.5	27	38			76	77.0	98	115		
22	22.5	30	42			80	81.0	103	120		2
24	24.5	34	45			85	86.0	108	125		
25*	25.5	34	45			90	91.0	112	130		
27	27.5	37	48			95	96.0	117	135		
30	30.5	40	52			100	101.0	122	140	11.6	
33	33.5	43	56			105	106.0	127	145		
35*	35.5	43	56			110	111.0	135	156		
36	36.5	46	60			115	116.0	140	160		
39	39.5	49	62	5.7	1.5	120	121.0	145	166	13.5	
40*	40.5	49	62			125	126.0	150	170		
42	42.5	53	66			130	131.0	155	176		
45	45.5	59	72			140	141.0	165	186		
48	48.5	61	76			150	151.0	180	206		
50*	50.5	61	76			160	161.0	190	216		
52	52.5	67	82			170	171.0	200	226		
55*	56.0	67	82			180	181.0	210	236		
56	57.0	74	90			190	191.0	220	246		
60	61.0	79	94	7.7		200	201.0	230	256	15.6	2.5

注：①垫圈的公称直径是指配合使用的螺纹公称直径。
②带“*”记号的直径，仅用于滚动轴承锁紧装置。

与圆螺母配合使用，起防松作用。

6. 止动垫圈

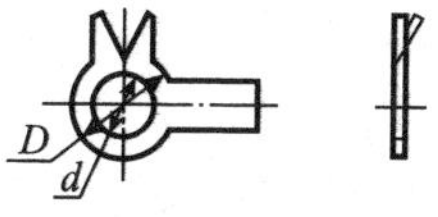

角形垂直单耳止动垫圈
(GB/T 1021—1988)

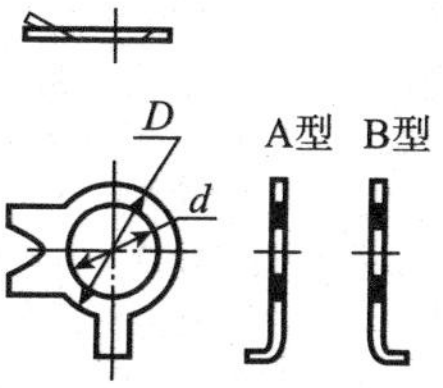

角形垂直外舌止动垫圈
(GB/T 1023—1988)

角形外舌止动垫圈
（GB/T 1024—1988）

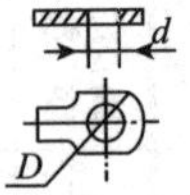

单耳
（GB/T 854—1988）

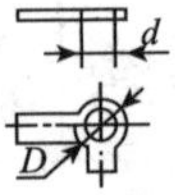

双耳
（GB/T 855—1988）

外舌止动垫圈
（GB/T 856—1988）

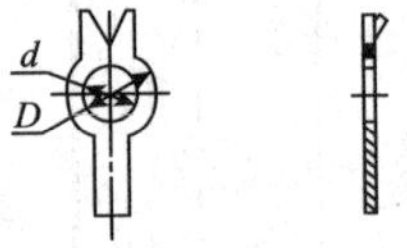

角形单耳止动垫圈
（GB/T 1022—1988）

表3–49 止动垫圈 /mm

公称直径	内径*d*		外径*D*			
	角形单耳 角形垂直单耳 角形外舌 角形垂直外舌	单耳 双耳 外舌	角形单耳 角形垂直单耳 角形外舌 角形垂直外舌	单耳	双耳	外舌
2.5	—	2.7	—	8	5	10
3.0		3.2		10	5	12
4.0	4.1	4.2	7	14	8	14
5.0	5.1	5.3	8	17	9	17
6.0	6.1	6.4	10	19	11	19
8.0	8.1	8.4	13	22	14	22
10.0	10.1	10.5	15	26	17	26
12.0	12.1	13.0	18	32	22	32
（14.0）	14.1	15.0	20	32	22	32
16.0	16.1	17.0	23	40	27	40
（18.0）	18.1	19.0	25	45	32	45
20.0	20.1	21.0	28	45	32	45
（22.0）	22.1	23.0	31	50	34	50
24.0	24.1	25.0	34	50	34	50
（27.0）	—	28.0	—	58	41	58
30.0		31.0		63	46	63
36.0		37.0		75	55	75
42.0		43.0		88	56	88
48.0		50.0		100	75	100

注：括号内的尺寸尽量不采用。

起防松作用。

7. 弹性挡圈

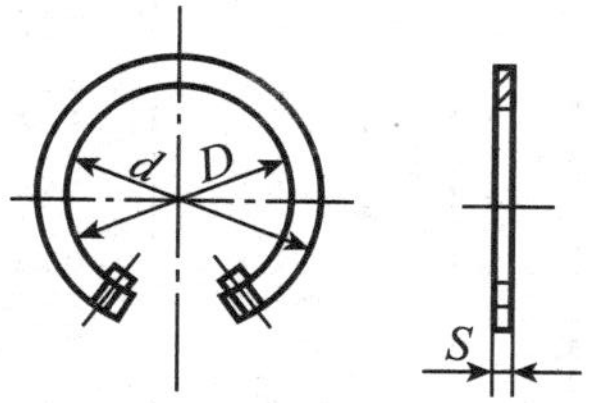

孔用弹簧挡圈
A型(GB/T 893.1—1986)
B型(GB/T 893.2—1986)

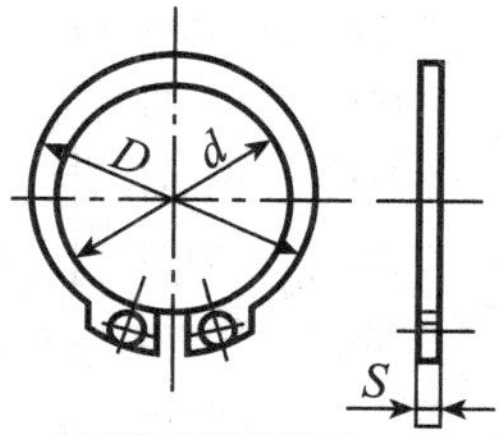

轴用弹簧挡圈
A型(GB/T 894.1—1986)
B型(GB/T 894.2—1986)

表3-50 弹性挡圈 /mm

相配孔径或轴径	内径d		外径D		厚度S		相配孔径或轴径	内径d		外径D		厚度S	
	轴用	孔用	轴用	孔用	轴用	孔用		轴用	孔用	轴用	孔用	轴用	孔用
3	2.7	—	3.90	—	0.4	—	48	44.5	44.5	52.00	51.5	1.5	1.5
4	3.7	—	5.00	—	0.4	—	50	45.8	47.5	54.00	54.2	2	2
5	4.7	—	6.40	—	0.6	—	52	47.8	49.5	56.00	56.2	2	2
6	5.6	—	7.60	—	0.6	—	55	50.8	52.2	59.00	59.2	2	2
7	6.5	—	8.48	—	0.6	—	56	51.8	54.4	61.00	60.2	2	2
8	7.4	7.0	9.38	8.7	0.8	0.6	58	52.8	56.4	63.00	62.2	2	2
9	8.4	8.0	10.56	9.8	0.8	0.6	60	55.8	58.4	65.00	64.2	2	2
10	9.3	8.3	11.50	10.8	1	0.8	62	57.8	61.4	67.00	66.2	2	2

续表

相配孔径或轴径	内径d		外径D		厚度S		相配孔径或轴径	内径d		外径D		厚度S	
	轴用	孔用	轴用	孔用	轴用	孔用		轴用	孔用	轴用	孔用	轴用	孔用
11	10.2	9.2	12.50	11.8	1	0.8	65	60.8	61.4	70.00	69.2	2.5	2.5
12	11.0	10.4	13.60	13.0	1	0.8	68	63.5	63.9	73.00	72.5	2.5	2.5
13	11.9	11.5	14.70	14.1	1	0.8	70	66.5	65.9	75.00	74.5	2.5	2.5
14	12.9	11.9	15.70	15.1	1	1	72	67.5	67.9	77.00	76.5	2.5	2.5
15	13.8	13	16.80	16.2	1	1	75	70.5	70.1	80.00	79.5	2.5	2.5
16	14.7	14.1	18.20	17.3	1	1	78	73.5	73.1	83.00	82.5	2.5	2.5
17	15.7	15.1	19.40	18.3	1	1	80	74.5	75.3	85.00	85.5	2.5	2.5
18	16.5	16.3	20.20	19.5	1	1	85	79.5	80.3	90.00	90.5	2.5	2.5
19	17.5	16.7	21.20	20.5	1	1	90	84.5	84.5	96.00	95.5	2.5	2.5
20	18.5	17.7	22.50	21.5	1	1	95	89.5	88.9	103.30	100.5	2.5	2.5
（21）	19.5	18.7	23.50	22.5	1	1	100	94.5	93.9	108.50	105.5	2.5	2.5
22	20.5	19.7	24.50	23.5	1	1	105	98.0	99.6	114.00	112.0	3	3
24	22.2	21.7	27.20	25.9	1.2	1.2	110	103.0	103.8	120.00	117.0	3	3
25	22.2	22.1	28.20	26.6	1.2	1.2	115	108.0	108.0	126.00	122.0	3	3
26	24.2	23.7	29.10	27.9	1.2	1.2	120	113.0	113.0	131.00	127.0	3	3
28	25.9	25.7	31.30	30.1	1.2	1.2	125	118.0	117.0	137.00	132.0	3	3
30	27.9	27.3	33.50	32.1	1.2	1.2	123	123.0	121.0	142.00	137.0	3	3
32	29.6	29.6	35.50	34.4	1.2	1.2	140	133.0	131.0	153.00	147.0	3	3
34	31.5	31.1	38.00	36.5	1.5	1.5	145	138.0	135.7	158.00	152.0	3	3

续表

相配孔径或轴径	内径d		外径D		厚度S		相配孔径或轴径	内径d		外径D		厚度S	
	轴用	孔用	轴用	孔用	轴用	孔用		轴用	孔用	轴用	孔用	轴用	孔用
35	32.2	32.4	39.00	37.8	1.5	1.5	150	142.0	141.2	162.00	158.0	3	3
36	33.2	33.4	40.00	38.8	1.5	1.5	160	151.0	151.6	172.00	169.0	3	3
37	34.2	34.4	41.00	39.8	1.5	1.5	165	155.5	156.8	177.10	174.5	3	3
38	35.2	35.4	42.70	40.8	1.5	1.5	170	160.5	161.0	182.00	179.5	3	3
40	36.5	37.3	44.00	43.5	1.5	1.5	175	165.5	165.5	187.50	184.5	3	3
42	38.5	39.3	46.00	45.5	1.5	1.5	180	170.5	170.2	193.00	189.5	3	3
45	41.5	41.5	49.00	48.5	1.5	1.5	190	180.5	180.0	203.30	199.5	3	3
（47）	—	43.5	—	50.5.	—	1.5	200	190.5	189.7	214.00	209.5	3	

用于固定在孔内（或轴上）的零件的位置，以防止零件移动。

8. 紧固轴端挡圈

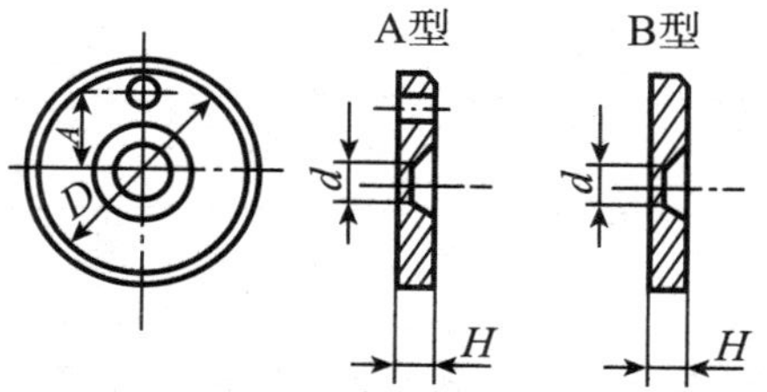

螺钉紧固轴端挡圈
(GB/T 891—1986)

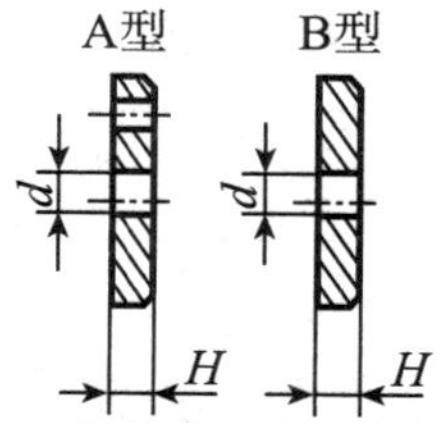

螺栓紧固轴端挡圈
(GB/T 892—1986)

表3-51　紧固轴端挡圈　　/ mm

轴径（≤）	外径 D	内径 d	厚度 H	孔距 A	互配件的规格（推荐）			
					螺钉紧固	螺栓紧固		圆柱销 GB119-2000
					螺钉 GB/ T818-2000	螺栓 GB/ T5785-2000	垫圈 GB93-1987	
14	20	5.5	4	—	M5×12	M5×14	5	2×10
16	22							
18	25							
20	28							
22	30			7.5				
25	32	6.6	5	10	M6×16	M6×18	6	3×12
28	35							
30	38							
32	40							
35	45							
40	50			12				
45	55	9.0	6	16	M8×20	M8×22	8	4×14
50	60							
55	65							
60	70			20				
65	75							
70	80							
75	90	13.0	8	25	M12×25	M12×30	12	5×18
85	100							

用于轴端，以便固定轴上零件。

9. 轴肩挡圈

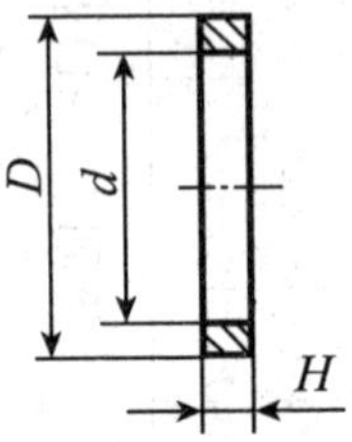

表3-52　轴肩挡圈　　/mm

公称直径d	外径D	厚度H
30，35，40，45，50	36，42，47，52，58	4
55，60，65，70，75	65，70，75，80，85	5
80，85，90，95	90，95，100，110	6
100，105，110，120	115，120，125，135	8

用于固定轴上的零件，以防止产生轴向位移。

10. 开口挡圈

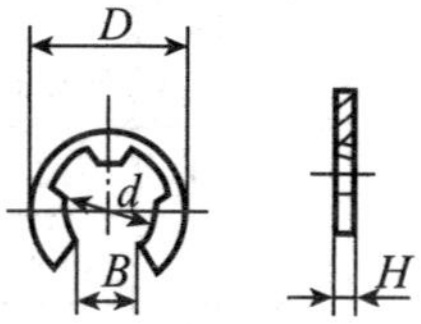

表3-53　开口挡圈　　/mm

公称直径d	外径D	开口宽度B	厚度H
1.0，1.2	3.0，3.5	0.7，0.9	0.3
1.5，2.0.2.5	4.0，5.0，6.0	1.2，1.7	0.4
3.0，3.5	7.0，8.0	2.5.3.0	0.6
4.0，5.0	9.0，10.0	3.5，4.5	0.8
6.0，9.0	12.0，18.0	5.5，8.0	1.0
12.0	24.0	10.5	1.2
15.0	30.0	13.0	1.5

用于防止轴上零件作轴向位移。

表3-54　锁紧挡圈　　/mm

<table>
<tr><th rowspan="2">公称直径d</th><th rowspan="2">外径D</th><th colspan="2">厚度H</th><th colspan="2">配件规格（推荐）</th><th rowspan="2">公称直径d</th><th rowspan="2">外径D</th><th colspan="2">厚度H</th><th colspan="2">配件规格（推荐）</th></tr>
<tr><th>螺钉</th><th>锥销</th><th>螺钉</th><th>圆锥销</th><th>螺钉</th><th>锥销</th><th>螺钉</th><th>圆锥销</th></tr>
<tr><td>8</td><td>20</td><td rowspan="5">10</td><td rowspan="5">9</td><td rowspan="5">M5×9</td><td rowspan="3">3×22</td><td>65</td><td>95</td><td rowspan="2">20</td><td rowspan="2">20</td><td rowspan="2">M10×18</td><td rowspan="2">10×100</td></tr>
<tr><td>（9）</td><td>22</td><td>70</td><td>100</td></tr>
<tr><td>10</td><td>22</td><td>75</td><td>110</td><td rowspan="3">22</td><td rowspan="3">22</td><td rowspan="3">M12×22</td><td>10×110</td></tr>
<tr><td>12</td><td>25</td><td rowspan="2">3×25</td><td>80</td><td>115</td><td rowspan="2">10×120</td></tr>
<tr><td>（13）</td><td>25</td><td>85</td><td>120</td></tr>
</table>

续表

公称直径d	外径D	厚度H 螺钉	厚度H 锥销	配件规格（推荐）螺钉	配件规格（推荐）圆锥销
14	28	12	10	M6×10	4×28
（15）	30				4×32
16	30				
（17）	32				
18	32				
（19）	35				4×35
20	35				
22	38		12		5×40
25	42	14		M8×12	5×45
28	45				
30	48		14		6×50
32	52				6×55
35	56	16	16	M10×16	
40	62				6×60
45	70	18	18		6×70
50	80			M10×18	6×80
55	85				8×90
60	90	20	20		

公称直径d	外径D	厚度H 螺钉	厚度H 锥销	配件规格（推荐）螺钉	配件规格（推荐）圆锥销
90	125				
95	130	25	25	M12×22	10×130
100	135				10×140
105	140				
110	150	30	30	M16×25	12×150
115	155				
120	160				12×160
（125）	165				
130	170				12×180
（135）	175	—			—
140	180				
（145）	190			M16×28	
150	200			M16×30	
160	210				
170	220				
180	230				
190	240				
200	250				

注：括号内的尺寸尽量不采用。

用于防止轴上零件的轴向位移。

11. 锁紧挡圈

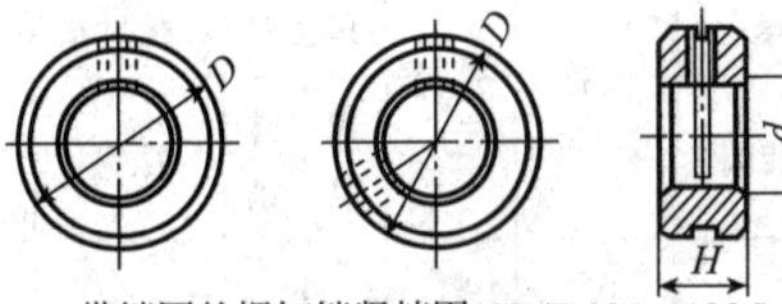

带锁圈的螺钉锁紧挡圈(GB/T 885—1986)

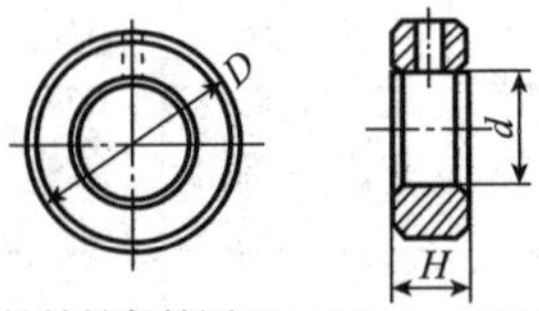

锥销锁紧挡圈(GB/T 883—1986)

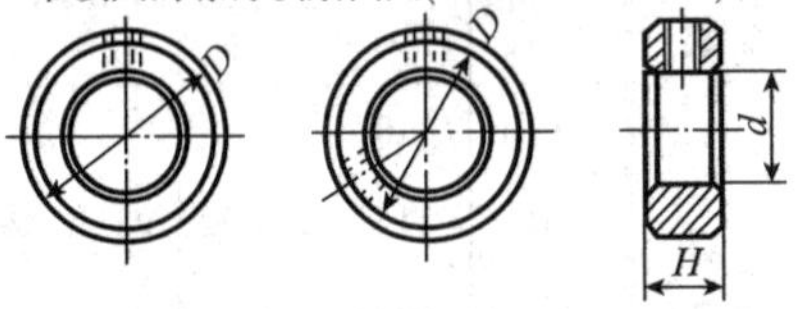

螺钉锁紧挡圈(GB/T 884—1986)

六、铆钉

表3–55 常用铆钉的形式、规格和用途

名称	形状	标准	规格/ mm		用途
			d	*L*	
半圆头	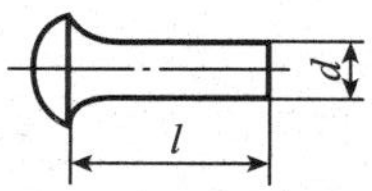	GB/ T863.1–1986①（粗制）	12 ~ 36	20 ~ 200	用于承受较大横向载荷的铆缝，应用最广
		GB/ T863.2–1986①（粗制）	10 ~ 36	12 ~ 200	
		GB/ T867–1986①	0.6 ~ 1.6	1 ~ 110	
平锥头	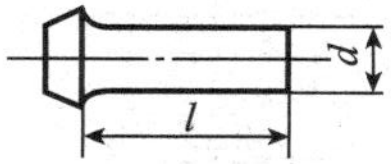	GB/ T864–1986（粗制）	12 ~ 36	20 ~ 200	因钉头较大。耐腐蚀性较强，常用在船壳、锅炉、水箱等腐蚀性较强的场合
		GB/ T868–1986①	2 ~ 16	3 ~ 110	
沉头	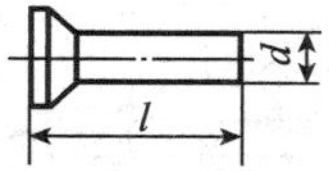	GB/ T865–1986①（粗制）	12 ~ 36	20 ~ 200	用于表面要求平滑，并且载荷不大的铆缝。承载能力比半圆头低
		GB/ T869–1986①	1 ~ 16	2 ~ 100	
半沉头	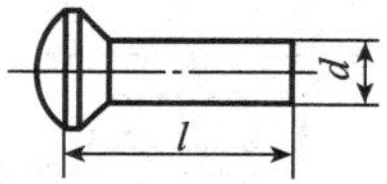	GB/ T866–1986（粗制）	12 ~ 36	20 ~ 200	用于表面要求平滑，并且载荷不大的铆缝
		GB/ T870–1986	1 ~ 16	2 ~ 100	
120° 沉头	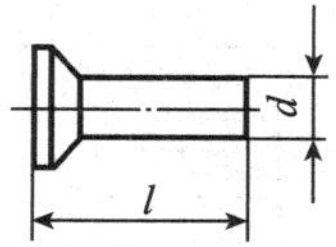	GB/ T954–1986	1.2 ~ 8	1.5 ~ 50	用于表面要求平滑，并且载荷不大的铆缝
120° 坐沉头	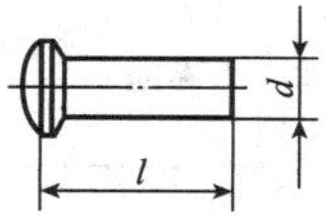	GB/ T1012–1986	3 ~ 6	5 ~ 40	用于表面要求平滑，并且载荷不大的铆缝

续表

名称	形状	标准	规格/ mm		用途
			d	L	
平头	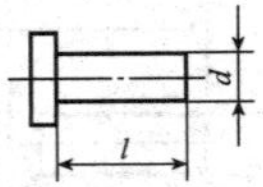	GB/ T109–1986①	2 ~ 10	4 ~ 30	做强固接缝用
扁平头	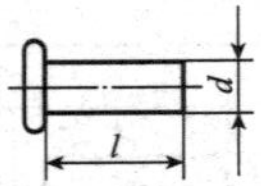	GB/ T872–1986①	1.2 ~ 10	1.5 ~ 40	用于金属薄板或非金属材料之间的铆缝
抽芯铆钉	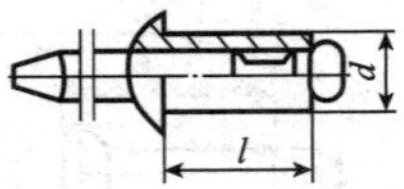	GB/ T12615–2004① GB/ T12616–2004①	3 ~ 6	6 ~ 18	用于汽车车身覆盖件、支架等的单面铆接
		GB/ T12617–1990① GB/ T12618–1990①		7 ~ 40	
标牌铆钉	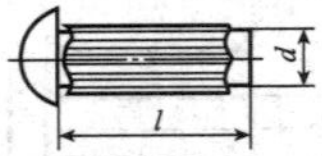	GB/ T827–1986①	1.6 ~ 4	3 ~ 20	用于标牌的铆接

注：为商品紧固件产品，应优先选用。

1. 沉头铆钉

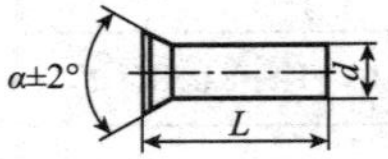

α=60°粗制沉头铆钉（GB/T 865—1986）
α=90°精制沉头铆钉（GB/T 869—1986）
α=120°沉头铆钉（GB/T 954—1986）

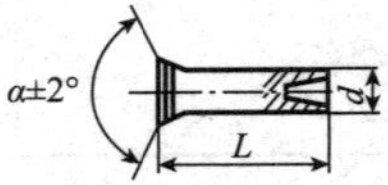

α=90°沉头半空心铆钉（GB/T 1015—1986）
α=120°沉头半空心铆钉（GB/T 874—1986）

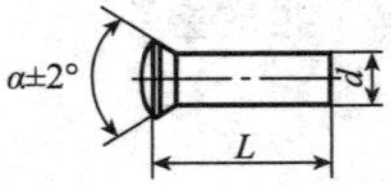

α=60°粗制半沉头铆钉（GB/T 866—1986）
α=90°精制半沉头铆钉（GB/T 870—1986）
α=120°半沉头铆钉（GB/T 1012—1986）

表3-56　沉头铆钉　/mm

公称直径 d	长度L					
	粗制	精制				
	沉头半沉头	沉头半沉头	90°沉头半空心	120°沉头半空心	120°沉头	120°半沉头
1.0	—	2.0～8.0	—	—	—	—
1.2	—	2.5～8.0	—	4～8	1.5～6.0	—
(1.4)	—	3.0～12.0	—	—	2.5～8.0	—
1.6	—	3.0～12.0	—	4～10	2.5～10.0	—
2.0	—	3.5～16.0	2～13	3～20	3.0～10.0	—
2.5	—	5.0～18.0	3～16	4～80	4.0～15.0	—
3.0	—	5.0～22.0	3～30	4～100	5.0～20.0	5～24
(3.5)	—	6.0～24.0	3～36	5～35	6.0～36.0	6～28
4.0	—	6.0～30.0	3～40	5～100	6.0～42.0	6～32
5.0	—	6.0～50.0	3～50	6～100	7.0～50.0	8～40
6.0	—	6.0～50.0	3～30	8～100	8.0～50.0	10～40
8.0	—	12.0～60.0	14～50	10～80	10.0～50.0	—
10.0	—	16.0～75.0	18～50	18～50	—	—
12.0	20～75	18.0～75.0	—	—	—	—
(14.0)	20～100	20.0～100.0	—	—	—	—
16.0	24～100	24.0～100.0	—	—	—	—
(18.0)	28～150	—	—	—	—	—
20.0	30～150	—	—	—	—	—
(22.0)	38～180	—	—	—	—	—
24.0	50～180	—	—	—	—	—
(27.0)	55～180	—	—	—	—	—
30.0	60～200	—	—	—	—	—
36.0	65～200	—	—	—	—	—

注：①括号内的尺寸尽量不采用。

②L系列尺寸为2，2.5，3，3.5，4，5，6，7，8，9，10，11，12，13，14，15，16，17，18，19，20，22，24，26，28，30，32，34*，35*，36*，38，40，42，44*，45+，46*，48，50，52，55，58，60，62*，65，68*，70，75，80，85，90，95，100，110，120，130，140，150，160，170，180，190，200。其中带“+”者只有粗制，带“*”者只有精制。

适用于表面需要平滑，钉头略可外露或不允许外露的场合。

2. 圆头铆钉

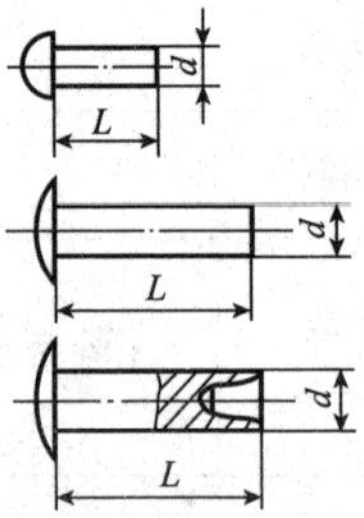

粗制半圆头铆钉（GB/T 863—1986）
精制半圆头铆钉（GB/T 867—1986）
扁圆头铆钉（GB/T 871—1986）
大扁圆头铆钉（GB/T 1011—1986）
扁圆头半空心铆钉（GB/T 873—1986）
大扁圆头半空心铆钉（GB/T 1014—1986）

表3–57　圆头铆钉　　/mm

公称直径*d*	长度*L*				
	半圆头	扁圆头	大扁圆头	扁圆头半空心	大扁圆头半空心
0.6	1.0 ~ 6.0	—	—	—	—
0.8	1.5 ~ 8.0	—	—	—	—
1.0	2.0 ~ 8.0	—	—	—	—
（1.2）	2.5 ~ 8.0	1.5 ~ 6.0	—	4 ~ 6	—
1.4	3.0 ~ 12.0	2.0 ~ 8.0	—	4 ~ 8	—
（1.6）	3.0 ~ 12.0	2.0 ~ 8.0	—	4 ~ 8	—
2.0	3.0 ~ 16.0	2.0 ~ 13.0	3.5 ~ 16.0	3 ~ 14	2.0 ~ 13.0
2.5	5.0 ~ 20.0	3.0 ~ 16.0	3.5 ~ 20.0	3 ~ 16	3.0 ~ 16.0
3.0	5.0 ~ 26.0	3.5 ~ 30.0	3.5 ~ 24.0	4 ~ 30	3.5 ~ 30.0
（3.5）	7.0 ~ 26.0	5.0 ~ 36.0	6.0 ~ 28.0	5 ~ 50	5.0 ~ 36.0
4.0	7.0 ~ 50.0	5.0 ~ 40.0	6.0 ~ 32.0	3 ~ 40	5.0 ~ 40.0
5.0	7.0 ~ 55.0	6.0 ~ 50.0	8.0 ~ 40.0	6 ~ 50	6.0 ~ 50.0
6.0	8.0 ~ 60.0	7.0 ~ 50.0	10.0 ~ 40.0	6 ~ 50	7.0 ~ 50.0
8.0	16.0 ~ 65.0	9.0 ~ 50.0	14.0 ~ 50.0—	10 ~ 50	3.0 ~ 40.0
10.0	16.0 ~ 85.0	10.0 ~ 50.0	—	20 ~ 50	—
12.0	20.0 ~ 90.0	—	—	—	—
（14.0）	22.0 ~ 100.0	—	—	—	—
16.0	26.0 ~ 110.0	—	—	—	—
（18.0）	32.0 ~ 150.0	—	—	—	—
20.0	32.0 ~ 150.0	—	—	—	—
（22.0）	38.0 ~ 180.0	—	—	—	—
24.0	52.0 ~ 180.0	—	—	—	—
（27.0）	55.0 ~ 180.0	—	—	—	—
30.0	55.0 ~ 180.0	—	—	—	—
36.0	58.0 ~ 200.0	—		—	—

注：①括号内的尺寸尽量不采用。

②*L*系列尺寸为1，1.5，2，2.5，3，3.5，4，5，6，7，8，9，10，11，12，13，14，15，16，17，18，19，20，22，24，26，28，30，32，34*，35*，36*，38，40，42，44*，45*，46*，48，50，52，55，58，60，62*，65，68*，70，75，80，85，90，100，110，120，130，140，150，160，170，180，190，200。其中带“*”者只有精制，带“+”者只有粗制。

用于钢结构的铆接。

3. 平头铆钉

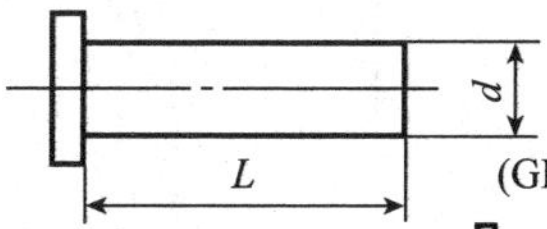

普通平头铆钉
(GB/T 109—1986)

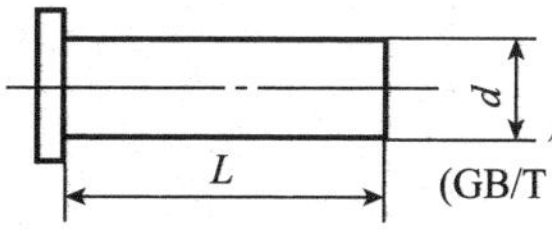

扁平头铆钉
(GB/T 872—1986)

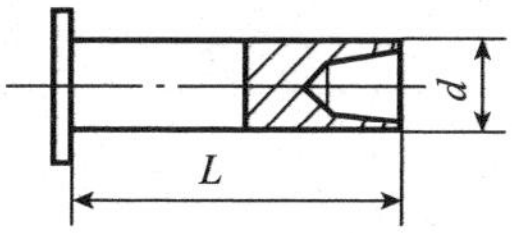

扁平头半空心铆钉
(GB 875—1986)

表3–58 平头铆钉 / mm

公称直径 d	长度L			L系列尺寸
	普通	扁平	扁平半空心	
(1.2)	—	1.5 ~ 6.0	—	1.5，2，2.5，3，3.5，4，5，6，7，8，9，10，11，12，13，14，15，16，17，18，19，20，22，24，26，28，30，32，34，36，40，42，44，46，48，50
1.4	—	2.0 ~ 7.0	—	
(1.6)	—	2.0 ~ 8.0	—	
2.0	4 ~ 8	2.0 ~ 13.0	3 ~ 20	
2.5	5 ~ 10	3.0 ~ 15.0	3 ~ 30	
3.0	6 ~ 14	3.5 ~ 30.0	4 ~ 30	
3.5	6 ~ 18	5.0 ~ 36.0	5 ~ 40	
4.0	8 ~ 22	5.0 ~ 40.0	5 ~ 40	
5.0	10 ~ 26	6.0 ~ 50.0	6 ~ 50	
6.0	10 ~ 30	7.0 ~ 50.0	8 ~ 50	
8.0	16 ~ 30	9.0 ~ 50.0	10 ~ 80	
10.0	20 ~ 30	10.0 ~ 50.0	18 ~ 50	

注：括号内的尺寸尽量不采用。

用于扁薄件的铆接。

4. 空心铆钉

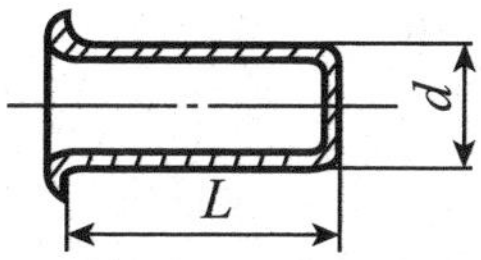

表3-59 空心铆钉 /mm

公称直径d	长度L	公称直径d	长度L
1.4	1.5～5	3.5	3～10
1.6	2～5	4.0	3～12
2.0	2～6	5.0	3～15
2.5	2～8	6.0	3～15
3.0	2～10	8.0	4～15

用于连接。

5. 锥头铆钉

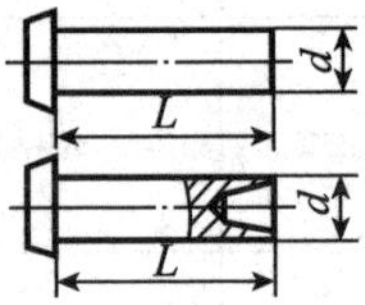

粗制普通锥头铆钉（GB/T 864—1986）
精制普通锥头铆钉（GB/T 868—1986）
锥头半空心铆钉（GB/T 1013—1986）

表3-60 锥头铆钉 /mm

公称直径 d	长度L		
	普通粗制	普通精制	半空心
2.0	—	3～16	2.0～13.0
2.5	—	4～20	3.0～16.0
3.0	—	6～24	3.5～30.0
(3.5)	—	6～28	5.0～36.0
4.0	—	8～32	4.0～40.0
5.0	—	10～40	6.0～50.0
6.0	—	12～40	7.0～45.0
8.0	—	16～60	8.0～50.0
10.0	—	16～90	—
12.0	20～100	18～110	—
(14.0)	20～100	18～110	—
16.0	24～110	24～110	—
(18.0)	30～150	—	—
20.0	30～150	—	—
(22.0)	38～180	—	—
24.0	50～180	—	—
(27.0)	58～180	—	—
30.0	65～180	—	—
36.0	70～200	—	—

注：①括号内的尺寸尽量不采用。
②杆长系列与圆头铆钉相同。

用于钢结构件的铆接。

6．无头铆钉

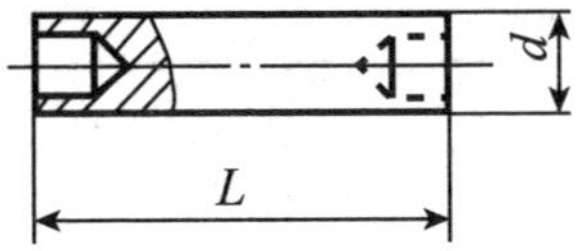

表3-61　无头铆钉　/mm

公称直径d	长度L	公称直径d	长度L
1.4	6～12	5.0	12～50
2.0	6～20	6.0	16～60
2.5	6～20	8.0	18～60
3.0	8～30	10.0	20～60
4.0	8～50		

用于连接。

7．标牌铆钉

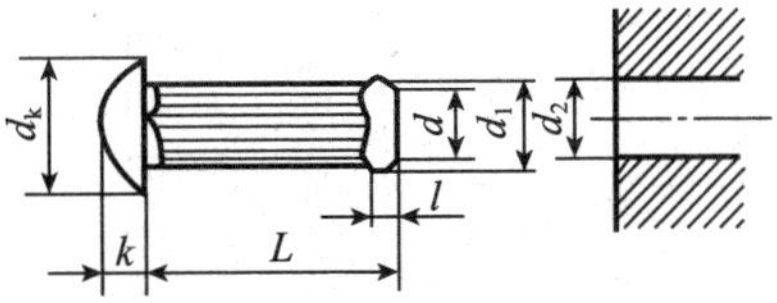

表3-62　标牌铆钉　/mm

d（公称）	d_k（最大）	k（最大）	d_1（最小）	d_2（最大）	L（公称）	l	L系列尺寸
（1.6）	3.2	1.2	1.75	1.56	3～6	1	3，4，5，6，8，10，12，15，18，20
2	3.74	1.4	2.15	1.96	3～8	1	
2.5	4.84	1.8	2.65	2.46	3～10	1	
3	5.54	2.0	3.15	2.96	4～12	1	
4	7.39	2.6	4.15	3.96	6～18	1.5	
5	9.09	3.2	5.15	4.96	8～20	1.5	

用于固定设备标牌。

七、特种钢钉（水泥钉）

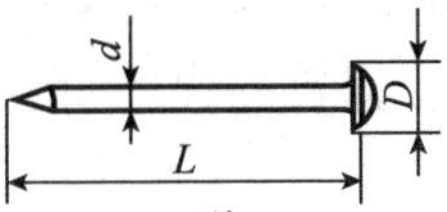

T型

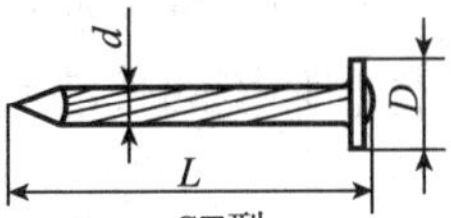

ST型

表3-63　特种钢钉（水泥钉）　/ mm

代号	杆部直径d	长度L	头部直径D
T20×20 T26×25 T26×35 T30×30 T30×40 T37×30 T37×40 T37×50 T37×60 T45×60 T45×80 T52×100 T52×120 S T37×25 S T37×30 S T37×40 S T37×50 S T37×60 S T45×60 S T45×90	φ2.0 φ2.6 φ3.0 φ3.7 φ4.5 φ5.2 φ3.7 φ4.5	20 25 35 30 40 30 40 50 60 60 80 100 120 25 30 40 50 60 60 80	φ4 φ5.3 φ6.0 φ7.5 φ9.0 φ10.5 φ7.5 φ9.0

由人工用榔头等工具直接打入低标号混凝土、矿渣砌块、砖砌体、砂浆层和薄钢板等，把需要固定的构件进行固定。其特点是具有很高的强度和良好的韧性。适用于建筑、安装等行业以及家庭装修。T型为光杆钉可用于钉混凝土、砖砌体等；S T型为杆部有拉丝，仅用于钉薄钢板。

八、射钉

1. 射钉

射钉是射钉紧固技术的关键部分，不但要承受住射击时的极大压力，而且还需经得起各种使用条件和环境的长期考验。射钉的代号如下，其型号及规格见表3-64。

表3-64　射钉的型号及规格　/mm

型号	图形
YD13S8 YD19S8 YD22S8 YD27S8 YD32S8 YD37S8 YD42S8 YD47S8 YD52S8 YD57S8 YD62S8 YD72S8	 钉杆直径 ϕ 3.7 钉管 ϕ 8 活塞 ϕ 8
HYD13S8 HYD16S8 HYD19S8 HYD22S8 HYD27S8 HYD32S8 HYD37S8 HYD42S8 HYD47S8 HYD52S8 HYD57S8 HYD62S8	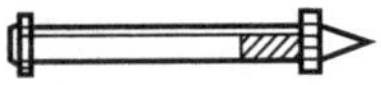 钉杆直径 ϕ 3.7 钉管 ϕ 8 活塞 ϕ 8
DD27S10 DD32S10 DB37S10 DD42S10 DD47S10 DD52S10 DD57S10 DD61S10 DD72S10 DD82S10 DD87S20	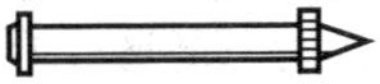 钉杆直径 ϕ 4.5 钉管 ϕ 10 活塞 ϕ 10

型号	图形
M4 ~ 15 ~ 22SJ12 M4 ~ 15 ~ 27SJ12 M4 ~ 15 ~ 32SJ12 M4 ~ 15 ~ 42SJ12 M4 ~ 15 ~ 52SJ12	 钉杆直径 ϕ 3.5 钉管 ϕ 12 活塞 ϕ 12-5($L \leqslant 32$) ϕ 12-6(L=42.52)
M6 ~ 11 ~ 22SJ12 M6 ~ 20 ~ 22SJ12 M6 ~ 11 ~ 27SJ12 M6 ~ 20 ~ 27SJ12 M6 ~ 11 ~ 32SJ12 M6 ~ 20 ~ 32SJ12 M6 ~ 11 ~ 42SJ12 M6 ~ 20 ~ 42SJ12 M6 ~ 11 ~ 52SJ12 M6 ~ 20 ~ 52SJ12	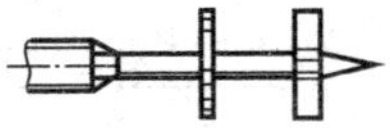 钉杆直径 ϕ 3.7 钉管 ϕ 12 活塞 ϕ 12-2(M6~20) ϕ 12-3(M6~11)
M8 ~ 15 ~ 27S8 M8 ~ 30 ~ 27S8 M8 ~ 15 ~ 32S8 M8 ~ 30 ~ 32S8 M8 ~ 15 ~ 42S8 M8 ~ 30 ~ 42S8 M8 ~ 25 ~ 35S8 M8 ~ 30 ~ 35S8 M8 ~ 35 ~ 35S8 M8 ~ 15 ~ 52S8 M8 ~ 30 ~ 52S8	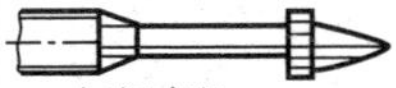 钉杆直径 ϕ 4.5 钉管 ϕ 8 活塞 ϕ 8
M10 ~ 24 ~ 27S10 M10 ~ 30 ~ 27S10 M10 ~ 24 ~ 32S10 M10 ~ 30 ~ 32S10 M10 ~ 24 ~ 47S10 M10 ~ 30 ~ 47S10	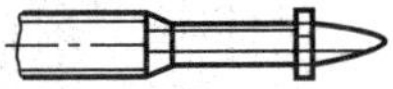 钉杆直径 ϕ 5.2 钉管 ϕ 10 活塞 ϕ 10
HM6 ~ 11 ~ 12S12 HM6 ~ 20 ~ 11S12 HM8 ~ 15 ~ 14S8 HM8 ~ 30 ~ 14S8 HMl0 ~ 24 ~ 15S10 HMl0 ~ 20 ~ 15S10	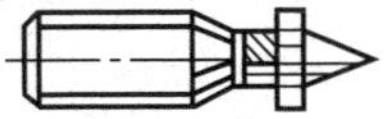 钉杆直径M6，ϕ 3.7 M8，ϕ 4.5 M10，ϕ 5.2

续表

型号	图形	型号	图形
HDDl9S10 HDD22S10 HDD27S10 HDD32S10 HDD37S10 HDD42S10 HDD47S10 HDD52S10 HDD57S10 HDD62S10	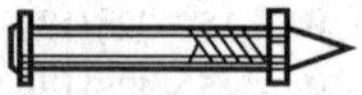 钉杆直径 ϕ 4.5 钉管 ϕ 10 活塞 ϕ 10	KD35 ~ 25 ~ 32S8 KD45 ~ 24 ~ 32S10 KD35 ~ 30 ~ 32S8 KD45 ~ 30 ~ 32S10	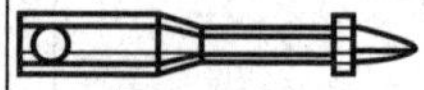 KD35 型 钉杆直径 ϕ 4.5 通孔直径 ϕ 3.5 钉管 ϕ 8 活塞 ϕ 8 KD45 型 钉杆直径 ϕ 5.2 通孔直径 ϕ 4.5 钉管 ϕ 10 活塞 ϕ 10

代号：

一般射钉H—钉杆压有花纹

YD—射钉类型

L—钉杆长度

S—塑料垫圈

D—垫圈直径

螺纹射钉M—螺纹及大小

I—螺纹长度

L—钉杆长度

S—塑料垫圈

J—金属垫圈

D—垫圈直径

2. 射钉弹

射钉弹是射钉紧固技术的能源部分。射钉弹的型号及规格见表3-65。

表3-65 射钉弹的型号及规格 / mm

型号	口径X长度	外形	色标	威力
S_1	6.8 × 11		红 黄 绿 白	大 中 小 最小
S_2	10 × 18	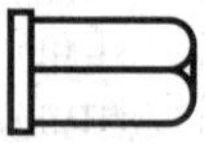	黑 红	特大 大

续表

型号	口径X长度	外形	色标	威力
S_3	6.8×18		黑 红 黄 绿	最大 大 中 小
S_4	6.3×10	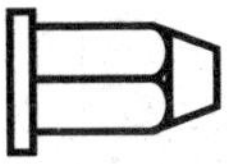	红 黄 绿 白	大 中 小 最小
S_5	5.6×15	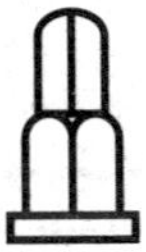	黄 绿 棕 灰	大 中 小 最小

九、其他钉

1. 油毡钉

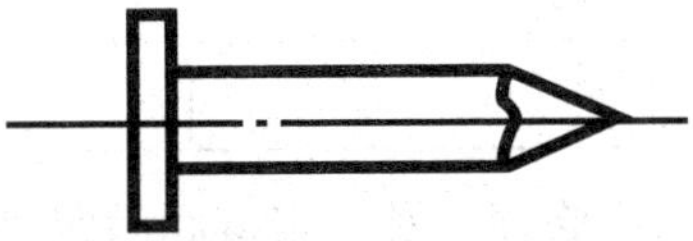

表3-66　油毡钉　/mm

钉杆直径	2.5	2.7	2.8	3	3.1	3.4
钉杆长度	15	19，25，32，38，44，51	20	40	19，22，25，32，38，64，76，89，	30

主要用途是修建房屋时，钉固油毡。

2. 包装钉

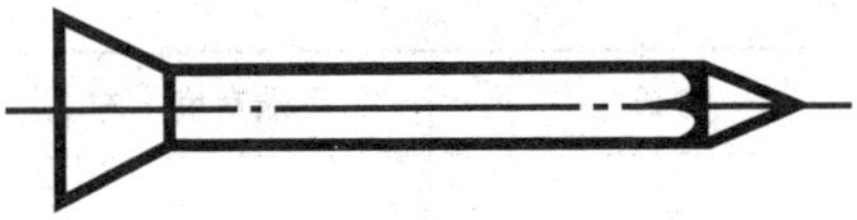

表3-67　包装钉　/mm

钉杆直径	1.6	1.8	2	2	2.4	2.4	2.8	2.8	3.4	3.4	3.4
钉杆长度	25	30	38	45	50	57	64	70	75	82	89

用于钉合包装箱。

3. 磨胎钢钉

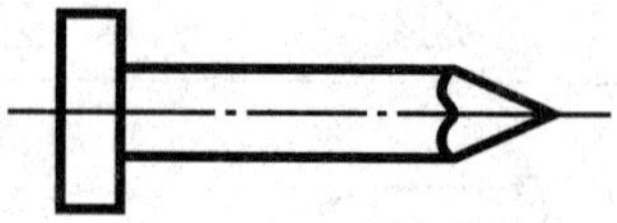

表3–68　磨胎钢钉　/ mm

钉杆直径	2.7	3
钉杆长度	15.5，16	15.5

用于翻修轮胎时，轮胎黏合面拉毛。

4. 橡皮钉

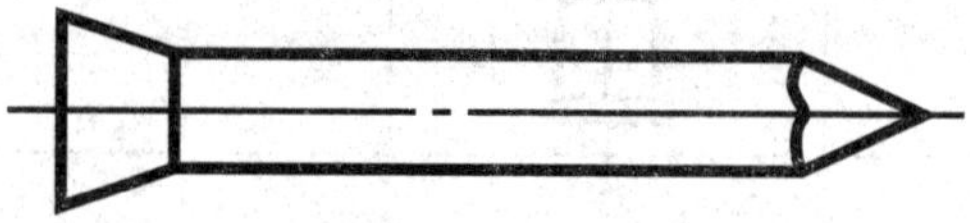

表3–69　橡皮钉　/ mm

钉杆直径	2	
钉杆长度	20	22

用于玩具、木家具的制作修理，及固定鞋底后跟。

5. 骑马钉

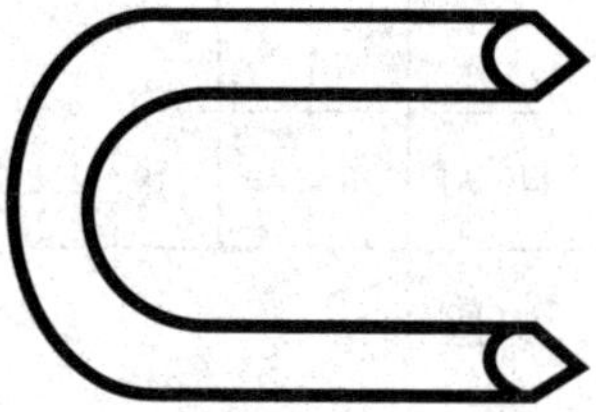

表3–70　骑马钉　/ mm

钉杆直径	钉长	小端宽度（左）	大端宽度（右）
1.6	10	7	8.5
1.8	11，12，13		10
2	15，16	8	10.5，12
2.2	20	8.5	11，13
2.5	25	9	13.5
2.7	30	10.5	14.5

用于固定金属板网（或丝网）、沙发弹簧及木材装载运输加固等。

6. 拼钉

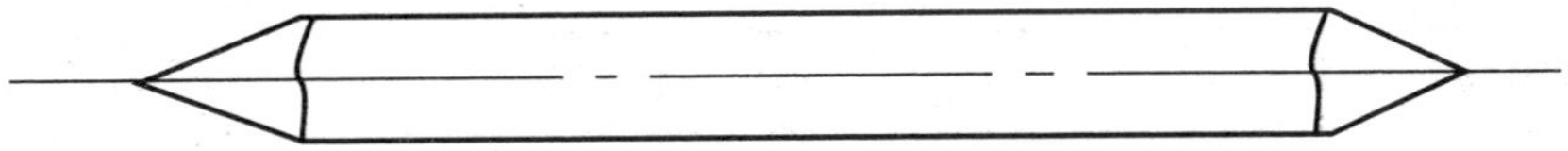

表3-71　拼钉　　/mm

直径	1.6		1.8	2	2.2	2.5	2.8	3.1
钉长	20	25	30	35	40	45	50	60

用于拼合木板。

7. 瓦棱钉

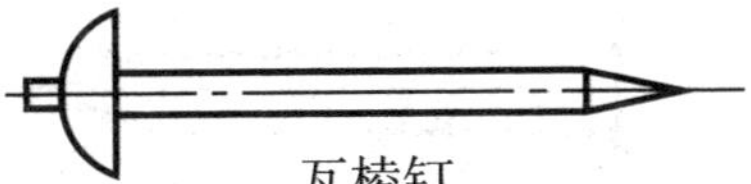

瓦棱钉

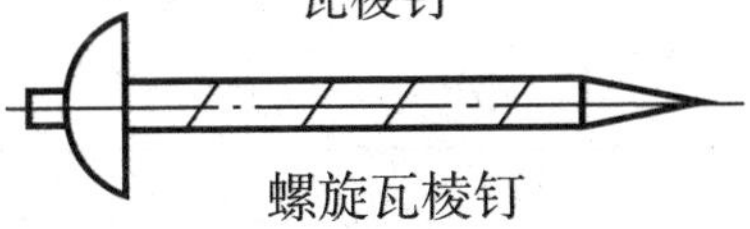

螺旋瓦棱钉

表3-72　瓦棱钉　　/mm

类型	钉杆直径	钉长	类型	钉杆直径	钉长
瓦棱钉	2.38 2.74 3.02 3.37 3.73	38	螺旋瓦棱钉	3.53 3.94	51 64
		44，51			
		51，64			

用于固定瓦棱铁皮，使用时需加羊毛垫和瓦棱垫圈。

8. 方钉

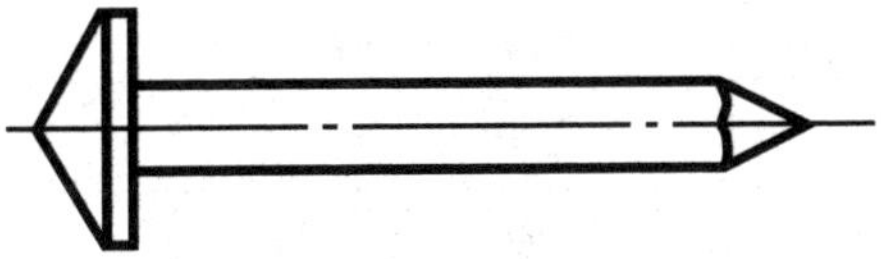

表3–73　方钉　　/mm

钉杆截面尺寸	钉长	钉杆截面尺寸	钉长
1.6×1.6 1.8×1.8	25 32	3×3 3.4×3.4	64
2.1×2.1 2.4×2.4	38	4.2×4.2 4.6×4.6 5.2×5.2 5.6×5.6 6×6	76 89 102 127 152
2.4×2.4 2.4×2.4	44		
2.8×2.8	51		

用于木制品的固定。

9. 三角钉

表3–74　三角钉　　/mm

厚度		薄型	
钉杆截面最大尺寸	钉长	钉杆截面最大尺寸	钉长
1.5	10	0.8	6
1.6	13	1	8
1.75	16	1.15	10，11
1.8	19	1.25	13，14
2	22，25	1.3	16

用于鞋类、皮革箱具、沙发及小型农具等。

10. 碰焊钉

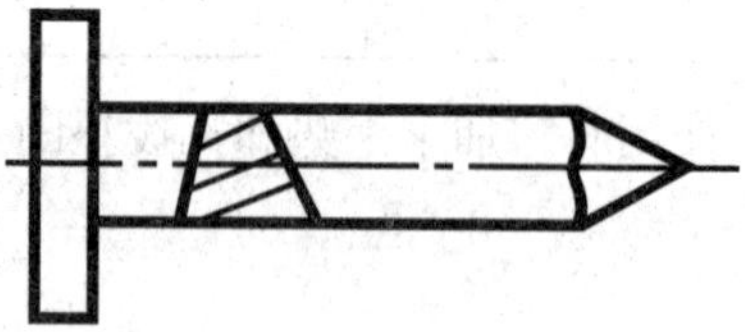

表3–75　碰焊钉　　/mm

钉杆直径	2.5	2.8	3.1	3.4	3.7	4.1	4.5
钉长	45	50	60	70	80	90	100

用于造船业。

十、销

表3–76　常用销的类型、特点及用途

类型		标准	特点		用途
圆柱销	普通圆柱销	GB/ T119–2000	销孔需要铰制，多次装卸后会降低定位的精度和连接的紧固性。只能传递不大的载荷	直径公差带有m6（A型）、h8（B型）、h11（C型）和u8（D型）四种。以满足不同的配合要求	主要用于定位，也可用于连接
	内螺纹	GB/ T120–2000		直径公差带只有m6一种。内螺纹供拆卸时使用。有A型和8型两种内螺纹圆柱销	B型有通气平面，用于不通孔
	螺纹圆柱销	GB/ T878–1986		直径公差较大，定位精度低	用于精度要求不高的场合
	带孔销	GB/ T880–1986	用开口销锁定，拆卸方便		用于铰接处
	弹性圆柱销	GB/ T879.1 ~ 879.5–2000	具有弹性，装入销孔后与孔壁压紧，不易松脱。销孔精度要求较低，互换性好，可多次装拆，但刚性较差，不适合于高精度定位。载荷大时可用几个套在一起使用，相邻内外两销的缺口应错开180°		用于有冲击、振动的场合，可代替部分圆柱销、圆锥销、开口销或销轴
圆锥销	普通圆锥销	GB/ T117–2000	有1：50的锥度，便于安装。定位精度比圆柱销高，在受横向力时能够自锁，销孔需铰制 螺纹供拆卸用。螺尾圆锥销制造困难。开尾圆锥销打入销孔后，末端可以稍微涨开，以防止松脱		主要用于定位。也可用于固定零件、传递动力。多用于经常装拆的场合
	内螺纹圆锥销	GR/ T118–2000			用于不通孔
	螺尾圆锥销	GB/ T881–2000			用于拆卸困难的场合
	开尾圆锥销	GB/ T877–1986			用于有冲击、振动的场合

续表

类型		标准	特点		用途
槽销	直槽销	GB/ T13829.1-2004（=ISO8739）（=ISO8740）	沿销体母线碾压或者横锻三条（相隔120°）沟槽，打入销孔并与孔壁压紧，不易松脱，能承受震动和循环载荷。销孔不需铰光，可多次装拆	全长具有平行槽，端部有导杆和倒角两种，销与孔壁间压力分布较均匀	用于严重振动和冲击载荷的场合
	中心槽销	GB/ T13829.2-2004（=ISO8743）（=ISO8742）		销的中部有短槽，槽长有1/2全长和1/3全长两种	用作轴心，将带毂的零件固定在短槽处
	锥槽销	GB/ T13829.5-2004（=ISO8744）（=ISO8745）		沟槽成楔形，有全长和半长两种。作用与圆锥销相似，销于孔壁间压力分布不均匀	与圆锥销相同
	半长倒锥槽销	GB/ T13829.6-2004（=ISO8741）		一半为圆柱销，一般为圆锥销	用作轴杆
	有头槽销	GB/ T13829.8-2004（=ISO8746）（=ISO8747）		有圆头和沉头两种	可代替螺钉、抽芯铆钉，用以紧固标牌、管夹子等
其他销	销轴	GB/ T882-1986	用开口销锁定，拆卸方便		用于铰接处
	开口销	GB/ T91-2000	工作可靠，拆卸方便		用于锁定其他紧固件，与槽形螺母合用

1. 圆柱销

用来固定零件之间的相对位置，靠过盈固定在孔中。

（1）普通圆柱销

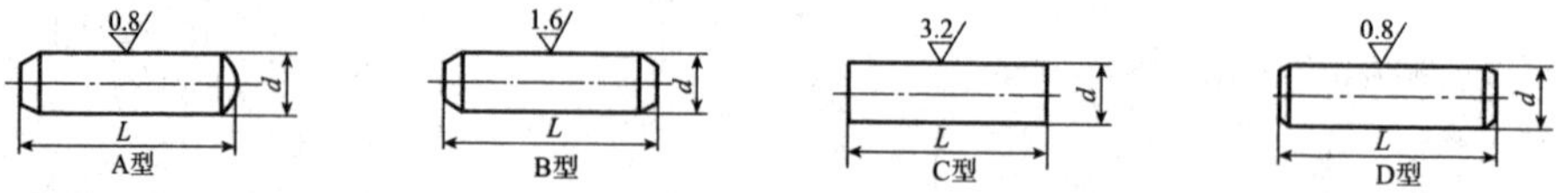

表3-77　圆柱销

/mm

d（公称）	0.6	0.8	1	1.2	1.5	2	2.5	3	4	5
L	2～6	2～8	4～10	4～12	4～16	6～20	6～24	8～30	8～40	I0～50
d（公称）	6	8	10	12	16	20	25	30	40	50
L	12～60	14～80	18～95	22～140	26～180	35～200	50～200	160～200	80～200	95～200
L系列尺寸	2，3，4，5，6，8，10，12，14，16，18，20，22，24，26，28，30，32，35，40，45，50，55，60，65，70，75，80，85，90，95，100，120，140，160，180，200									

（2）内螺纹圆柱销

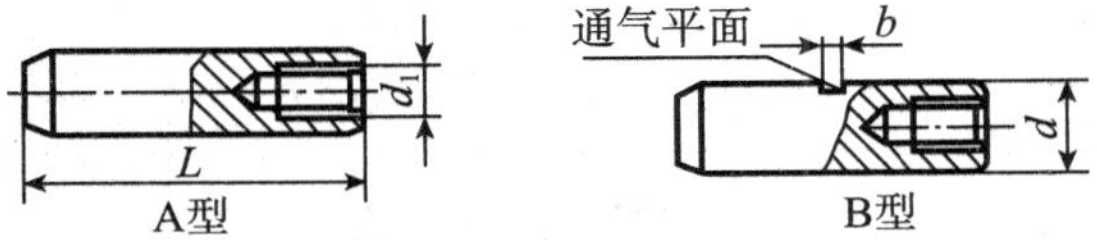

表3-78　内螺纹圆柱销

/mm

D（公称）	6	8	10	12	16	20	25	30	40	50
d1	M4	M5	M6	M6	M8	M10	M16	M20	M20	M24
d	1				1.5			2		
L	16～60	18～80	22～100	26～120	30～160	40～200	50～200	60～200	80～200	100～200
L系列尺寸	16，18，20，22，24，26，28，30，32，35，40，45，50，55，60，65，70，75，80，85，90，95，100，120，140，160，180，200									

2. 弹性圆柱销

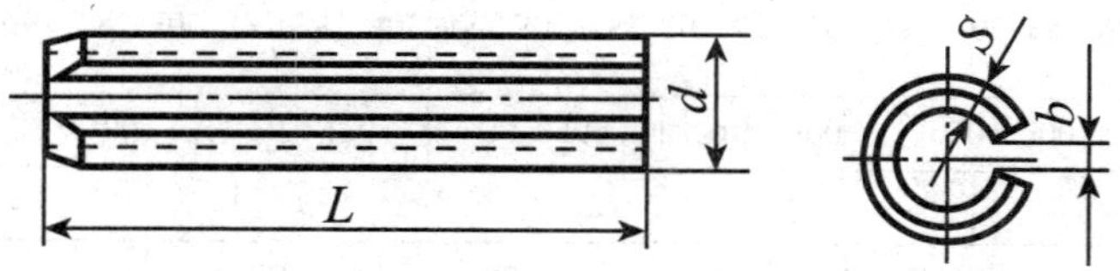

表3-79 弹性圆柱销 /mm

直径d 公称	直径d 最大	壁厚S	增宽 b	长度 L	最小剪切载荷（双剪）	直径d 公称	直径d 最大	壁厚 S	增宽 b	长度 L	最小剪切载荷（双剪）
/mm					（kN）	/mm					（kN）
1	1.3	0.2	1	4 ~ 20	0.70	8	8.6	1.5	2	10 ~ 120	42.70
1.5	1.8	0.3	1	4 ~ 20	1.58	10	10.6	2	2	10 ~ 160	70.16
2	2.3	0.4	1	4 ~ 30	2.80	12	12.7	2	2.4	10 ~ 180	104.1
2.5	2.8	0.5	1	4 ~ 30	4.38	16	16.7	3	2.4	10 ~ 200	171.0
	3.4	0.5	1.4	4 ~ 40	6.32	20	20.8	4	3.5	10 ~ 200	280.6
4	4.5	0.8	1.6	4 ~ 50	11.24	25	25.8	4.5	3.5	14 ~ 200	438.5
5	5.5	1	1.6	5 ~ 80	17.54	30	30.8	5	3.5	14 ~ 200	631.4
6	6.6	1	L	10 ~ 100	26.4						

注：长度系列尺寸/为4，5，6，8，10，13，14，16，18，20，22，24，26，28，30，32，35~100（5进级），120~200（20进级）。

有弹性，装配后不易松脱，适用于具有冲击和振动的场合。但刚性较差，不宜用于高精度定位及不穿透的销孔中。

3. 圆锥销

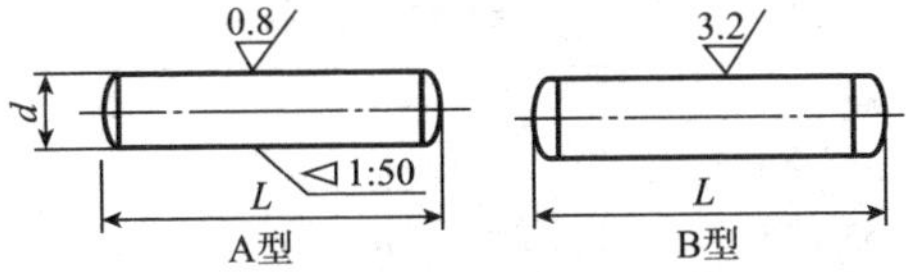

圆锥销（GB/T 117—2000）

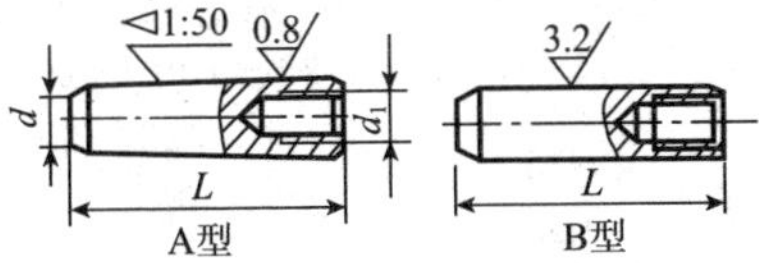

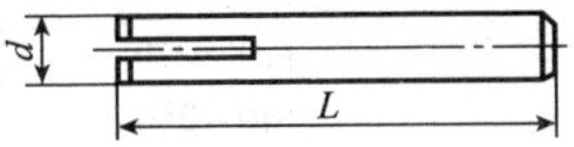

内螺纹圆锥销（GB/T 118—2000）　开尾圆锥销（GB/T 877—1986）

表3–80　圆锥销　/ mm

d（公称）	圆锥销L	内螺纹圆锥销		开尾圆锥销L	L系列尺寸
		d_1	L		
0.6	4 ~ 8				2，3，4，5，6，8，10，12，4，16，18，20，22，24，26，28，30，32，35，40，45，50，55，60，65，70，75，80，85，90，95，100，120，140，160，180，200
0.8	5 ~ 12				
1	6 ~ 16				
1.2	6 ~ 20				
1.5	8 ~ 24				
2	10 ~ 35				
2.5	10 ~ 35				
3	12 ~ 45			30 ~ 55	
4	14 ~ 55			35 ~ 60	
5	18 ~ 60			40 ~ 80	
6	22 ~ 90	M4	16 ~ 60	50 ~ 100	
8	22 ~ 120	M5	18 ~ 85	60 ~ 120	
10	26 ~ 160	M6	22 ~ 100	70 ~ 160	
12	32 ~ 180	M8	26 ~ 120	80 ~ 200	
16	40 ~ 200	M10	32 ~ 160	100 ~ 200	
20	45 ~ 200	M12	45 ~ 200		
25	50 ~ 200	M16	50 ~ 200		
30	55 ~ 200	M20	60 ~ 200		
40	60 ~ 200	M20	80 ~ 200		
50	65 ~ 200	M24	120 ~ 200		

用于零件的定位、固定，亦可传递动力。

4. 螺纹销

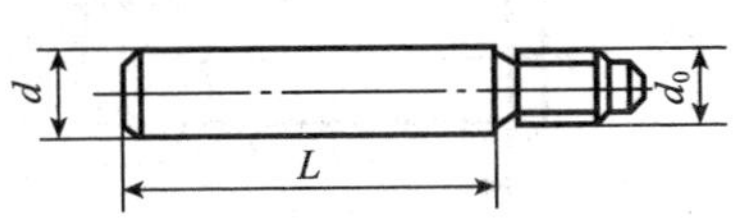

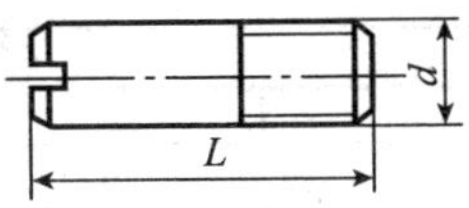

螺纹锥销（GB/ T881–2000）螺纹圆柱销（GB/ T878–1986）/ mm

表3-81　螺纹销　　/mm

直径d	长度L	锥销螺纹直径d_0	L系列尺寸
5	40～50	M5	40，45，50.55，60，75，85，100，120，140，160，190，220，250，280，320，360，400
6	45～60	M6	
8	55～75	M8	
10	65～100	M10	
12	85～140	M12	
16	100～160	M16	
20	120～220	M16	
25	140～250	M20	
30	160～280	M24	
40	190～360	M30	
50	220～400	M36	

5. 开口销

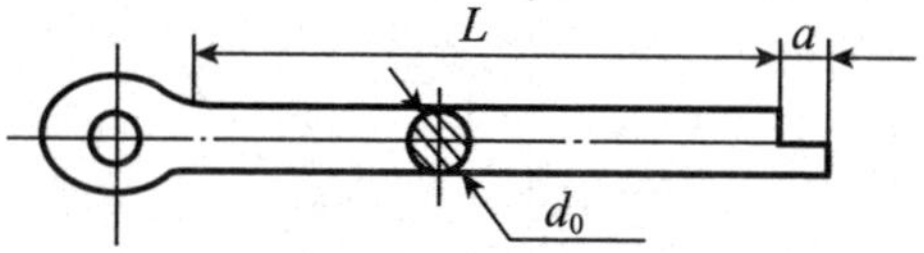

表3-82　开口销　　/mm

开口销公称直径d_0	销身长度L	伸出长度a（≤）	开口销公称直径d_0	销身长度L	伸出长度a（≤）	L系列尺寸
0.6	4～12	1.6	3.2	14～65	3.2	4，5，6，8，10，12，14，16，18，20，22，24，26，28，30，32，36，40～100（5进级）。120～200（20进级）
0.8	5～16	1.6	4	18～80	4	
1	6～20	1.6	5	22～100	4	
1.2	8～26	2.5	6.3	30～120	4	
1.6	8～32	2.5	8	40～160	4	
2	10～40	2.5	10	45～200	6.3	
2.5	12～50	2.5	12	70～200	6.3	

用于常需装拆的零件上。

6. 销轴

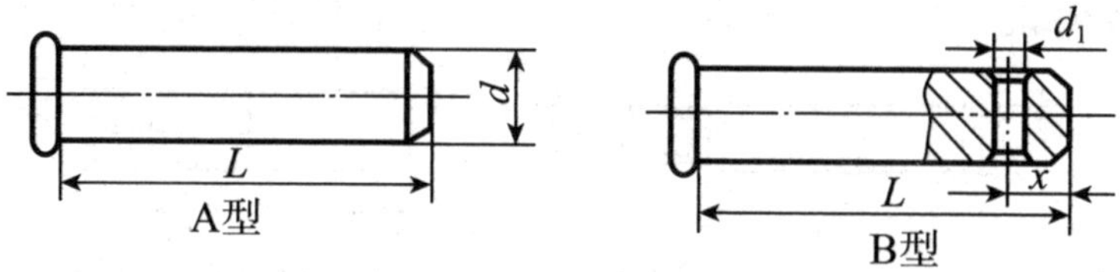

表3–83　销轴　　/ mm

d（公称）	d_1（最小）	x	L范围	L系列尺寸
3 4 5 6 8 10 12 14 16 18	1.6	2	6～22	6，8，10，12，14，16，18，20，22，24，26，28，30，32，35，40，45，50，55，60，65，70，75，80，85，90，95，100，120，140，160，180，200
		3	6～30	
	2		8～40 12～60	
	3.2	4	12～80 14～120	
	4	5	20～120 20～120 20～140	
	5		24～140	
20 22 25 28 30 32 36 40 45 50 55 60	5	6	24～160	6，8，10，12，14，16，18，20，22，24，26，28，30，32，35，40。45，50，55，60，65，70，75，80，35，90，95，100，120，140，160，180，200
	6.3		40～180	
		8	50～200	
	8	10	60～200	
			70～100	
	10	12	80～200	
			90～200	

十一、键

1. 普通平键

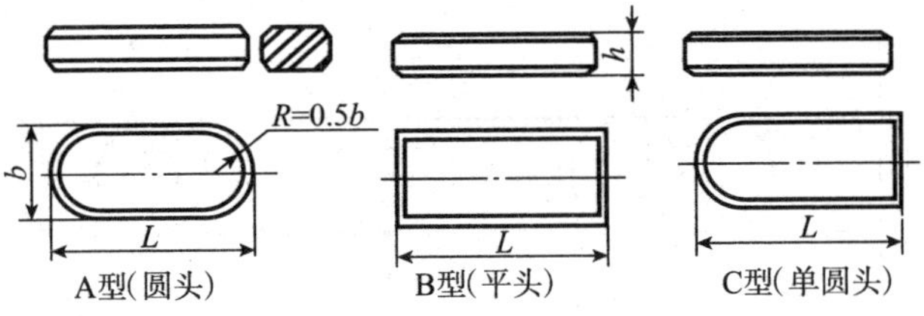

A型(圆头)　B型(平头)　C型(单圆头)

表3–84 普通平键 /mm

宽度b	高度h	长度L	适用轴径（参考）	L系列尺寸
2	2	6 ~ 20	5 ~ 7	6，8，10，12，14，16，18，10，22，25，18，32，35，40，45，50，55，60，70，80，90，100，125，140，160，180，200，220，250，280，315，355，400，450，500
3	3	6 ~ 28	>7 ~ 10	
4	4	8 ~ 35	>10 ~ 14	
5	5	10 ~ 45	>14 ~ 18	
6	6	14 ~ 55	>18 ~ 24	
8	7	18 ~ 70	>24 ~ 20	
10	8	22 ~ 90	>30 ~ 36	
12	8	28 ~ 110	>36 ~ 42	
14	9	35 ~ 140	>42 ~ 48	
16	10	45 ~ 180	>48 ~ 55	
18	11	50 ~ 200	>55 ~ 65	
20	12	55 ~ 220	>65 ~ 75	
24	14	60 ~ 250	>75 ~ 90	
28	16	70 ~ 280	>90 ~ 105	
32	18	80 ~ 315	>105 ~ 120	
36	20	90 ~ 355	>120 ~ 140	
40	22	100 ~ 400	>140 ~ 170	
45	25	110 ~ 450	>170 ~ 200	
50	28	125 ~ 500	>200 ~ 230	
55	30	140 ~ 500	>230 ~ 260	
60	32	160 ~ 500	>260 ~ 290	
70	36	180 ~ 500	>290 ~ 330	
80	40	200 ~ 500	>330 ~ 380	
90	45	220 ~ 500	>380 ~ 440	
100	50	250 ~ 500	>440 ~ 500	
110	55	280 ~ 500	>500 ~ 560	
120	60	315 ~ 500	>560 ~ 630	

用来连接轴和轴上的旋转零件或摆动零件，起到周向固定的作用，以便传递扭矩。

2. 导向平键

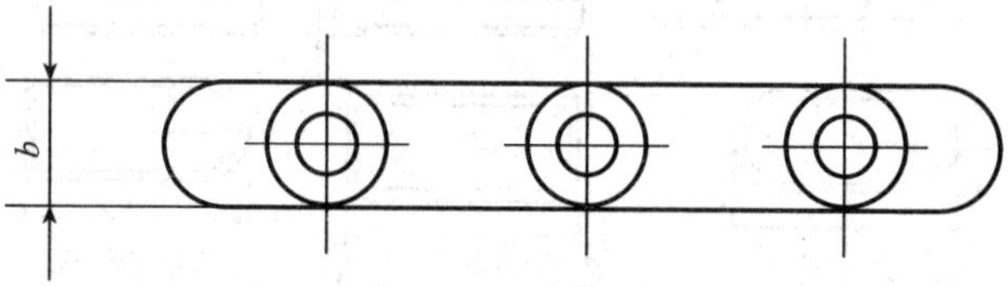

表3-85 导向平键 / mm

宽度b	高度h	长度L	相配螺钉尺寸
8	7	25 ~ 90	M3 × 8
10	8	25 ~ 110	M3 × 10
12	8	28 ~ 140	M4 × 10
14	9	36 ~ 160	M5 × 10
16	10	45 ~ 180	M5 × 10
18	11	50 ~ 200	M6 × 12
20	12	56 ~ 220	M6 × 12
22	14	63 ~ 250	M6 × 16
25	14	70 ~ 280	M8 × 16
28	16	80 ~ 320	M8 × 16
32	18	90 ~ 360	M10 × 20
36	20	100 ~ 400	M12 × 25
40	22	100 ~ 400	M12 × 25
45	25	110 ~ 450	M12 × 25

适用于轴上零件需做轴向移动的导向用。

3. 半圆键

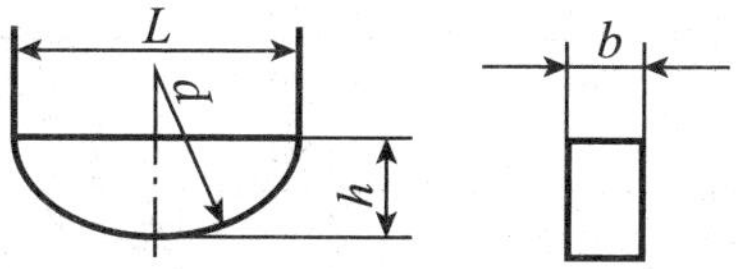

表3-86 半圆键 / mm

宽度b	厚度h	半圆直径d	键长L	适用轴径	
				传递扭矩	传动定位
1.0	1.4	4	3.8	自3 ~ 4	自3 ~ 4
1.5	2.6	7	6.8	>4 ~ 5	>4 ~ 6
2.0	2.6	7	6.8	>5 ~ 6	>6 ~ 8
2.0	3.7	10	9.7	>6 ~ 7	>8 ~ 10
2.5	3.7	10	9.7	>7 ~ 8	>10 ~ 12
3.0	5.0	13	12.6	>8 ~ 10	>12 ~ 15
3.0	6.5	16	15.7	>10 ~ 12	>15 ~ 18
4.0	6.5	16	15.7	>12 ~ 14	>18 ~ 20
4.0	7.5	19	18.6	>14 ~ 16	>20 ~ 22
5.0	6.5	16	15.7	>16 ~ 18	>22 ~ 25
5.0	7.5	19	18.6	>18 ~ 20	>25 ~ 28
5.0	9.0	22	21.6	>20 ~ 22	>28 ~ 32
6.0	9.0	22	21.6	>22 ~ 25	>32 ~ 36
6.0	10.0	25	24.5	>25 ~ 28	>36 ~ 40
8.0	11.0	28	27.3	>28 ~ 32	40
10.0	13.0	32	31.4	>32 ~ 38	—

适用于轻载连接，键在槽中能绕其几何中心摆动以适应轮毂中键槽的斜度。

4. 楔键

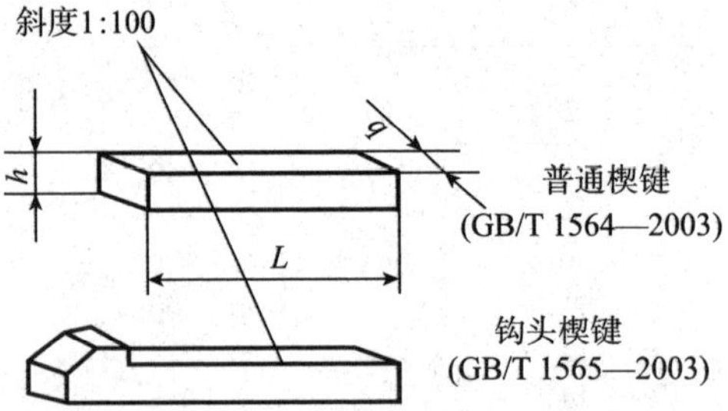

表3–87 楔键 / mm

<table>
<tr><th rowspan="2">宽度b</th><th rowspan="2">厚度h</th><th colspan="2">长度L</th><th rowspan="2">L系列尺寸</th></tr>
<tr><th>普通楔键</th><th>钩头楔键</th></tr>
<tr><td>2</td><td>2</td><td>6 ~ 20</td><td>—</td><td rowspan="25">6，8，10，12，14，16，18，20，22，25，28，32，35，40，45，50，55，60，70，80，90，100，125，140，160，180，200，220，250.280，315，355，400，450，500</td></tr>
<tr><td>3</td><td>3</td><td>6 ~ 36</td><td>—</td></tr>
<tr><td>4</td><td>4</td><td>8 ~ 45</td><td>14 ~ 45</td></tr>
<tr><td>5</td><td>5</td><td>10 ~ 55</td><td>14 ~ 56</td></tr>
<tr><td>6</td><td>6</td><td colspan="2">14 ~ 70</td></tr>
<tr><td>8</td><td>7</td><td colspan="2">18 ~ 90</td></tr>
<tr><td>10</td><td>8</td><td>22 ~ 100</td><td>22 ~ 110</td></tr>
<tr><td>12</td><td>8</td><td colspan="2">28 ~ 140</td></tr>
<tr><td>9</td><td>14</td><td colspan="2">36 ~ 160</td></tr>
<tr><td>10</td><td>16</td><td colspan="2">45 ~ 180</td></tr>
<tr><td>11</td><td>19</td><td colspan="2">50 ~ 200</td></tr>
<tr><td>12</td><td>20</td><td colspan="2">55 ~ 220</td></tr>
<tr><td>14</td><td>22</td><td colspan="2">63 ~ 250</td></tr>
<tr><td>16</td><td>28</td><td colspan="2">80 ~ 320</td></tr>
<tr><td>18</td><td>32</td><td colspan="2">90 ~ 360</td></tr>
<tr><td>20</td><td>36</td><td colspan="2">100 ~ 400</td></tr>
<tr><td>22</td><td>40</td><td colspan="2">100 ~ 400</td></tr>
<tr><td>25</td><td>45</td><td colspan="2">110 ~ 450</td></tr>
<tr><td>28</td><td>50</td><td colspan="2">125 ~ 500</td></tr>
<tr><td>32</td><td>56</td><td colspan="2">140 ~ 500</td></tr>
<tr><td>32</td><td>63</td><td colspan="2">160 ~ 500</td></tr>
<tr><td>36</td><td>70</td><td colspan="2">180 ~ 500</td></tr>
<tr><td>40</td><td>80</td><td colspan="2">200 ~ 500</td></tr>
<tr><td>45</td><td>90</td><td colspan="2">220 ~ 500</td></tr>
<tr><td>50</td><td>100</td><td colspan="2">250 ~ 500</td></tr>
</table>

用于连接轴与轴上的零件，并起单向轴向定位作用。

第四章　常用消防器材

一、灭火器

1. 干粉灭火器

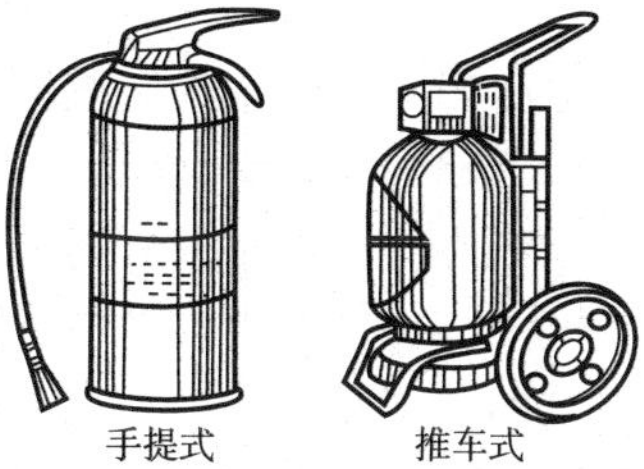

手提式　　推车式

表4–1　干粉灭火器

型号	灭火剂量/kg	有效喷射		电绝缘性能	灭火性能级别代号	外形尺寸/ mm			用途
		时间/s	距离（m）	（kV）		长	宽	高	
手提式干粉灭火器（GB/ T4402–1984）									
MF1	1	>6	≥2.5	≥5	3A，2B	155	105	310	通过灭火器内产生的二氧化碳产生压力，将干粉喷在燃烧物上，以形成隔离层，并分解出不燃气体，降低燃烧区内的含氧量，以达到灭火的目的。操作时将喷口对准火焰底部，扣动开关即喷出干粉进行灭火。有手提式和推车式两种干粉灭火器
MF2	2	≥8	≥2.5	≥5	5A，5B	240	105	430	
MF3	3	≥8	≥2.5	≥5	5A，7B	260	135	425	
MF4	4	≥9	≥4	≥5	8A，10B	260	145	450	
MF5	5	≥9	≥4	≥5	8A，12B	260	145	534	
MF6	6	≥9	≥4	≥5	13A，14B	—	—	—	
MF8	8	≥12	≥5	≥5	13A，18B	340	170	579	
MF10	10	≥15	≥5	≥5	21A，20B	—	—	—	
手提储压式干粉灭火器（GB/ T12515–1990）									
MFZ–1	1	≥6	≥2.5	≥5	2B	93	135	333	
MFZ–2	2	≥8	≥2.5	≥5	2A，3B	110	144	410	
MFZ–3	3	≥8	≥2.5	≥5	2A，5B	130	59	532	

续表

型号	灭火剂量/kg	有效喷射 时间/s	有效喷射 距离（m）	电绝缘性能（kV）	灭火性能级别代号	外形尺寸/mm 长	外形尺寸/mm 宽	外形尺寸/mm 高	用途
MFZ-4	4	≥9	≥4	≥5	2A，9B	130	159	532	
MFZ-5	5	≥9	≥4	≥5	3A，14B	280	150	535	
MFZ-6	6	≥9	≥4	≥5	3A，14B	290	160	560	
MFZ-8	8	≥12	≥4	≥5	4A，14B	300	165	620	
推车式干粉灭火器（GB/ T8109-1987）									
MF T25	25	≥12	≥8	≥50	35B	528	500	1 040	
MF T35	35	≥15	≥8	≥50	27A，45B	528	520	1 040	
MF T50	50	≥20	≥9	≥50	34A，65B	645	520	1 150	
MF T70	70	≥25	≥9	≥50	43A，95B	645	520	1225	
MF T100	100	≥32	≥10	≥50	55A，125B	750	520	1225	

注：推荐使用温度范围为-10～55℃（或-20～55℃）。

2. 二氧化碳灭火器

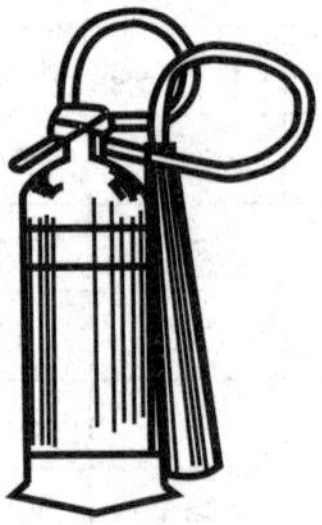

表4-2　二氧化碳灭火器

型号	灭火剂量/kg	喷射距离（m）≥	有效时间（s）≥	灭火性能级别代号	外形尺寸/mm	用途
手提式二氧化碳灭火器（GB/ T4399-1984）						用于扑救燃烧面积不大的珍贵物品，不能用于扑救锂、钾、镁等易燃金属及氢化物
M TZ2	2	1.5	8	1B	180×110×564	
M TZ3	3	1.5	8	2B	195×120×654	
M TZ5	5	2	9	3B	276×160×644	
M TZ7	7	2	12	4B	276×160×814	

续表

型号	灭火剂量/kg	喷射距离（m）≥	有效时间（s）≥	灭火性能级别代号	外形尺寸/mm	用途
推车式二氧化碳灭火器（GB/ T8109-1987）						
M T T20	20	5	40	8B	560 × 490 × 1240	
M T T25	25	5	50	10B	560 × 490 × 1390	

3. 手提式化学泡沫灭火器

表4-3　手提式化学泡沫灭火器

型号	灭火剂量/L	有效时间/s	喷射距离/m	灭火性能级别代号	外形尺寸/mm			总质量/kg	用途
					长	宽	高		
MP6	6	≥40	≥6	5A，3B	174	163	545	12	利用灭火器内两种溶液混合后发生化学反应，喷出来的泡沫，覆盖在燃烧物上，以隔绝空气，达到灭火的目的。适用于一般物质和油类起火时扑灭火灾，不宜用于扑救电器、珍贵物品的火灾。手提式化学泡沫灭火器多用于工厂、住宅、商店、办公室等公共场所
MP9	9	≥60	≥8	8A，4B	173	199	588	14	
MPZ6	6	≥40	≥6	5A，3B	174	163	575	12	
MPZ9	9	≥60	≥8	8A，4B	173	199	630	15	

4. 手提式酸碱灭火器

表4-4 手提式酸碱灭火器

型号	灭火剂量/L	有效喷射		外形尺寸/mm			总质量/kg	用途
		时间/s	距离/m	长	宽	高		
MS7	7	≥40	≥6	165	188	150	12	外形近似手提式化学泡沫灭火器。利用灭火器内两种药液混合后喷出的酸碱水溶液灭火，一般适用于扑灭竹、木、草、纸等一般可燃物质初起火灾。不宜扑灭油类、忌水、酸物质及电气的火灾
MS9	9	≥50	≥6	173	199	588	14	

5. 1211灭火器

表4-5 1211灭火器

型号	灭火剂量/kg	有效喷射		外形尺寸/			总质量/kg	用途
		时间/s	距离/m	长	宽	高		
手提式1211灭火器（GB/ T4397–1998）								利用灭火器内氮气压力（1.5MPa）喷射1211灭火剂（二氟一氯一溴甲烷），快速遏止燃烧连锁反应，扑灭火灾。适用于扑灭油类、有机溶剂、精密仪器、电器、文物档案等的初起火灾，不宜用于扑灭钠、钾、铝等物质的火灾
MY1	1	≥6	≥2.5	90	90	281	2.0	
MY2	2	≥8	≥3.5	97	97	425	3.2	
MY4	4	≥9	≥4.5	133	133	490	6.5	
MY6	6	≥9	≥5	145	145	555	9.3	
推车式1211灭火器（GB/ T8109—1987）								
MY T25	25	≥25	7～8	465	520	1 000	67	
MY T40	40	≥40	7～8	465	520	1 600	84	

6. 手提式清水灭火器

表4–6　手提式清水灭火器

规格	型号	灭火剂量/L	有效喷射		灭火性能级别代号	推荐使用温度范围/℃	外形尺寸/mm		总质量/kg
			时间/s	距离/m			直径	高度	
	MSQ9	9	≥50	≥7	8A	4～53	160	635	13.7
用途	适用于扑救竹、木、棉、毛、草和纸张等一般可燃物质的初起火灾，但不适用于扑救油脂、带电设备和轻金属物质的火灾								

7. 手提式机械泡沫灭火器

表4–7　手提式机械泡沫灭火器

	型号	灭火剂量/L	喷射距离(m)≥	有效时间(s)≥	灭火剂代号	灭A、B类火级别代号	灭乙醇类火级别代号
规格	MJP–3	3	4	15	P，FP	3A，2B	—
					AR	3A，2B	2B
					AFFF	3A，6B	—
					S	3A，4B	—
	MJP–4	4	4	30	P，FP	3A，2B	—
					AR	3A，2B	2B
					AFFF	3A，6B	—
					S	3A，5B	—
	MJP–6	6	6	30	P，FP	5A，4B	—
					AR	5A，4B	4B
					AFFF	5A，12B	—
					S	5A，8B	—
	MJP–9	9	6	40	P，FP	8A，6B	—
					AR	8A，6B	6B
					AFFF	8A，18B	—
					S	8A，12B	—
用途	根据所装灭火剂不同，不仅可扑灭固体有机物质、液体或可熔化固体燃烧的初起火灾，还可扑灭乙醇类燃烧引起的火灾						

注：①推荐使用温度范围为4～55℃。
②按灭火剂原液混合先后分为预混型和分装型，分装型在型号中字母后加A表示；按驱动压力形式分为储压式和储气瓶式，储压式在型号中字母后加Z表示。如：MIPZA表示储压式、分装型。
③灭火剂代号含义如下：P—蛋白泡沫，FP—氟蛋白泡沫，AR—抗溶性泡沫，AFFF—水成膜泡沫，S—合成泡沫。

二、其他消防器材

1. 室内消防栓

表4–8 室内消防栓

型号规格	进水口		出水口		公称压力/MPa	外形尺寸/mm			用途
	接口形式	口径/in	接口形式	口径/mm		长	宽	高	
SN25 SNA25	管螺纹	1	内扣式	25	1.6	120 133	80	135	室内消防栓安装在公共场所、大楼的室内过道边，是安装在消防供水设备上的专用截止阀，平时与消防给水管路连接，火警时将消防水带一端的接口接在消防栓的出水口上，开启阀门即能喷水灭火
SN40 SNA40		11/2		40		148 169	100	160	
SN50 SNA50		2		50		168 191 200	120	185	
				50/50			220	205	
SNS50		2		65		188 228	140	205	
SN65 SNA65 SNS65		21/2		65/65		277 194	227 140	225 225	
SN80		3		80					

注：1 in=0.025 4 m。

2. 室外消火栓

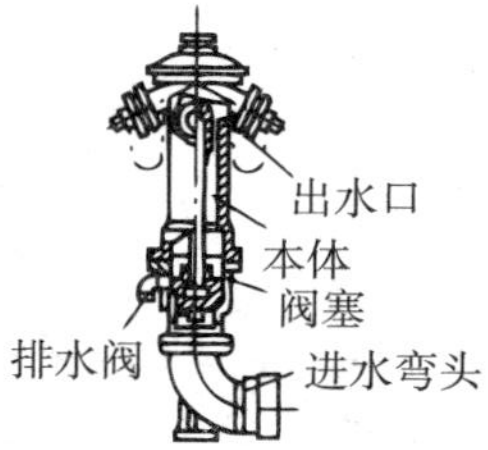

SS型室外地上式

SA型室外地下式

表4-9　室外消火栓

品种		型号规格	进水口			出水口		公称压力 / MPa	外形尺寸（mm）≤			用途
			接口形式	口径（mm）	口径 / in	接口形式	口径 / mm		长	宽	高	
室外消火栓	地上	SS100	法兰式，承插式	100	—	内扣式	100	1.6	400	340	1 515	室外消火栓装在工矿企业、仓库的露天通道边和城市街道两旁的供水管路上。其中地上式露出地面；地下式埋于地下，平时加上井盖
							65/65					
		SS150		150	—		150	1.0	450	335	1 590	
							80/80					
	地下	SA100	法兰式，承插式	100	—	内扣式	100/65	1.6	476	285	1 050	
							65/65	1.0	472	285	1 040	

3. 消防水带

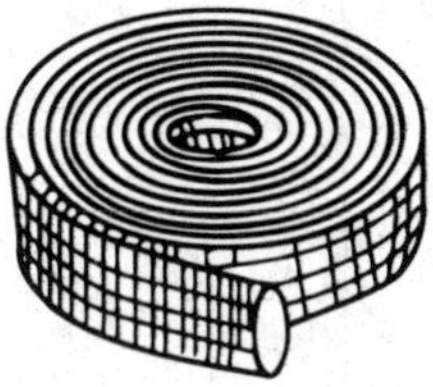

表4-10 消防水带

品种	(1) 无衬里消防水带，棉消防水带，麻（亚麻、苎麻）消防水带（GB/ T4580-1986） (2) 有衬里消防水带——衬胶水带：8、10、13、16型（GB/ T6246-1986）						
公称口径/ mm	25	40	50	65	80	90	100
基本尺寸/ mm	25	38	51	63.5	76	89	102
折幅/ mm	42	64	84	103	124	144	164
用途	主要用于输水灭火或输送其他液体灭火剂灭火；也可用于输水或输送腐蚀性不大的液体						

4. 内扣式消防接口

（1）水带接口

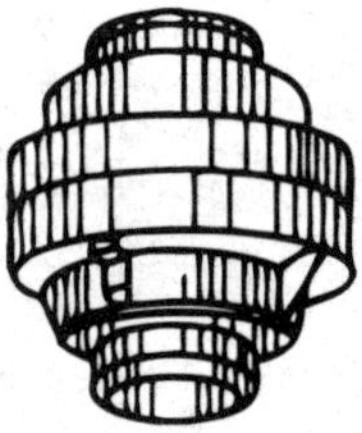

表4-11 内扣式消防接口

型号	公称口径/ mm	外形尺寸/ mm		参考质量/ kg	
		外径	总长	铝合金制	带钢制
KD25 KD N25	25	55	59 64	0.20 0.25	—
KD40 KD50	40 50	83 98	67.5	0.50 0.65	0.9
KF65 KD80	65 80	111 126	82.5	0.80 1.25	1.1
用途	装置于水带两端，用于水带与水带、消火栓或水枪之间的连接，以便进行输水或水和泡沫混合液，接口为内扣式				

（2）异径接口

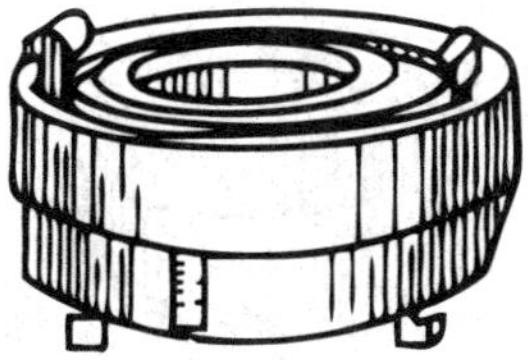

表4–12　异径接口

型号	公称口径/ mm		外形尺寸/ mm		参考质量 / kg
	小端	大端	外径	全长	
KJ25/40	25	40	83	67.5	0.25
KJ25/50	25	50	98		0.30
KJ40/50	40	50			0.38
KJ40/65	40	65			0.45
KJ50/65	50	65	111	82.5	0.50
KJ50/80 KJ65/80	50 65	80 80	126		0.57 0.62
用途	用来连接两个不同口径的水带、水枪、消火栓等，接口为内扣式，铝合金制				

5. 吸水管接口

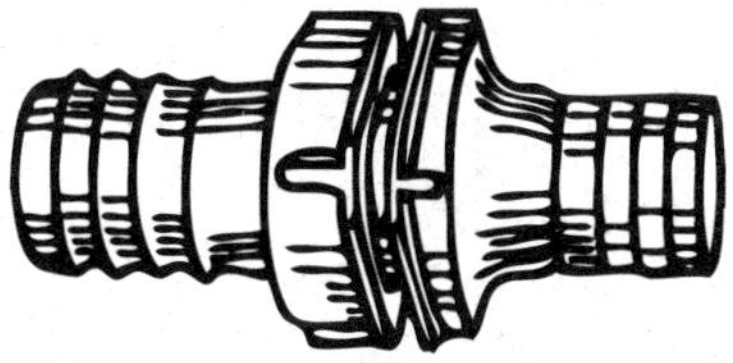

表4–13　吸水管接口

规格	型号	公称口径 / mm	外形尺寸/ mm		螺纹/ mm	密封试验压力 / MPa	参考质量/ kg（铝合金制）
			外径	长			
	KG90 KG100	90 100	140 145	310 315	M125X6 M125X6	0.6	2.52 3.15
用途	分别装在消防泵吸水胶管两端。接口为螺纹式，每副有内、外螺纹接口各一，外螺纹接口用于连接滤水器，内螺纹接口用于连接水泵进水口或消火栓						

6. 吸水管同型接口

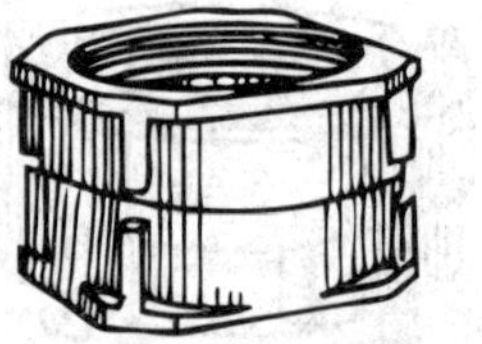

表4-14　吸水管同型接口

规格	型号	公称口径 / mm	外形尺寸/ mm		螺纹 / mm	工作压力 / MPa	参考质量 / kg（铝合金制）
			外径	高度			
	K T100	100	140	113	M125×6	1	1.6
用途	用于消防车吸水管与地上消火栓或地下消火栓之间的连接，接口为内螺纹式						

7. 消防水枪

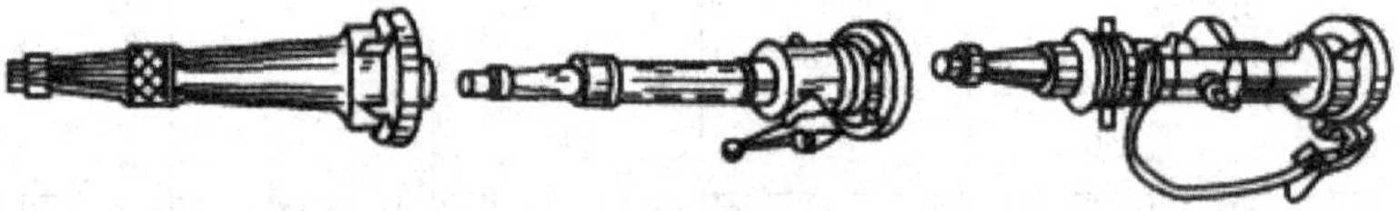

直流水枪　　直流开关水枪　　直流开花水枪

表4-15　消防水枪

种类	型号	公称通径 / mm		直流射程 / m	开花射程		外形尺寸/ mm			参考质量 / kg
		进口	出口		开花角（°）	宽×远（m×m）	长	宽	高	
直流水枪	QZ16 QZ19	50 65	13/16 16/19	>32 >36	—	—	98 111	96 111	304 337	0.72 0.93
	QZ16A QZ19A	50 65	16 19	>35 >38	—	—	95 110	95 110	390 520	1.00 1.32
直流开关水枪	QZG16 QZG19	50 65	16 19	>31 >35	—	—	150 160	98 111	440 465	1.80 2.00
直流开花水枪	QZH16 QZH19	50 65	16 19	>30 >35	120 120	3.5×1 3.5×1	115 111	100 111	325 438	1.40 2.10
用途	安装在水带接口上射水扑灭火灾。直流水枪射出实心水柱。有两种口径喷嘴，可互换，以调节水流大小和射程；开关水枪装有旋塞，可控制水流大小；开花水枪可单独或同时射出实心水柱或伞状开花水帘									

8. 滤水器

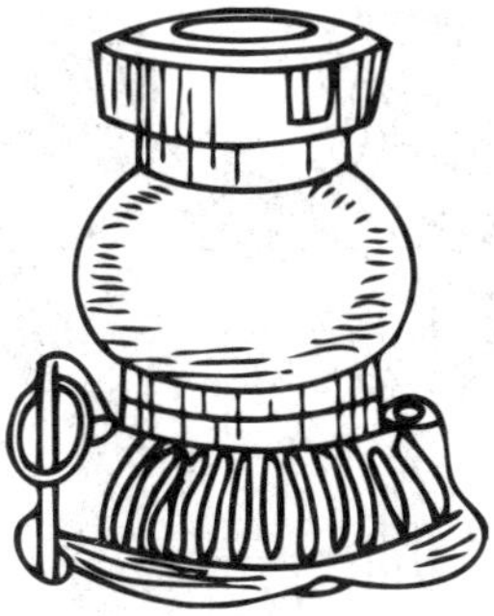

表4–16　滤水器

型号	公称口径 / mm	外形尺寸/ mm		螺纹 / mm	工作压力 / MPa	参考质量 / kg
		外径	高			
FL100	100	230	290	M125 × 6	≤0.4	4.25
用途	装置在消防车的吸水管底部，用以阻止水源中的杂物等吸入水管内，保障水泵正常运转，其底阀可防止吸水管内的水倒流，以免停泵后复用时重新引水，铝合金制					

9. 分水器

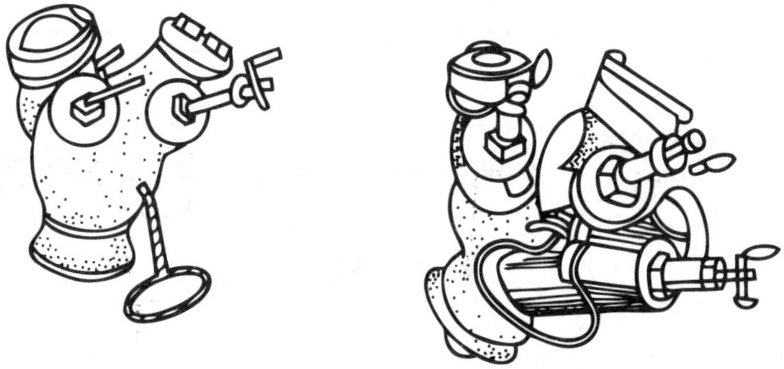

表4–17　分水器

品种	型号	公称口径/ mm		外形尺寸/ mm			工作压力 / MPa	参考质量 / kg
		进水	出水	长	宽	高		
二分水器	FF65	65	65/65	330	296	300	≤1	5.1
三分水器	FFS65 FFS80	65 80	50/65/50 65/65/65	362 385	320 322	250 200	≤1 ≤1	5.7 8.4
用途	消防车附件，用以将单股进水水流分成两股或三股水流出水。每股水流出口处都装置有阀门，可根据需要，用一股出水或同时用几股出水。接口形式均为内扣式，铝合金制							

10. 集水器

表4-18 集水器

型号	公称口径及接口形式/ mm		螺纹/ mm	外形尺寸/ mm			工作压力 / MPa	参考质量 / kg
	进水	出水		长	宽	高		
FJ100	内扣式 65×65	内旋纹式 100	M125×6	270	243	140	≤1.0	3.4
用途	消防车附件，用以将两股进水水流汇集成一股出水水流。即将两个小出水口径的消火栓与大进水口的消防车连接起来，使消火栓集中向消防车供水，铝合金制							

11. 消防斧

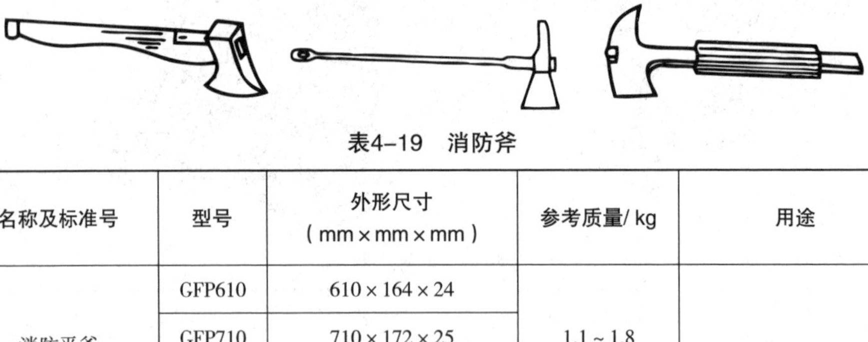

表4-19 消防斧

名称及标准号	型号	外形尺寸（mm×mm×mm）	参考质量/ kg	用途
消防平斧（GB/ T138–1996）	GFP610	610×164×24	1.1 ~ 1.8	灭火时用来破除障碍物。平斧破拆木制门窗，尖斧可破墙、凿洞，腰斧轻便供携带登高进行破拆作业
	GFP710	710×172×25		
	GFP810	810×180×26		
	GFP910	910×188×27	2.5 ~ 3.5	
消防尖斧（GB/ T138–1996）	GFJ715	715×300×44	0.8 ~ 2.0	
	GFJ815	815×330×53	2.5 ~ 3.5	
消防腰斧（ZBC4003–1984）	GF815	815×160×25	0.8 ~ 1.0	
	GF325	325×120×25	0.9 ~ 1.1	

12. 消防杆钩

表4-20　消防杆钩

型号	品种	外形尺寸（连柄）（mm×mm×mm）	参考质量 / kg
GG378	尖型杆钩 爪型杆钩	3 780×217×60 3 630×160×90	4.5 5.5
用途	供扑灭火灾时穿洞、通气、拆除危险建筑物用		

13. 消防安全带

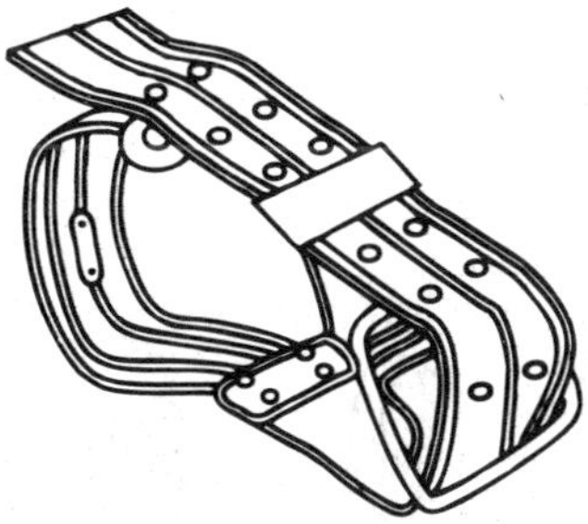

表4-21　消防安全带

型号	拉力（N）	外形尺寸/ mm			参考质量/ kg
		长	宽	厚	
FDA	4 500	1 250	80	3	0.50
用途	与安全钩、安全绳配合使用，围于消防人员腰部，带上有两个半圆环可以挂一个或两个安全钩。是消防人员登高作业时的可靠安全保护装备				

14. LQ10型轻便消防火龙

表4-22　LQ10型轻便消防火龙

规格	接口公称通径/ mm	水带		额定工作压力/ MPa	流量*L*（min）≥		射程（m）≥		喷雾角
		内径公称尺寸/ mm	长度 / m		直流	喷雾	直流	喷雾	
	15.0	25	10	0.25	15.0	17.50	15.50	3.50	0～90°
用途	在自来水供水管路上使用的由专用消防接口、水带及水枪组成的一种小型简便的喷水灭火设备								

15. 水带包布

表4-23 水带包布

规格	型号	外形尺寸（mm×mm×mm）	参考质量/kg
	FP470	470×112×40	0.7
用途	用以包扎水带破裂漏水的部位		

16. 闷盖

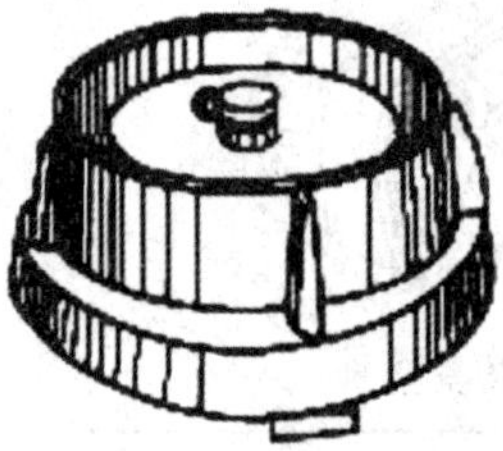

出水口闷盖

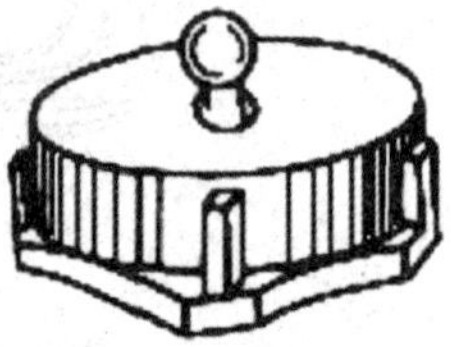

进水口闷盖

表4-24 闷盖

型号		公称口径/mm	外形尺寸/mm		接口形式	工作压力/MPa	用途
			外径	长			
出水口闷盖	KM25	25	55	37	内扣式	1.3	供封堵消火栓、消防车等出水口用，以实现密封和防尘。接口形式为内扣式。消防车进口闷盖为内螺纹式进水口闷盖内螺纹式
	KM40	40	83	54			
	KM50	50	98	54			
	KM60	60	111	55			
	KM80	80	126	55			
进水口闷盖	KA100	100	140	73	内螺纹式 M125×6	1	

三、自动喷水灭火系统

1. 玻璃球闭式喷头

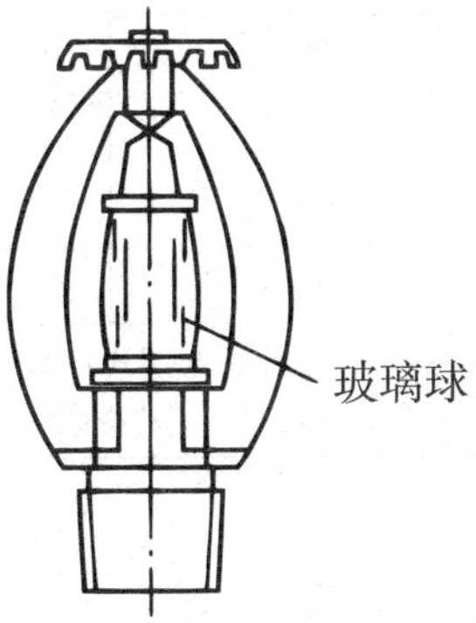

表4-25　玻璃球闭式喷头

喷头型号				连接螺纹/in	公称动作温度/℃	最高环境温度/℃	工作液色标
普通型	边墙型	直立型	下垂型				
ZS TP15/57	ZSTB15/57	ZSTZ15/57	ZSTX15/57	ZG1/2	57	27	橙
ZS TP15/68	ZSB15/68	ZSTZ15/68	ZSTX15/68	ZG1/2	68	38	红
ZS TP15/79	ZSTB15/79	ZSTZ15/79	ZSTX15/79	ZG1/2	79	49	黄
ZS TP15/93	ZSTB15/93	ZSTZ15/93	ZSTX15/93	ZG1/2	93	63	绿
ZS TP15/141	ZSTB15/141	ZSTZ15/141	ZSTX15/141	ZG1/2	141	111	蓝
用途	与湿式自动喷水灭火系统相连，用于高层宾馆、综合办公大楼、展览厅、地下库房以及重点文物保护单位的木结构古建筑物等						

2. 吊顶型玻璃球闭式喷头

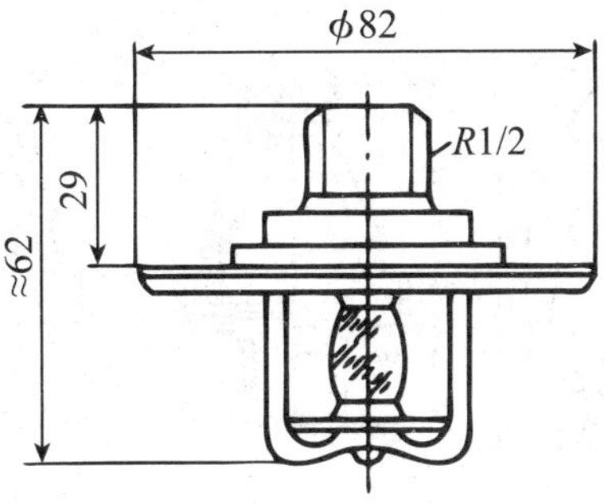

表4–26 吊顶型玻璃球闭式喷头

	型号	喷口直径/mm	喷头指标		使用环境温度/℃
			温度级别/℃	玻璃球颜色	
规格	BBd15	10 15 20	57	橙	38
			68	红	49
			79	黄	60
			93	绿	74
用途	装于各种高层、地下建筑物的屋顶下面，与湿式自动喷水灭火系统相连，起探测、启动水流、喷水灭火的作用。安装位置应离开热源一定的距离				

3. 易熔合金闭式喷头

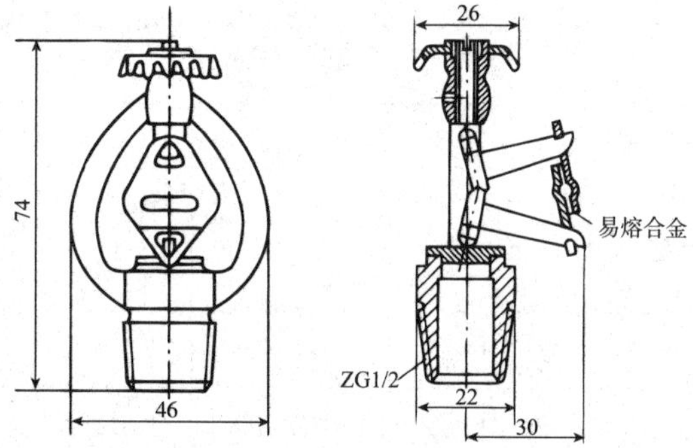

表4–27 易熔合金闭式喷头

喷头型号			公称动作温度/℃	最高环境温度/℃	轭臂色标	用途
直立型	下垂型	边墙型				
ZS TZ15/72 T	ZS TX15/72Y	ZS TB15/72Y	72	42	本色	与自动喷水灭火系统相连，用于民用建筑的走道、大厅、多功能厅、办公室、客房、仓库、天花吊顶等处
ZS TZ15/98Y	ZS TX15/98Y	ZS TB15/98Y	98	68	白	
ZS TZ15/142Y	ZS TX15/142Y	ZS TB15/142Y	142	112	蓝	

4. 开式雨淋喷头

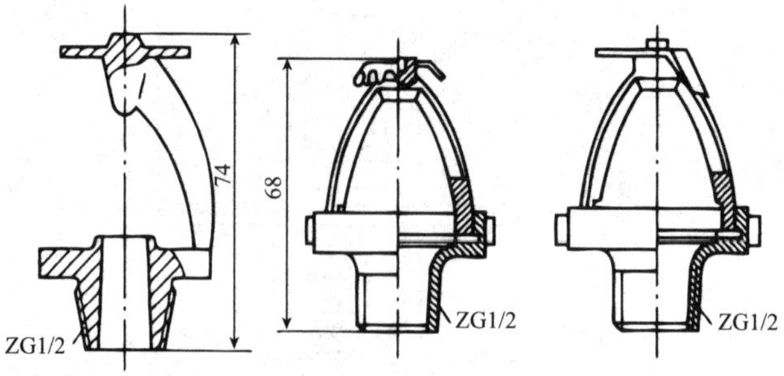

单臂标准型　　普通型　　这向喷水型

表4-28 开式雨淋喷头

喷孔直径/ mm	用途
φ10 φ15 φ20	用于高层、地下建筑物、连接湿式自动喷水灭火系统，当雨淋阀启动后，喷头喷洒出密集粒状水滴进行灭火

5. 快速响应洒水喷头

表4-29 快速响应洒水喷头

品种	大口径快速反应喷头	特大口径快速反应喷头		快速反应低压喷头
型号	ZS TP-13.5（普通型） ZS TZ-13.5（直立型） ZS TX-13.5（下垂型） ZS TB-13.5（边墙型）	ZS TZ-16.3（直立型） ZS TX-16.3（下垂型）	ZS TZ-17.5（直立型） ZS TX-17.5（下垂型）	ZSD TZ-20（直立型） ZSD TX-20（下垂型） ZSB TB-20（边墙型）
口径或公称通径/mm	13.5	16.3	17.5	20
连接螺纹/ in	1/2、3/4	3/4		
动作温度/ ℃	57、68、79、93	68、93、141		57、68
工作压力/ MPa	0.1 ~ 0.5	0.0534 ~ 0.12	0.046 ~ 0.193	—
用途	用于公共娱乐场所、中庭环廊、医院、疗养院的病房及治疗区。超出水泵接合器供水高度的楼层地下的商业及仓储用房			用于火灾隐患较大的中小型文化娱乐场所

6. 大覆盖面洒水喷头

表4-30 大覆盖面洒水喷头

品种	HEC-20型边墙式大覆盖面喷头	GB-L0型边墙式大覆盖面快速反应喷头
感温元件	易熔合金	玻璃球
口径/mm	12.7	13.5
连接螺纹/ in	1/2	3/4
K值	80.08	110
动作温度/ ℃	63、71	57、68
工作压力/ MPa	1.2	1.2
喷射覆盖面积（m × m）	宽4.85 × 喷远5.45	宽4.85 × 喷远7.30
流量（L/rain）/压力（MPa）	131.95/0.185	155/0.19

注：此喷头为进口产品。

7. 大水滴洒水喷头

表4-31 大水滴洒水喷头

名称	LD型大水滴洒水喷头
感温元件	玻璃球
口径/mm	16.3
连接螺纹/ in	3/4
K值	160
动作温度/ ℃	68、93、141
工作压力/ MPa	1.2

注：此喷头为进口产品。

四、火灾自动报警系统

1. 湿式报警阀

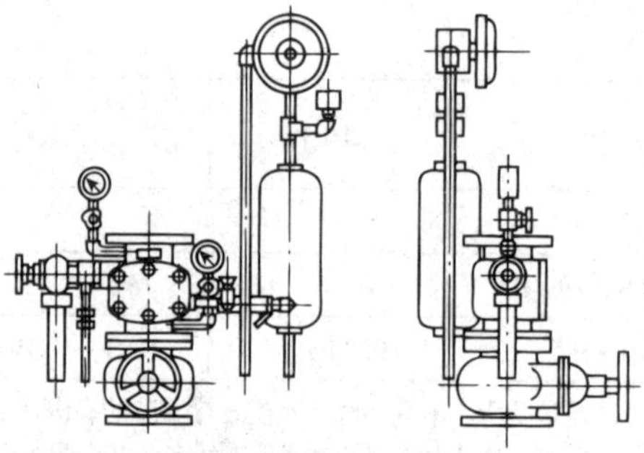

表4-32 湿式报警阀

规格（进出口公称通径）/ mm	额定工作压力 / MPa	用途
5、65、80、100、125、150、200、250	≥1.2	是自动喷水灭火系统的主要部件，在灭火过程中起着消防水流的控制、火灾信号的传送以及消防水泵的开启作用。适用于室温不低于4℃，不高于70℃的场所

2. 雨淋报警器

表4-33 雨淋报警器

规格（进出口公称通径）/ mm	额定工作压力 / MPa	用途
25、32、40、50、65、80、100、125、150、200、250	≥1.2	在自动喷水灭火系统中，通过电机、机械或其他方法进行开启，使水能够自动单方向流入喷水系统，同时进行报警。适用于室温不低于4℃的房间

3. 水流指示器

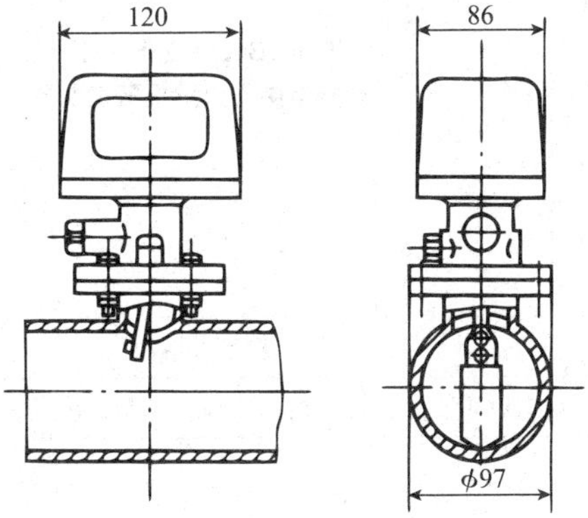

表4-34　水流指示器

型号	ZSJZ型桨状水流指示器
规格（进出口公称通径）/ mm	DN50、DN65、DN80、DN100、DN125、DN150、DN200
工作压力/ MPa	1.2（或0.14 ~ 1.6）
延时/ S	各厂不同（20 ~ 30、2 ~ 90、0.4 ~ 60）
最低动作流量（L/min）	15 ~ 40（或17 ~ 45）
触点容量	DC24V3A或AC220V5A
连接形式	螺纹、法兰、插入焊接、法兰对夹
用途	用来监测管网内的水是否流动

4. 火灾报警控制器

表4-35　火灾报警控制器

报警器型号	JB–Q T-LDI28K（H）$_{A}$、（H）$_{B}$ 智能型中文火灾报警控制器	JB—QB/ LDI28K（Q）智能型中文火灾报警控制器				JB—QB/ LD128K（M）区域火灾报警控制器
回路输出电压	DC24V+DC5V脉冲					
回路数量	探测回路为4 ~ 32	1	1	1	4	1
手动盘9801接点数	—	0（纯报警）	0（联动型）	6（联动型）	6（联动型）	—
最大联动地址数	992（每回路联动地址数：31）	—	31	31	31 × 4	
最大报警地址数	8 192（每回路报警地址数：256）	128	128	128	128 × 4	

续表

报警器型号	JB-Q T-LDI28K（H）A、（H）B 智能型中文火灾报警控制器	JB—QB/ LD128K（Q）智能型中文火灾报警控制器				JB—QB/ LD128K (M) 区域火灾报警控制器
最多可控制联动设备数	1 984	—	62	62	248	—
安装方式	琴台式、入柜式	壁挂/入柜7 U				壁挂
用途	适用于宾馆、饭店、办公楼、机房、体育场馆、医院、学校等的室内场所					

5. 火灾探测器

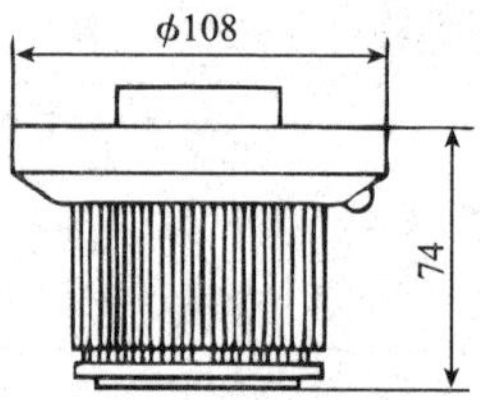

离子感烟探测器

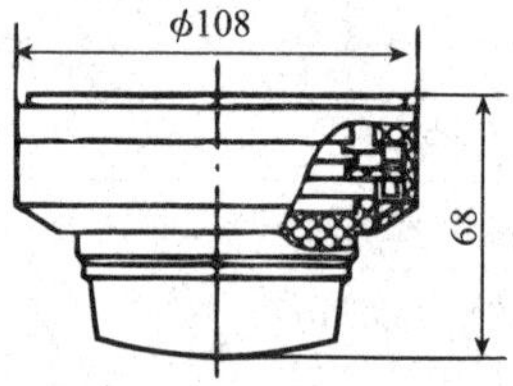

差定温探测器

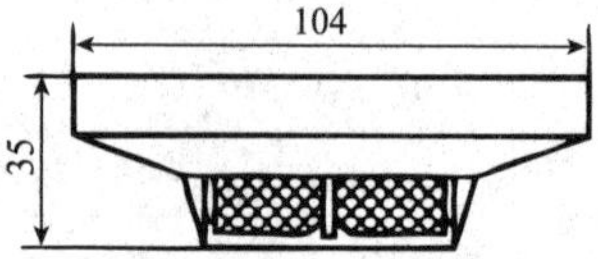

光电感烟探测器

表4-36 火灾探测器

	名称	型号	使用环境	灵敏度	工作电压 / V
规格	离子感烟火灾探测器	JTY-LZ-101	温度：-20～50℃ 湿度：40℃时达95% 风速：<5 m/ s	Ⅰ级：用于禁烟场所 Ⅱ级：用于卧室等少烟场所 ⅡⅠ级：用于会议室等场所	24
	光电感烟火灾探测器	JTY-GD-101			
	差定温火灾探测器	JTW-MSCD-101			
	离子感烟火灾探测器	JTY—LZ—D	报警电压（V）		19 24
	光电感烟火灾探测器	JTY—GD	报警电压（V）		19
	电子感温火灾探测器	JTW—Z（CD）	报警电压（V）		14
	红外光感探测器	JTYHS	工作电压（V）		24
用途	用于火灾发生时发出报警信号，适合各类大型建筑物火灾的探测与报警				

第五章　门窗配件

一、合面（铰链）

1. 普通型合页

表5–1　普通型合页

图示	用途
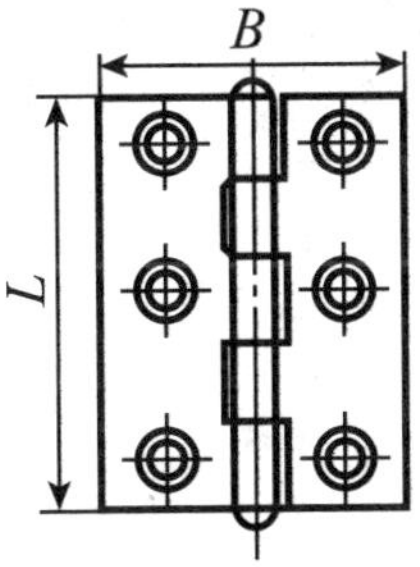	有三管四孔、五臂六孔、五管八孔三种结构形式，用于一般门窗、家具及箱盖等需要转动启合处

规格/ mm	基本尺寸/ mm				配用木螺钉	
	长度L		宽度B	厚度t	直径×长度/ mm	数目
	Ⅰ组	Ⅱ组				
25	25	25	24	1.05	2.5×12	4
38	38	38	31	1.20	3×16	4
50	50	51	38	1.25	3×20	4
65	65	64	42	1.35	3×25	6
75	75	76	50	1.60	6×30	6
90	90	89	55	1.60	6×35	6
100	100	102	71	1.80	6×40	8
125	125	127	82	2.10	5×45	8
150	150	152	104	2.50	5×50	8

注：表中Ⅱ组为出口型尺寸。

2. 轻型合页

表5-2 轻型合页

图示		用途	
图示	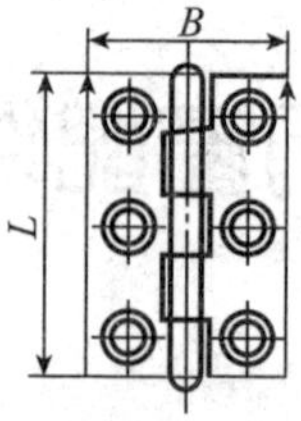	用途	有铰铜、铰锌和全铜等.与普通型合页相似，但页片窄面薄，用于轻便门窗、家具及箱盖上

规格/ mm	基本尺寸/ mm				配用木螺钉	
	长度L		宽度B	厚度t	直径×长度/ mm	数目
	Ⅰ组	Ⅱ组				
20	20	19	16	0.60	1.6×10	4
25	25	25	18	0.70	2×10	4
32	32	32	22	0.75	2.5×10	4
38	38	38	26	0.80	2.5×10	4
50	50	51	33	1.00	3×12	4
65	65	64	33	1.05	3×16	6
75	75	76	40	1.05	3×18	6
90	90	89	48	1.15	3×20	6
100	100	102	52	1.25	3×25	8

3. 抽芯型合页

表5-3 抽芯型合页

图示		用途	
图示	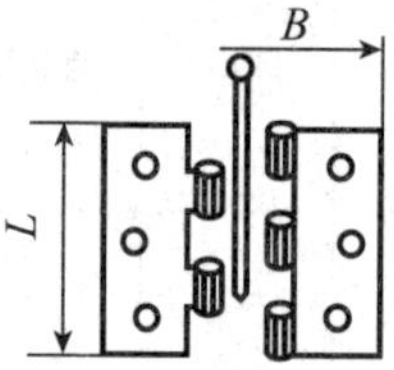	用途	与普通型合页相似，只是合页的芯轴可以自由抽出。适用于需要经常拆卸的门窗上

规格/ mm	基本尺寸/ mm				配用木螺钉	
	长度L		宽度B	厚度t	直径×长度/ mm	数目
	Ⅰ组	Ⅱ组				
38	38	38	31	1.20	3×16	4
50	50	51	38	1.25	3×20	4
65	65	64	42	1.35	3×25	6
75	75	76	50	1.60	4×30	6
90	90	89	55	1.60	4×35	6
100	100	102	71	1.80	4×35	8

4. H型合页

表5–4 H型合页

图示	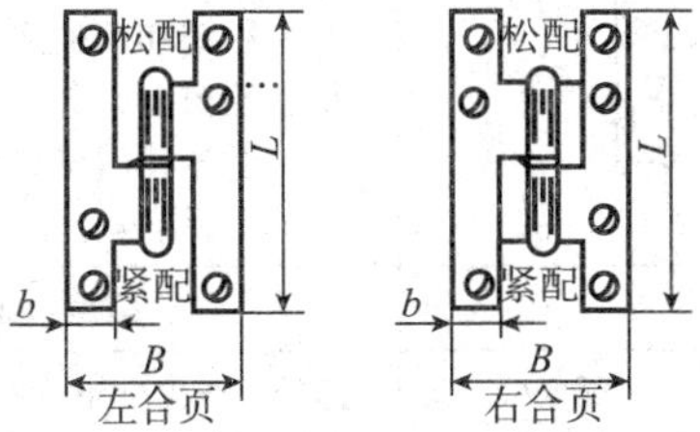			用途	也是一种抽芯合页，其中松配页板片可取下。适用于经常拆卸而厚度较薄的门窗上有右合页和左合页两种，前者适用于右内开门（或左外开门），后者适用于左内开门（或右外开门）	
规格/mm	基本尺寸/mm				配用木螺钉	
	长度L		单页阔b	厚度t	直径×长度/mm	数目
	Ⅰ组	Ⅱ组				
80×50	80	50	14	2	4×25	6
95×55	95	55	14	2	4×25	6
110×55	110	55	15	2	4×30	6
140×60	140	60	15	2.5	4×40	8

5. T型合页

表5–5 T型合页

图示	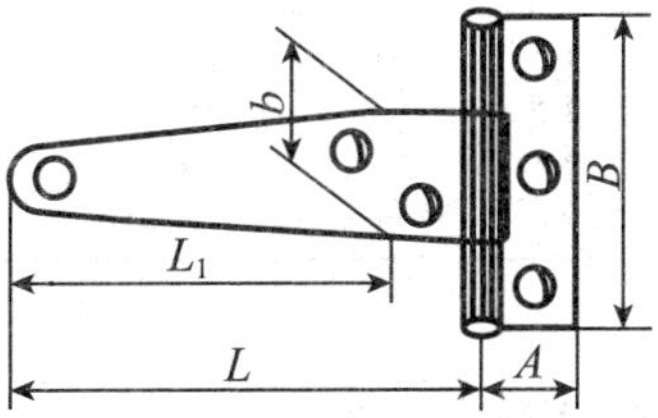					用途	用于较宽的大门、较重的箱盖、帐篷架及人字形折梯上		
规格/mm	长页长L		斜部长L_1	长页宽b	短页长B	短页宽A	厚度t	直径×长度/mm	数目
	Ⅰ组	Ⅱ组							
75	75	76	66	26	63.5	20	1.31	3×25	6
100	100	102	91.5	26	63.5	20	1.35	3×25	6
125	125	127	117	28	70	22	1.52	4×30	7
150	150	152	142.5	28	70	22	1.52	4×30	7
200	200	203	193	32	73	24	1.80	4×35	8

6. 双袖型合页

表5-6 双袖型合页

图示	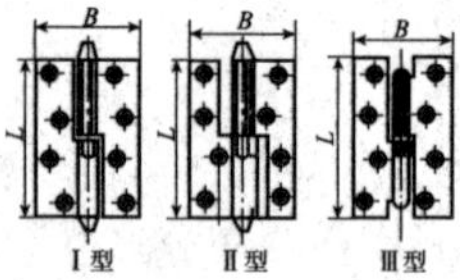		用途	分为双袖Ⅰ型、双袖Ⅱ型和双袖Ⅲ型。用于一般门窗上，分为左右合页两种。能使门窗自由开启、关闭和拆卸
页板基本尺寸/mm			配用木螺钉	
长度L	宽度B	厚度t	直径×长度/mm	数目
双袖Ⅰ型合页				
长度L	宽度B	厚度t	直径×长度/mm	数目
75	60	1.5	3×20	6
100	70	1.5	3×25	8
125	85	1.8	4×30	8
150	95	2.0	4×40	8
双袖Ⅱ型合页				
65	55	1.6	3×18	6
75	60	1.6	3×20	6
90	65	2.0	3×25	8
100	70	2.0	3×25	8
125	85	2.2	3×20	8
150	95	2.2	3×40	8
双袖Ⅲ型合页				
75	50	1.5	3×20	6
100	67	1.5	3×25	8
125	83	1.8	4×30	8
150	100	2.0	4×40	8

7. 方合页

表5-7 方合页

图示	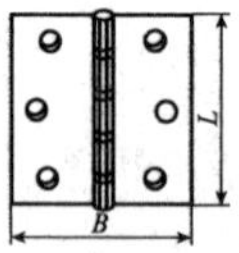			用途	合页板较宽、较厚，用于尺寸和重量较大的门窗和家具上
规格/mm	页板基本尺寸/mm			配用木螺钉	
	长度L	宽度B	厚度t	直径×长度/mm	数目
50	51	51	1.6	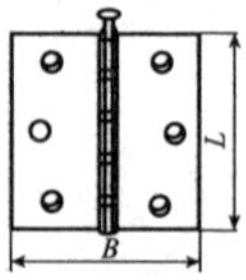	4
65	63.5	63.5	1.8		6
75	76	76	2		6
90	85	85	2.1		6
100	101.5	101.5	2.2		8

8. 抽芯方合页

表5-8　抽芯方合页

图示	用图	规格
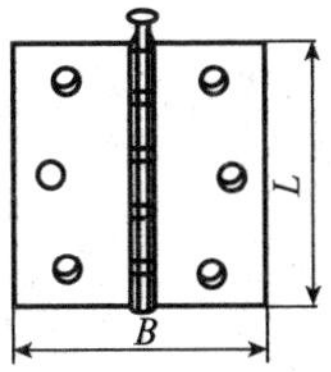	用于较重的并须经常拆卸的门窗上	同方合页

9. 尼龙垫圈合页

表5-9　尼龙垫圈合页

图示		用途	
图示	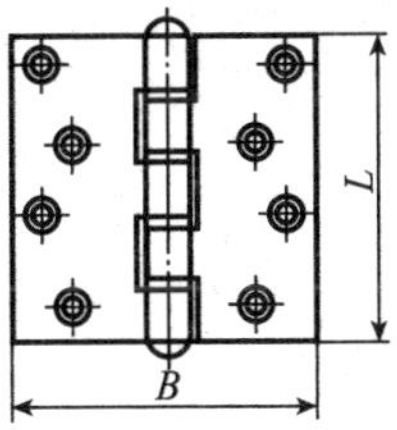	用途	与普通型合页相似，但页片一般较宽且厚，两页片臂脚间装有尼龙垫圈，使门扇转动轻便，灵活且无摩擦噪声，表面镀铬或古铜，较为美观，用于比较高级建筑物的门上

页板基本尺寸/ mm			配用木螺钉	
长度*L*	宽度*B*	厚度*t*	直径×长度/ mm	数目
75	75	2	4.5×20	6
90	90	2.5	5×25	8
100	100	3	5×25	8

10. 轴承合页

表5-10　轴承合页

图示		用途	
图示	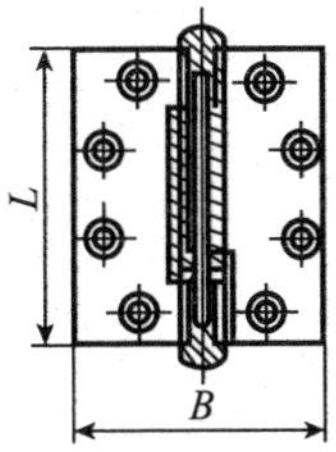	用途	页板轴中装有单列推力球轴承，使门扇转动轻便、灵活，用于重型或特殊的钢框包金属皮的门扇上

页板基本尺寸/ mm			配用木螺钉	
长度*L*	宽度*B*	厚度*t*	直径×长度/ mm	数目
102	102	3.2	6×30	8
114	102	3.4	6×30	8
114	114	3.4	6×30	8
144	140	3.4	6×30	8

11. 扇形合页

表5-11 扇形合页

图示	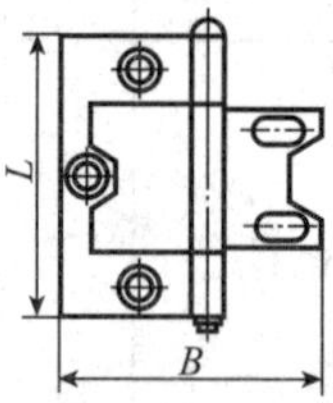		用途	用于安装在各种需要转动启闭的门窗上
页板基本尺寸/ mm			配用木螺钉	
长度L	宽度B	厚度t	直径×长度/ mm	数目
65（64）	60	1.6	4×25	5
120	70（67）	2	4.5×25	7

12. 自关合页

表5-12 自关合页

图示	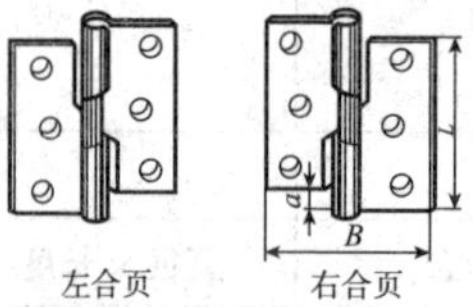			用途	有左合页和右合页两种。利用合页的斜面和门扇的重量而使门自动关闭，用于需要经常关闭的门上	
规格/ mm	页板基本尺寸/ mm			配用木螺钉		
	长度L	宽度B	厚度t	升高a	直径×长度/ mm	数目
75	75	70	2.7	12	4.5×30	6
100	100	80	3.0	13	4.5×40	8

13. 脱卸合页

表5-13 脱卸合页

图示	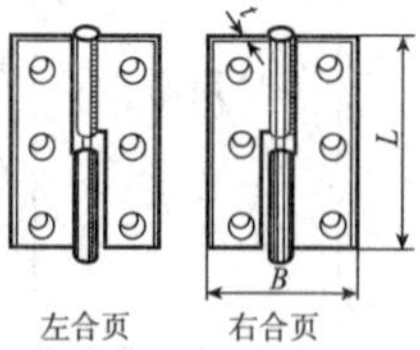			用途	与双袖Ⅰ型合页相似，但页片较窄而薄，且多为小规格，用于需要脱卸轻便的门窗及家具上
规格/ mm	页板基本尺寸/ mm			配用木螺钉	
	长度L	宽度B	厚度t	直径×长度/ mm	数目
50	50	39	1.2	3×20	4
65	65	44	1.2	3×25	6
75	75	50	1.5	3×30	6

14. 翻窗合页

表5–14 翻窗合页

图示	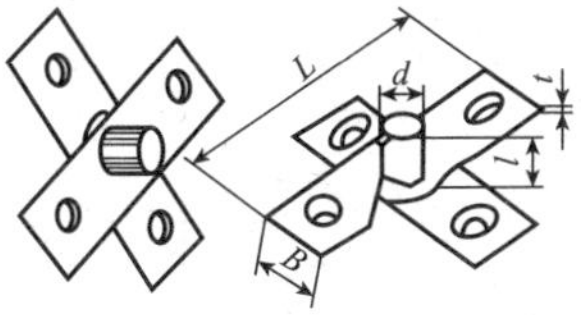				用途	用于工厂、仓库、住宅、公共建筑物等的活动气窗上
页板基本尺寸/ mm			芯轴/ mm		配用木螺钉	
长度L	宽度B	厚度t	直径d	长度l	直径×长度/ mm	数目
50	19	2.7	9	12	3.5×18	8
65	19	2.7	9	12	3.5×18	8
75	19	2.7	9	12	4×25	8
90	19	3.0	9	12	4×25	8
100	19	3.0	9	12	4×25	8

15. 弹簧合页

表5–15 弹簧合页

图示	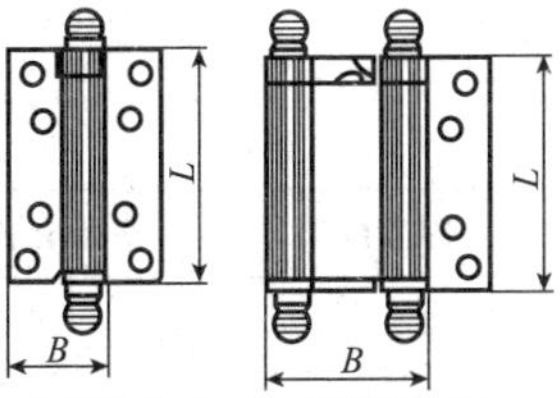 单弹簧合页 双弹簧合页			用途	用于公共场所及进出频繁的大门上，它能使门扇开启后自动关闭。单弹簧合页只能单向开启，双弹簧合页能内外双向开启
规格/ mm	页板基本尺寸/ mm			配用木螺钉	
	长度L	宽度B	厚度t	直径×长度/ mm	数目
单弹簧合页					
75	76	46	1.8	3.5×25	8
100	101.5	49	1.8	3.5×25	8
125	125	57	2.0	4×30	8
150	152	64	2.0	4×30	10
200	203	71	2.4	4×40	10
双弹簧合页					
75	75	68	1.8	3.5×25	8
100	101.5	76	1.8	3.5×25	8
125	127	87	2.0	4×30	8
150	152	93.5	2.0	4×30	10
200	203	132	2.4	4×30	10
250	250	132	2.4	6×50	10

16. 蝴蝶弹簧合页

表5–16 蝴蝶弹簧合页

图示	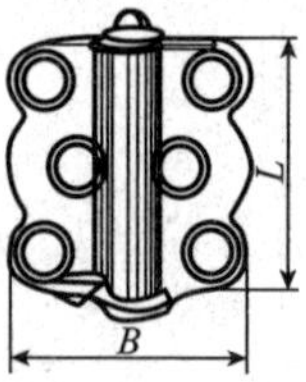		用途	与单弹簧合页相似，用于轻便的纱窗、纱门及厕所等半截门上
页板基本尺寸/ mm			配用木螺钉	
长度L	宽度B	厚度t	直径×长度/ mm	数量
70	72	1.2	4×30	6

17. 台合页

表5–17 台合页

图示	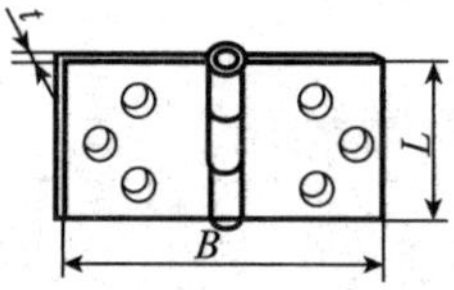		用途	用于能折叠的台板上，如折叠的圆台面、沙发、学校用活动课桌的台面等
页板基本尺寸/ mm			配用木螺钉	
长度L	宽度B	厚度t	直径×长度/ mm	数目
34	80	1.2	3×16	6
38	136	2	3.5×25	6

18. 单旗合页

表5–18 单旗合页

图示	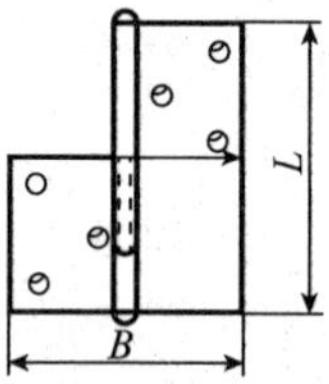			用途	用于双层窗上
分类	页板基本尺寸/ mm			配用木螺钉	
	长度L	宽度B	厚度t	直径×长度/ mm	数目
普通	120	67	1.8	4×30	6
	120	87	1.8	4×30	6
不锈钢	127	45	3	4×35	6
	127	50	3	4×35	6

19. 门头合页

表5-19　门头合页

图示	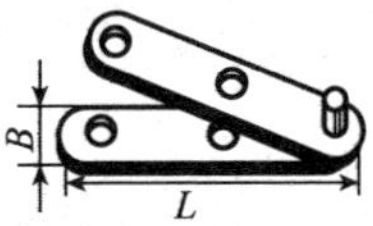		用途	用于橱门上。关上门时合页不外露，使门扇美观
页板基本尺寸/mm			配用木螺钉	
长度L	宽度B	厚度t	直径×长度/mm	数目
70	15	3	3×16	4

20. 暗合页

表5-20　暗合页

图示	用途	长度/mm
	用于屏风、橱门上，当屏风展开，橱门关闭时看不见合页	40、70、90

二、插销

1. 普通型钢插销

表5-21　普通型钢插销

图示	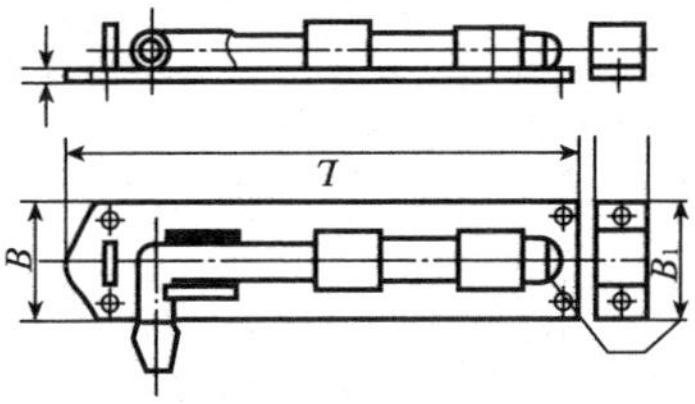			用途	插销的套圈与插板是铆固的，于一般门窗及柜门关闭时作固定用
规格/mm	插板尺寸/mm			配用木螺钉	
	长度L	宽度b	厚度t	直径×长度/mm	数目
65 75	65 75	25	1.2	3×12	6
100 125	100 125	28		3×16	8
150 200 250 300	150 200 250 300			3×18	

续表

规格/ mm	插板尺寸/ mm			配用木螺钉	
	长度L	宽度b	厚度t	直径×长度/ mm	数目
350	350	32	1.2	3×20	10
400	400				
450	450				
500	500				
550	550				
600	600				

2. 封闭型钢插销

表5-22 封闭型钢插销

品种	规格/ mm	插板尺寸/ mm			配用木螺钉	
图示	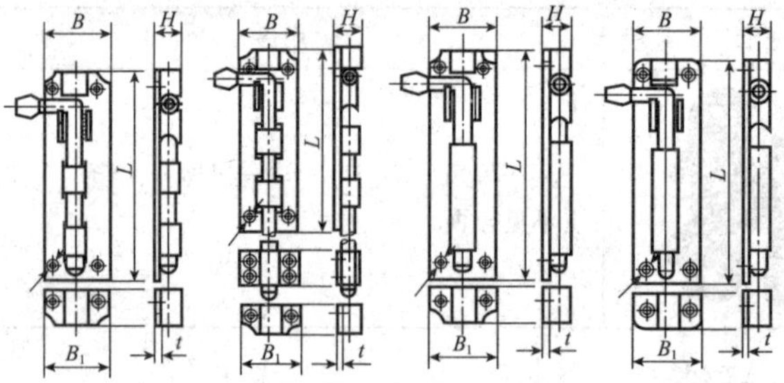 封闭Ⅰ型钢插销　封闭Ⅱ型钢插销　封闭Ⅲ型钢插销					
用途	为封闭Ⅰ型、封闭Ⅱ型和封闭Ⅲ型。由于插板管部是用整个材料冲刷而成，结构比较牢固，用于固定较高级或关闭密封要求较严格的门窗					
		长度L	宽度B	厚度t	直径×长度/ mm	数码样
封闭Ⅰ型钢插销（GB6105.1-1985）	40	40	25	1	3×12	6
	50	50				
	65	65				
	75	75				
	100	100				
	125	125	28.5	1.5	3.5×16	8
	150	150				
	200	200				
	250	250				
	300	300				
	350	350	37	1.3	4×18	10
	400	400				
	450	450				
	500	500				
	550	550				
	600	600				

续表

品种	规格/ mm	插板尺寸/ mm			配用木螺钉	
		长度L	宽度B	厚度t	直径×长度/ mm	数码样
封闭Ⅱ型钢插销（GB6105.2–1985）	40	40	25	1	3×12	6
	50	50	29	1.2	3.5×16	
	65 75 100	65 75 100	36	1.4	4×18	
	125 150 200	125 150 200				8
封闭Ⅲ型钢插销（GB6105.3–1985）	75	75	33	1.2	3.5×16	6
	100	100	35			8
	125 150 200	125 150 200	40	1.4	4×18	10

3. 管型钢插销

表5–23 管型钢插销

图示	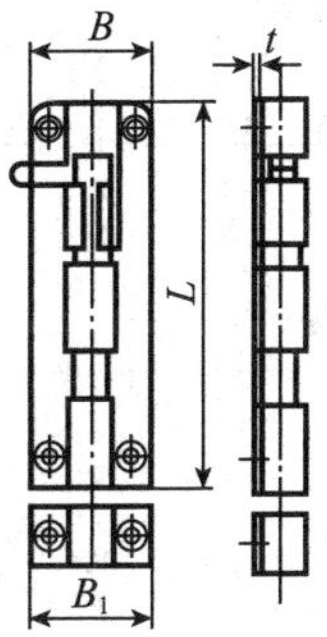	用途	用于框架较窄的门窗上

规格/ mm	插板尺寸/ mm			配用木螺钉	
	长度L	宽度B	厚度t	直径×长度/ mm	数目
40	40	23	1	3×12	6
50 65 75 100 125 150	50 65 75 100 125 150	26	1，2	3.5×16	8

4. 蝴蝶型钢插销

表5-24 蝴蝶型钢插销

图示	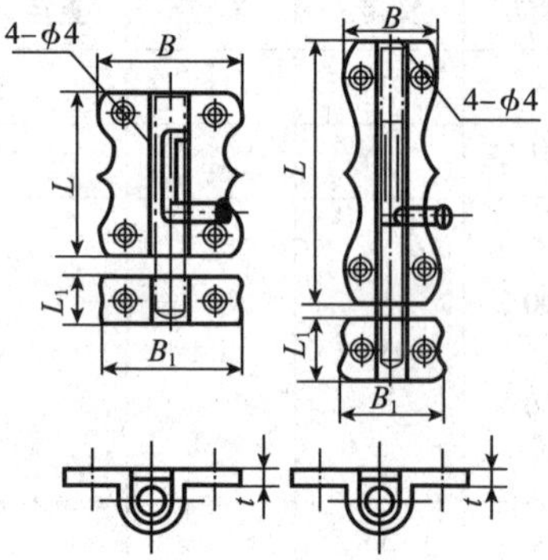 蝴蝶Ⅰ型插销 蝴蝶Ⅱ型插销	用途	插销底板较短，宽度较大。销杆较粗，故连接强度较高，适于门挺较窄的门扇上，横装在门扇上，当关门时作闩门之用

品种	规格/ mm	插板尺寸/ mm			配用木螺钉	
		长度L	宽度B	厚度t	直径×长度/ mm	数目
蝴蝶Ⅰ型钢插销（GB6105.6-1985）	40 50	40 50	35 44	1.2	3.5×18	6
蝴蝶Ⅱ型钢插销（GB6105.7-1985）	40 50 65 70	40 50 65 70	29	1	3×12	6

5. 翻窗插销

表5-25 翻窗插销

图示	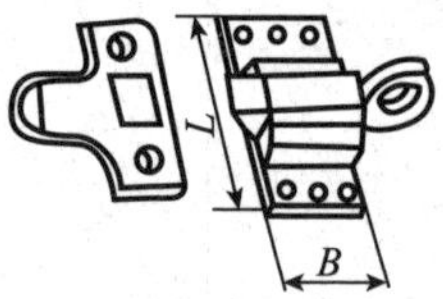	用途	适用于装在高处的通风气窗或翻窗上，在下面用绳拉插销即能使窗启闭

规格/ mm	插板尺寸/ mm		配用木螺钉	
	长度L	宽度B	直径×长度/ mm	数目
50	50	30	3.5×18	6
60	60	35	3.5×20	
70	70	40	4×22	
80	80	45	4×22	
90	90	50	4×25	
100	100	55	4×25	

6. 暗插销

表5-26　暗插销

图示	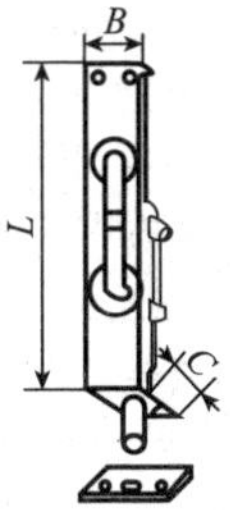			用途	安装在双扇门的一扇门上，用于固定关闭该扇门。插销嵌装在该扇门的侧面，双扇门关闭后，插销不外露。一般用铝合金制造
规格/ mm	主要尺寸/ mm			配用木螺钉（参考）	
	长度L	宽度B	深度C	直径×长度/ mm	数目
150	150	20	35	3.5×18	5
200	200	20	40	3.5×18	5
250	250	22	45	4×25	5
300	300	25	50	4×25	6

7. 扁插销

表5-27　扁插销

图示	用途	底板长度/ mm
	厚度比一般插销薄得多，可装在较狭窄处，使用较方便。多用于橱门及纱窗上	50，65，75，100，125，150

8. 铝合金门插销

表5-28　铝合金门插销

图示	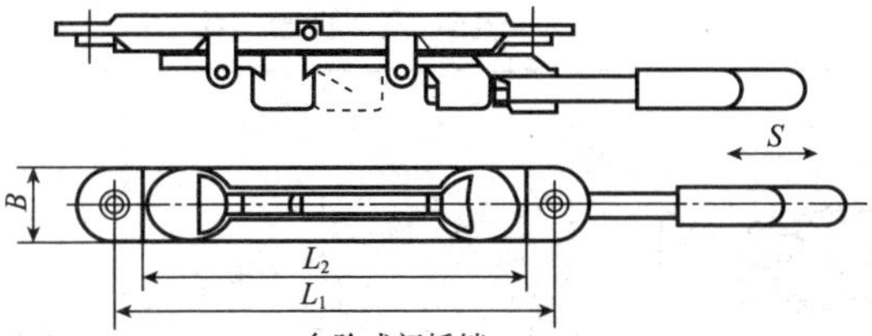 台阶式门插销 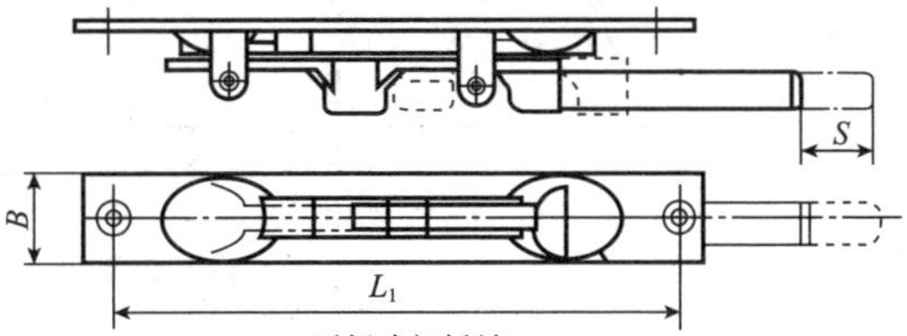 平板式门插销
用途	安装在铝合金平开门、弹簧门上，做关闭后固定用

续表

产品标识代号	□□□×□ QB/T 3885 孔距/mm（第4个□） 宽度/mm（第3个□） 材料代号（第2个□） 产品型式代号（第1个□）

产品形式及材料代号

产品形式	台阶式插销	平板式插销
代号	T	P
材料名称	锌合金	铜
代号	ZZn	ZH

产品规格尺寸/ mm

行程	宽度	孔距L_1		台阶L_2	
S	B	基本尺寸	极限偏差	基本尺寸	极限偏差
>16	22 25	130 150	± 0.20	110	± 0.25

三、定位器和闭门器

1. 脚踏门钩

表5-29 脚踏门钩

图示		用途	
图示	 横式（踢脚板式） 立式(落地式)	用途	用来钩住开启的门扇，使门扇不能关闭。橡皮头用来防止门扇与底座碰撞。立式的底座装在靠近墙壁的地板上，横式的底座装在墙壁或踢脚板上

规格	尺寸/ mm	配用木螺钉	
		直径×长度/ mm	数目
立式 横式	高90 长80	3.5×25	5

2. 脚踏门制

表5-30　脚踏门制

图示	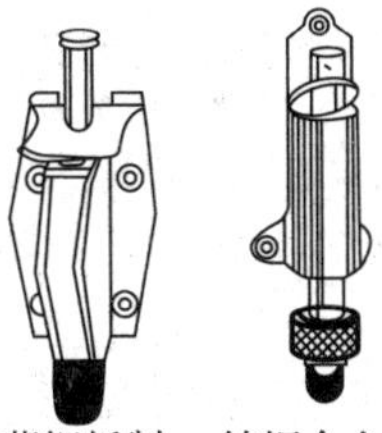 薄钢板制　铸铜合金制			用途	装在弹簧门上，用来固定弹簧门扇.使它不能自动关闭。当门扇开启后，用脚把脚踏门制顶部向下一踏，即可使门扇固定不动	
品种	主要尺寸/mm			配用木螺钉		
	底板长	底板宽	总长	伸长<	直径×长度/mm	数目
薄钢板镀锌	60	45	110	20	3.5×18	4
铸铜合金抛光	128	63	162	30	3.5×22	3

3. 门轧头

表5-31　门轧头

图示	 横式（踢脚板式）　立式（落地式）	用途	用来固定开启的门扇，使它不能关闭，开门时，将门扇向墙壁方向一推，钢皮轧头即将底座夹紧，门扇即被固定。如需关闭门扇时，只需将门扇用力一拉，即可使轧头与底座分开。装于一般门的中部或下部，底座安装方法同脚踏门钩						
形式	型号		尺寸/mm						
		零件名称	长度	宽度	高度	种类	直径×长度/mm	数目	使用部位
横式	901	弹性轧头	53	56	18	半圆头	4×40	2	轧头
		楔形头底座	58	75	30				
立式	902	弹性轧头	53	56	18	沉头	4×25	3~4 立式	底座
		楔形头底座	48	48	40				

4. 磁力吸门器

表5-32 磁力吸门器

图示	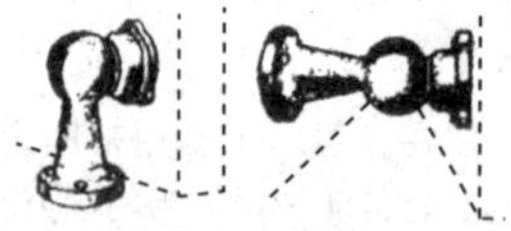 立式安装 横式安装	用途	利用磁铁吸力，固定开启后的门扇，使之不能关闭。安装时，分横式安装和立式安装两种。吸盘座安装在门扇下部，球形磁性底座。横式安装在墙壁的踢脚板上，立式安装在靠近墙壁的地面上
使用部位	主要尺寸/ mm	配用木螺钉	
		直径×长度/ mm	数目
磁头座架 吸盘座架	座架直径：55 磁头直径：36 直径：52 总长：90	3.5×18	7

5. 闭门器

表5-33 闭门器

图示	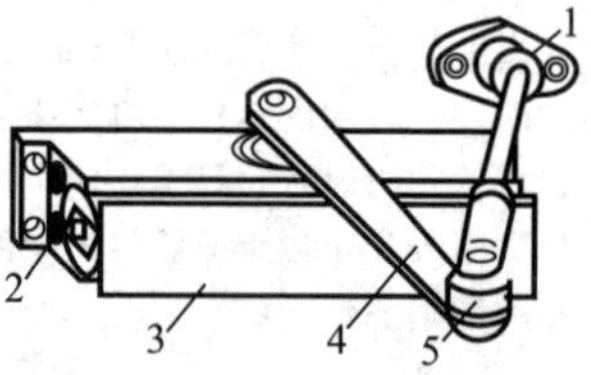		用途	装于门扇顶上，门窗开启后能自动关闭，内有缓冲油泵，关门速度较慢并可调节，无碰撞声，运行平稳
型号	适用范围			特点
	门宽/ mm	门高/ mm	门重/kg	
B_3P_D	950	2 100	40～56	多功能闭门器，可使门扇在不同角度、不同速度自动缓慢关闭。具有延时自动关闭功能，所需的关闭推力均衡一致，在门扇关闭的全过程中均无声响
B_2P_D	800	1 800	15～30	除不具备延时功能外，其他与B_3P_D相同
EC_{I} BC_{II} DC_{III}	600～900 900～1050 1 050～1 200	1 800～2 000 2 100～2 200 2 250～2 400	15～25 25～40 35～60	多功能闭门器，自动闭门时有三种速度，快—慢—快，速度可调节。启闭门扇运行平稳，无噪声
J75-1 J75-2 J79-A	780～880 700～900 700～900	≤2 000 ≤2 000 ≤2 100	≤36 ≤36 ≤45	根据需要可调节流阀，以控制闭门速度，运行平稳，无噪声

6. 地弹簧（落地闭门器）

表5-34 地弹簧（落地闭门器）

型号	外形尺寸/ mm	适用范围			
图示	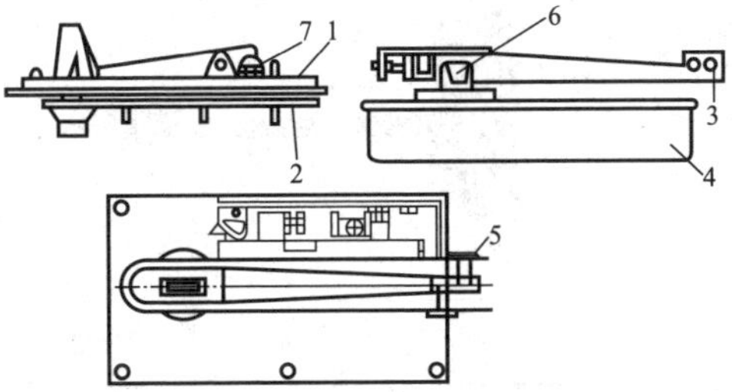				
用途	埋于门扇下面的自动闭门器。当门扇向里或向外开启不到90°时，能使门自动关闭，当门扇转到90°时，可固定不动，关门速度可调节。门扇不需另装合页及定位器				
	长X宽X高	门扇宽度/ mm	门扇高度/ mm	门扇厚度/ mm	门扇重量/kg
D365重型 D365中型 D365轻型	294X171X60 290X150X45 277X136X45	700 ~ 1 000 750 ~ 850 650 ~ 750	2 000 ~ 2 600 2 100 ~ 2 400 2 000 ~ 2 100	40 ~ 50 45 ~ 50 45 ~ 50	75 ~ 100 40 ~ 55 35 ~ 40
785轻型 260 639 635 841全封闭型	312X93X52 245X125X40 275X135X42.5 295X170X55 295X150X46	600 ~ 800 600 ~ 800 600 ~ 800 700 ~ 800 700 ~ 1 000	1 800 ~ 2 200 1 800 ~ 2 200 1 800 ~ 2 200 2 000 ~ 2 400 2 000 ~ 2 600	40 ~ 50 40 ~ 50 50 40 ~ 50	50 ~ 100 60 ~ 100 40 ~ 100 80 ~ 150 60 ~ 120
8SA 785-1	300X152X46	≤1 500 ≤1 200	≤2 800 ≤2 000	≥25 ≥25	≤100 70

7. 门底弹簧

表5-35 门底弹簧

图示	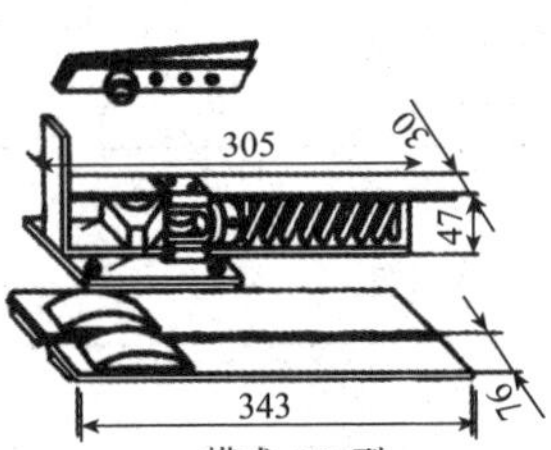横式-204型 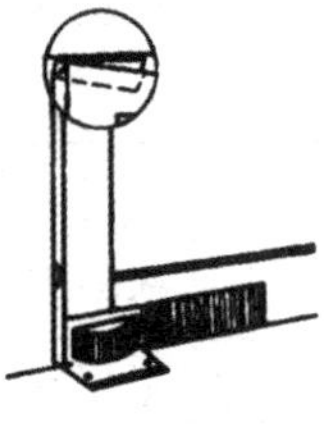安装示意图	用途	功能相当于双面弹簧合页，可使门扇开启后自动关闭，不需另装合页，适于弹簧木门
形式	性能特点		
105型（直式）	适用门型150 mm或200 mm的双面弹簧合页相似		
204型（横式）	适用门型200 mm或250 mm的双面弹簧合页相似，如不需门扇自动关闭时，把门扇开启到90°即可		

8. 门弹弓（鼠尾弹簧）

表5–36 门弹弓（鼠尾弹簧）

图示		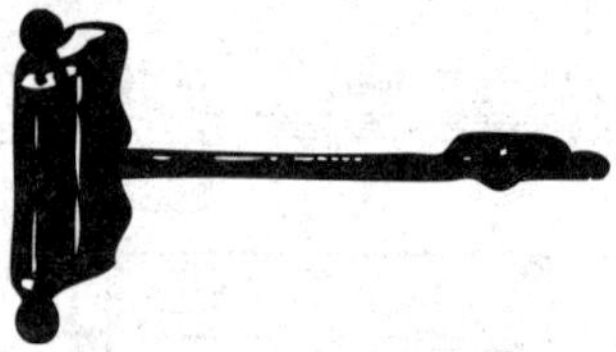			用途	装在门扇中部，使门扇在开启后能自动关闭。如门窗不需自动关闭，可将臂梗垂直放下
规格/ mm		200	250	300	400	450
臂梗长度L_1		203	254	305	406	457
合页板长度L		90			150	
配用木螺钉	直径×长度/ mm	3.5×25			4×30	
	数目	6				

9. 磁性门夹

表5–37 磁性门夹

图示		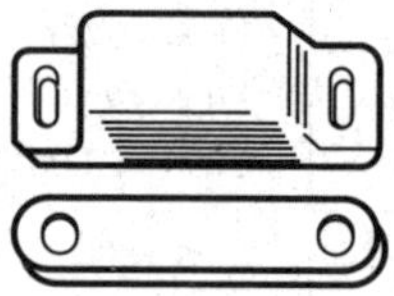	用途	装在橱门上，利用磁力吸住关闭的橱门，使其不会自行开启
型号		A型	B型	C型
底座长度X宽度/ mm		56×17.5	45×15	32×15
配用木螺钉	直径×长度/ mm	3×16		

10. 门弹弓珠

表5–38 门弹弓珠

图示	用途	钢球直径/ mm
	通常装在橱门下部，利用底座中的钢球（有弹簧顶住）嵌在关闭的橱门下部的扣板中，使其不会自行开启，如需开门，只要轻轻用力拉门即开	6，8，10

11. 碰珠

表5-39　碰珠

图示	用途	长度/ mm
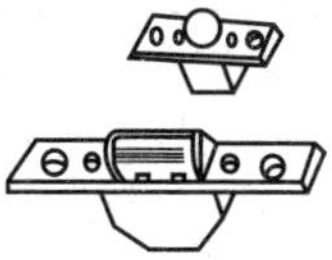	用于橱门及其他门上，当门扇关闭时，只需向关闭方向一推，门扇即被卡住	50，65，75，100

12. 铝合金窗撑挡

表5-40　铝合金窗撑挡

图示	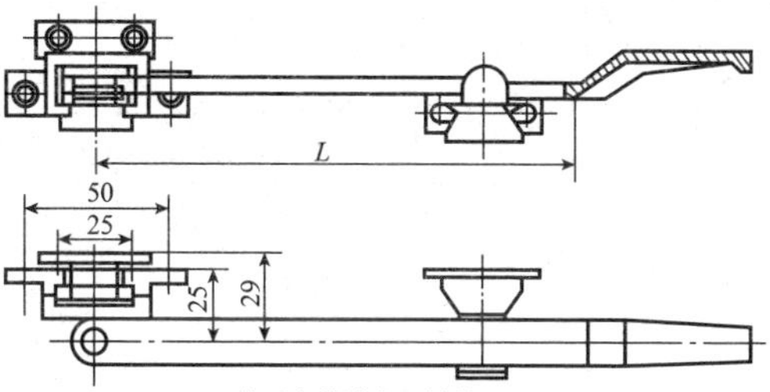 外开启带纱窗上撑挡 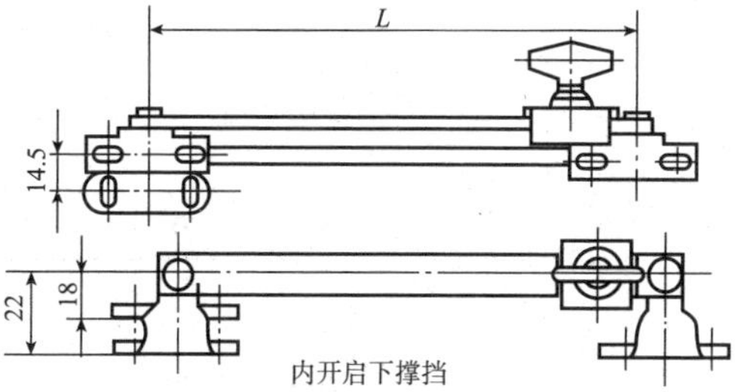 内开启下撑挡 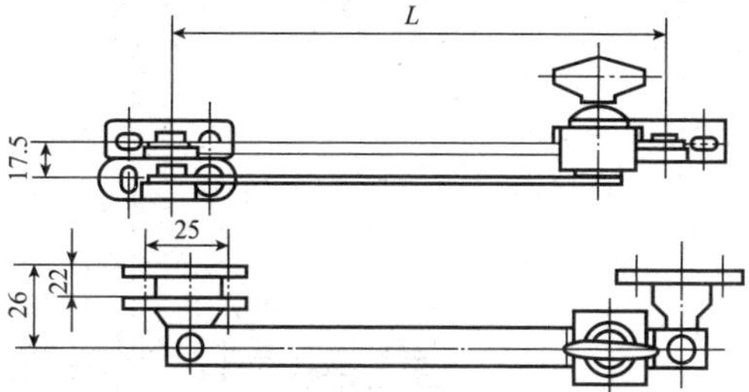 外开启下撑挡 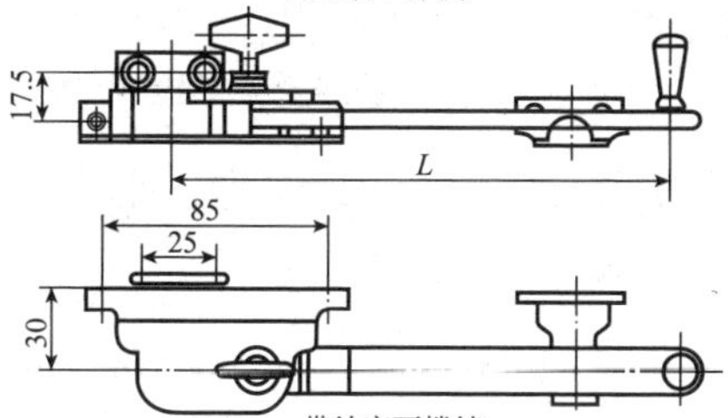 带纱窗下撑挡

续表

用途	按形式分五种。平开铝合金窗撑挡，外开启上撑挡，内开启下撑挡，外开启下撑挡，平开铝合金带纱窗撑棒挡，带纱窗上撑挡，带纱窗下撑挡。用于平开铝合金窗扇启闭、定位用的装置
产品标识代号	□—□—□—□ QB/T 3887 （依次为：品种—开启形式—规格—材料代号）

形式及材料标识代号

名称	平开窗			带纱窗			铜	不锈钢
	内开启	外开启	上撑挡	上撑挡	下撑挡			
					左开启	右开启		
代号	N	W	C	SCI	Z	Y	T	G

规格

品种		基本尺寸L/ mm						安装孔距/ mm	
								壳体	拉搁脚
平开窗	上	—	260	—	300	—	—	50	25
	下	240	260	280	—	310	—	—	
带纱窗	上撑挡	—	260	—	—	—	320	50	
	下撑挡	240	—	280	300	—	320	85	

13. 铝合窗不锈钢滑撑

表5-41 铝合窗不锈钢滑撑

图示	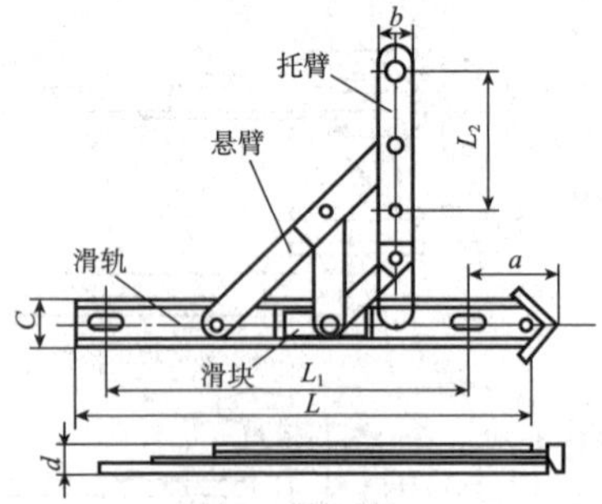
用途	用于铝合金上悬窗、平开窗上启闭、定位作用的装置
产品标识代号	BH—□ QB/T 3888 （□：规格；BH：不锈钢滑撑代号）

续表

<table>
<tr><th>规格/mm</th><th>长度/mm</th><th>滑轨安装孔距L_1/mm</th><th>托臂安装孔距L_2/mm</th><th>滑轨宽度a/mm</th><th>托臂悬臂材料厚度δ/mm</th><th>高度h/mm</th><th>开启角度</th></tr>
<tr><td>200</td><td>200</td><td>170</td><td>113</td><td rowspan="6">18～22</td><td>≥2</td><td>≤135</td><td>60°±20°</td></tr>
<tr><td>250</td><td>250</td><td>215</td><td>147</td><td>≥2.5</td><td>≤15</td><td rowspan="5">80°±3°</td></tr>
<tr><td>300</td><td>300</td><td>260</td><td>156</td><td rowspan="4">≥3</td><td rowspan="4">≤165</td></tr>
<tr><td>350</td><td>350</td><td>300</td><td>195</td></tr>
<tr><td>400</td><td>400</td><td>360</td><td>205</td></tr>
<tr><td>450</td><td>450</td><td>410</td><td>205</td></tr>
</table>

四、门销及家具锁

1. 弹子门锁

表5-42　弹子门锁

<table>
<tr><td>图示</td><td colspan="2">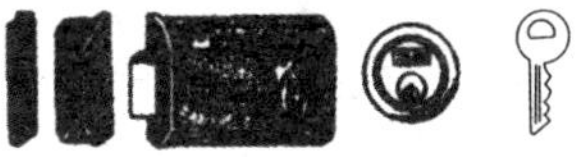
1　2　3　4　5
1-锁扣板；2-锁横头；3-锁体；4-锁头；5-钥匙</td><td>用途</td><td>锁体安装在门梃表面上锁门用。门锁上后，室内用执手开启，室外用钥匙开启</td></tr>
<tr><td rowspan="2">类型</td><td rowspan="2">型号</td><td colspan="3">基本尺寸/mm</td></tr>
<tr><td>中心距</td><td>锁舌长</td><td>适用门厚</td></tr>
<tr><td rowspan="2">单舌单保险门锁</td><td>558</td><td>60</td><td>12.5</td><td>35～55</td></tr>
<tr><td>708
502
504
506
507
791
794</td><td>60</td><td>14</td><td>30～50</td></tr>
<tr><td rowspan="3">单舌双保险门锁</td><td>558</td><td>60</td><td>12.5</td><td>35～55</td></tr>
<tr><td>708</td><td>60</td><td>12.5</td><td>35～55</td></tr>
<tr><td>550
551
501-2
502-2
791
640
838</td><td>60
60
60
60
60</td><td>14
14
—
—
14</td><td>30～55
30～55
35～55</td></tr>
<tr><td>单舌三保险门锁</td><td>83-3
505</td><td>60
60</td><td>14
14</td><td>35～55
30～55</td></tr>
</table>

2. 双舌弹子门锁

表5-43 双舌弹子门锁

产品标识代号	BH—□ QB/T 3888 □—规格 BH—不锈钢滑撑代号						
规格/mm	长度/mm	滑轨安装孔距L_1/ mm	托臂安装孔距L_2/ mm	滑轨宽度 a/ mm	托臂悬臂材料厚度 δ / mm	高度 h/ mm	开启角度
200	200	170	113	18 ~ 22	≥2	≤135	60° ± 2°
250	250	215	147		≥2.5	≤15	80° ± 3°
300	300	260	156		≥3	≤165	
350	350	300	195				
400	400	360	205				
450	450	410	205				

3. 弹子插芯门锁

表5-44 弹子插芯门锁

图示	 1 2 3 4 5 1–锁扣板；2–锁横头；3–锁体；4–锁头；5–钥匙	用途	锁体安装在门梃表面上锁门用。门锁上后，室内用执手开启，室外用钥匙开启	
类型	型号	基本尺寸/ mm		
		中心距	锁舌长	适用门厚
单舌单保险门锁	558	60	12.5	35 ~ 55
	708 502 504 506 507 791 794	60	14	30 ~ 50
单舌双保险门锁	558	60	12.5	35 ~ 55
	708	60	12.5	35 ~ 55
	550 551 501–2 502–2 791 640 838	60 60 60 60 60	14 14 — — 14	30 ~ 55 30 ~ 55 35 ~ 55

续表

<table>
<tr><th rowspan="2">类型</th><th rowspan="2">型号</th><th colspan="4">基本尺寸/ mm</th></tr>
<tr><th colspan="2">中心距</th><th>锁舌长</th><th>适用门厚</th></tr>
<tr><td>单舌三保险门锁</td><td>83-3
505</td><td colspan="2">60
60</td><td>14
14</td><td>35 ~ 55
30 ~ 55</td></tr>
<tr><td>单斜舌插芯门锁</td><td>9427</td><td>50</td><td></td><td>12.5</td><td>38 ~ 50</td></tr>
<tr><td rowspan="2">单斜舌
按钮插
芯门锁</td><td rowspan="2">9421A₂
9421J₈
9423A₂
9425A₂
9423J₈
9425J₈</td><td>56</td><td></td><td>12</td><td>38 ~ 45</td></tr>
<tr><td>56</td><td></td><td>12</td><td>38 ~ 45</td></tr>
<tr><td>移门插
芯门锁</td><td>9481
9482</td><td>56</td><td>12.5</td><td></td><td>38 ~ 45</td></tr>
<tr><td rowspan="3">双舌插芯门锁</td><td rowspan="3">9441A₂
9442A₂
9441J₈
9442J₈
9443A₂
9444A₂
9445A₂
9446A₂
9471
9472</td><td>56</td><td>12.5</td><td></td><td rowspan="2">38 ~ 45</td></tr>
<tr><td>56</td><td>12.5</td><td></td></tr>
<tr><td>56</td><td>9</td><td></td><td>26 ~ 32</td></tr>
<tr><td rowspan="3">双舌插芯门锁</td><td rowspan="3">251
252
204
205
206
206-2</td><td>50.5</td><td></td><td></td><td>32 ~ 40</td></tr>
<tr><td>56</td><td></td><td></td><td>32 ~ 40</td></tr>
<tr><td>56</td><td></td><td></td><td>42 ~ 55</td></tr>
<tr><td rowspan="2">双舌揿压
插芯门锁</td><td rowspan="2">9431A₂
9432A₂
9433A₂
9434A₂</td><td>56</td><td>12.5</td><td></td><td>38 ~ 45</td></tr>
<tr><td>56</td><td>12.5</td><td></td><td>38 ~ 45</td></tr>
</table>

4. 叶片插芯门锁

表5-45 叶片插芯门锁

图示	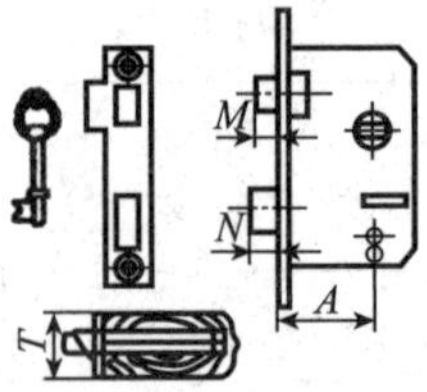	用途	用于安全性要求不高的门上，作锁门用

形式	型号	基本尺寸/mm			
		中心距A	锁方舌长 N	锁斜舌长M	适用门厚 T
单开式	9242W4	44.5	12.5	10	35 ~ 50
	721 693–3945				35 ~ 50
双开式	9332 9552	44.5 53	16.5 16.5	10 12	35 ~ 50 35 ~ 50
	921A 747 693–3495A				35 ~ 50

5. 球形门锁

表5-46 球形门锁

图示	 	用途	安装在门上锁门用。锁的品种多，可以适应不同用途门的需要。锁的造型美观，用料考究，多用于较高级建筑物

型号	基本尺寸/mm			适用范围
	中心距	锁舌长度	适用门厚	
8691G	70	12	35 ~ 50	房间门
8693G				盥洗室门
8698G				通道或防风门
86910				房间门
86930				盥洗室、更衣室门
86980				通道防风门
8400AA4				通道防风门
8411AA4				更衣室门
8421AA4				盥洗室门
8430AA4				房间、办公室门
8433AA4				壁橱门

续表

型号	基本尺寸/mm			适用范围
	中心距	锁舌长度	适用门厚	
570	60、70、90、100		35～45	木门、铝合金门，配套系列有浴室锁、通道锁可设计成组合门锁
571			30～45	
599	60、70		35～45	
840	60、70、90、100		32～45	木门、塑料门、铝合金门
按键式	60、70	11	32～60	铝合金门或配上特种调节器装于玻璃门上
575（大门锁）	70	方舌15 斜舌12	45～55	木门、锯合金门
574	60	25	35～52	

6. 恒温室门锁

表5-47　恒温室门锁

图示	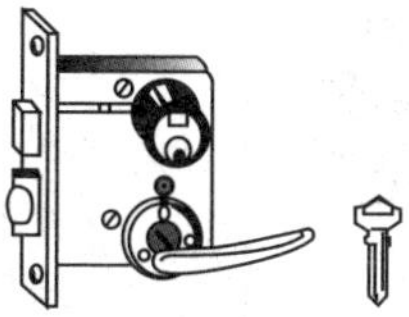			用途	用于工厂、科研单位的恒温室门上，可锁门或防风
型号	锁体尺寸/mm			结构特点	适用范围
	宽度	高度	厚度		
300（平口式） 301（甲种斜口式） 302（乙种斜口式）	12	130	22	特制锁体，双锁舌、单锁头，旋钮，执手插芯门锁	65～75 mm厚的平口、甲种斜口、乙种斜口的恒温门

7. 防风插芯门锁

表5-48　防风插芯门锁

图示	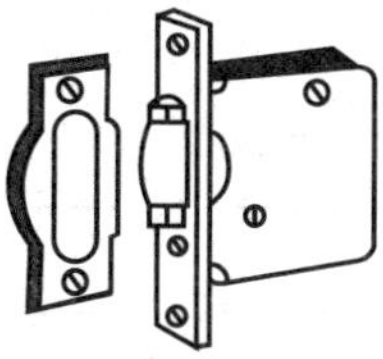	用途	安装在门上防风用，只要推门或拉门即可开启
型号	锁体尺寸（宽×高×厚）/mm		适用范围
901	60×60×16		35～50 mm厚承受较大风力的各种木门
9045			35～50 mm厚的平口防风门

8. 密闭门锁

表5–49　密闭门锁

图示		用途	用于各种要求隔音的密闭室门上，作锁门用
型号	锁体尺寸（宽×高×厚）/ mm		适用范围
400–1、400–2、400–3、400–4	115×112×20		60～120 mm厚的左内开、右内开、左外开、右外开的密闭门

9. 弹子抽屉锁

表5–50　弹子抽屉锁

图示	 普通式　普通式　斜舌式		用途	锁抽屉用，可代替橱门锁用。低锁头式锁适用于板壁较薄的抽屉上。蟹钳式锁的安全性较高。斜舌式在锁闭时不用钥匙，把抽屉推进去即被锁住
类型	主要尺寸/ mm			
	锁头直径	底板长	底板宽	总高度
普通式、蟹钳式、斜舌式	16，18，20，22，22.5	53	40.2	28
低锁头式、低锁头蟹钳式				24.6

10. 弹子橱门锁

表5–51　弹子橱门锁

图示	用途	规格
 左橱门锁　右橱门锁	锁橱门用	分左橱门锁和右橱门锁两种，尺寸与普通式抽屉锁相同，但锁头位置不同

11. 玻璃橱门锁

表5-52　玻璃橱门锁

图示		用途	安装在展览橱、书橱等移动式玻璃橱门上，作锁门用
型号	**锁头形状和机构**	**锁头直径/ mm**	**齿条全长/ mm**
801-1	圆形弹子式	18	120
801-2	椭圆形弹子式	17 × 21	120

12. 弹子挂锁

表5-53　弹子挂锁

图示	用途	规格
	用于门、窗、箱、抽屉等的锁闭	有直开、横开、顶开、双开等形式；接锁体宽度分/ mm：20，25，30，35，40，45，50，60，70

13. 家具移门锁

表5-54　家具移门锁

图示	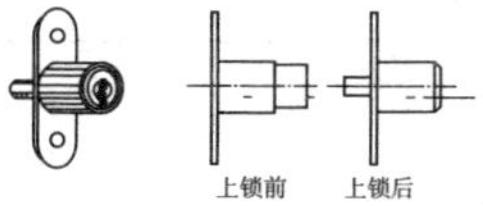	用途	安装在移动式橱门上作锁门用
形式	**锁头**	**锁头直径/ mm**	**总高/ mm**
610型	叶片式	19	26

14. 铝合金窗锁

表5-55　铝合金窗锁

图示	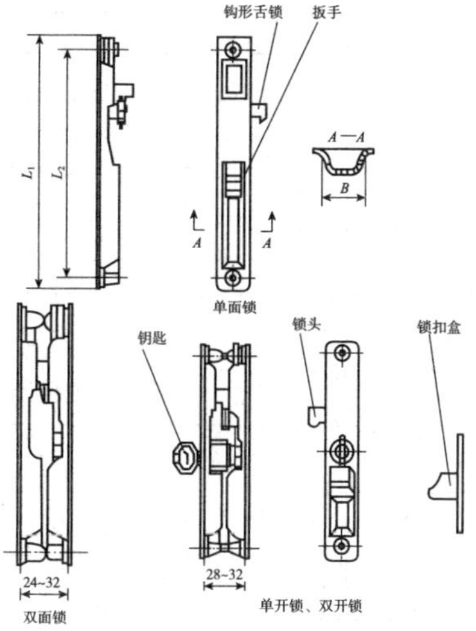

续表

用途	有两种形式：无锁头的窗锁有单面锁和双面锁；有锁头的窗锁有单开锁和双开锁。安装在铝合金窗上作锁窗用
产品标识代号	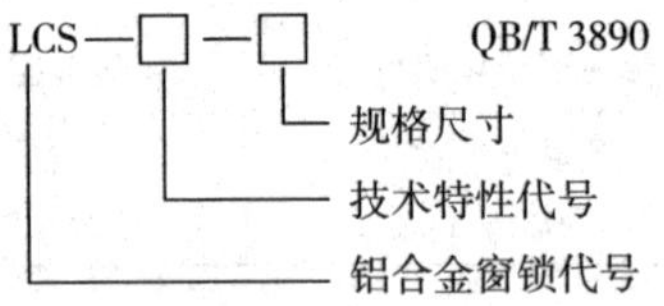

技术特性代号

形式	无锁头	有锁头	单面（开）	双面（开）
代号	W	Y	D	S

规格/ mm

规格尺寸	B		12	15	17	19
安装尺寸	L_1 L_2	77 80	87 87	125 112	180 168	

15. 铝合金门锁

表5–56 铝合金门锁

用途	安装在铝合金门上作锁门用
产品标识代号	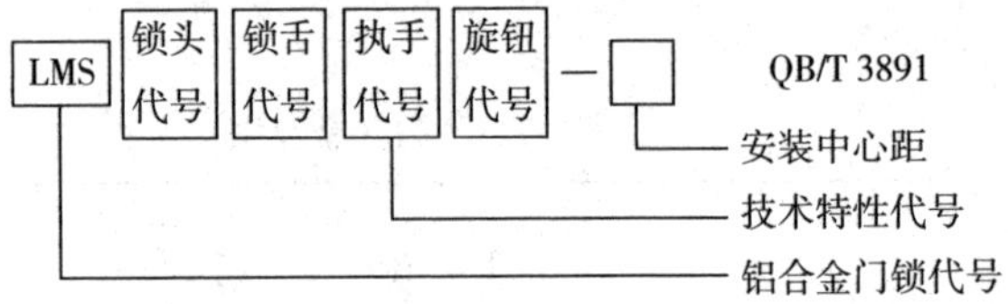

规格/ mm

安装中心距	基本尺寸				
	13.5	18	22.4	39	35.5
锁舌伸出长度	≥8		≥10		

技术特性代号

锁头代号		锁舌代号					执手代号		旋钮	代号
单锁头	双锁头	单方舌	单钩舌	单斜舌	双舌	双钩舌	有	无	有	无
1	2	3	4	5	6	7	8	0	9	0

五、拉手和执手

1. 门锁用拉手和执手

表5-57　门锁用拉手和执手

名称、造型代号			
名称	造型代号	图示	用途
尖角弯执手 圈角覆板（压铸暗螺钉） 单头、双头拉手 单头、双头撩子 拉手 双扇门副拉手	J	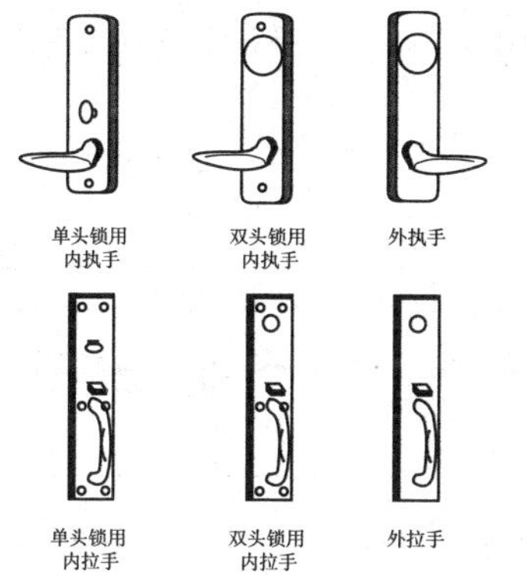	装于各种弹子执手插销或弹子拉手插销上，用于室内外开启锁的斜活舌
双角覆板弯角弯执手 （压铸暗螺钉）	S		
弯角弯执手圆角覆板 （冲压明螺钉）	W	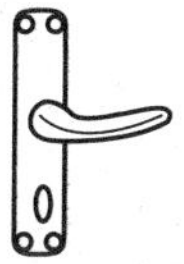	
凹圆形执手凹圆形覆圆 （冲压明螺钉） 撩子拉手 无捺拉手	A		
球形拉手	G	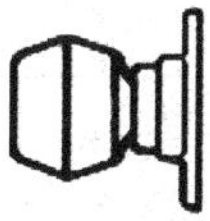	配用球型门锁，用于室内外开启锁的斜活舌
	C		
	O		

续表

材料及表面处理代号										
材料表面处理方法	低碳钢				铝合金		锌合金			黄铜
	皱漆	光漆	镀铬	镀铜	本色	电化	本色	光漆	镀铬	本色
代号	0	1	2	3	4	5	6	7	8	9

注：材料及表面处理代号，加注在各种锁型号之后，其中代号为0时可省略。

2. 拉手

（1）铁拉手

表5–58　铁拉手

图示			用途	拉启门扇或抽屉用，香蕉式拉手也可作工具箱、仪表箱上的拎手
品种	规格（全长L）/ mm	钉孔中心距/ mm	配用木螺钉	
			直径×长度/ mm	数目
普通式	75 100 125 150	65 88 108 131	3×16 3.5×20 3.5×20 4×25	4
蝴蝶式	75 100 125	15 88 108	3×16 3.5×20 3.5×20	4
香蕉式	90 110 130	60 75 90	3.5×25	2

（2）铝拉手

表5–59　铝拉手

图示	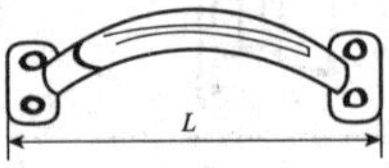	用途	拉启门扇或抽屉
规格/ mm	长度L/ mm	配用木螺钉	
		直径×长度/ mm	数目
75 100 125 150	75 100 125 150	3×12 4×12 4×12 5×12	4 4 4 4

（3）蟹壳拉手

表5–60　蟹壳拉手

图示	 普通型	 方型	用途	安装在抽屉上，拉启抽屉
长度		65（普通）	80（普通）	90（方形）
配用木螺钉（参考）	直径×长度	3×16	3.5×20	3.5×20
	数目	3	3	4

注：拉手材料为低碳钢，表面镀锌（古铜或铬）；也有采用黄铜。

（4）圆柱拉手

表5–61　圆柱拉手

图示	 圆柱拉手		 塑料圆柱拉手		用途	安装在橱门或抽屉上，作拉启用
品名	制造材料	表面处理	圆柱拉手尺寸/mm		镀铬锌半圆头螺钉	
			直径	高度		
圆柱拉手 塑料圆柱拉手	低碳钢、ABS	镀铬 镀铬	35 40	22.5 20	M5×25，垫圈5 M5×30	

（5）底板拉手

表5–62　底板拉手

图示	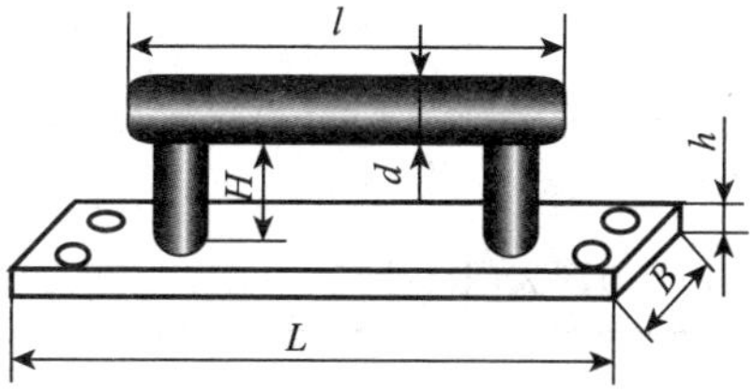					用途	安装在较大的门和内部弹簧门上。作拉启门扇用	
规格	底板尺寸/mm			手柄尺寸/mm			配用木螺钉	
	长度L	宽度B	高度h	长度l	直径d	间距H	直径×长度/mm	数目
150	150	42	6	116	14	22	3.5×20	4
200	200	50	7	142	14	22	4×25	
250	250	58	8	185	17	32	4×25	
300	300	66	8	230	17	32	4×25	

（6）梭子拉手

表5–63 梭子拉手

图示	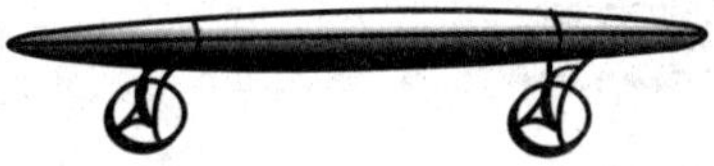				用途	安装在一般房门或大门上，作推、拉门扇用
主要尺寸/mm					每副（2只）拉手附镀锌木螺钉	
规格（总长）	管子外径	高度	桩脚底座直径	两桩脚中心距	直径/长度/mm	数目
200	19	65	51	60	3.5×18	12
350	25	69	51	210	3.5×18	12
450	25	69	51	310	3.5×18	12

注：拉手材料，管子为低碳钢，桩脚、梭头为灰铸铁，表面镀锌。

（7）管子拉手

表5–64 管子拉手

图示			用途	安装在大门或车门上，除便于拉启外，还兼作扶手及装饰用
规格（管长）/mm	管子外径/mm	管子厚度/mm	每副配用木螺钉	
			直径×长度/mm	数目
250，300，350，400，450，500，550，600，650，700，750，800，850，900，950，1 000	32	1.5	4×25	12

（8）方形大门拉手

表5–65 方形大门拉手

图示		用途	与管子拉手相同
规格（手柄长度）/mm		250，300，350，400，450，500，550，600，650，700，750，800，850，900，950，1 000	
配用木螺钉	直径×长度/mm	4×25	
	数目	16	

（9）推板拉手

表5–66 推板拉手

图示					用途	安装在大门上，作推拉门扇用
主要尺寸/mm				每副配螺纹紧固件		材料及表面处理
长度	宽度	高度	螺孔中心距	直径×长度/mm	数目	
175 200 250 300	55 100 125 100	28 38 49 50	145 170 220 270	镀锌螺栓M6×85， 六角铜球螺母M6， 铜垫圈6	各4	铝合金：古铜色、白色、金黄色等；低碳钢：镀铬

（10）双臂和三臂拉手

表5–67 双臂和三臂拉手

图示	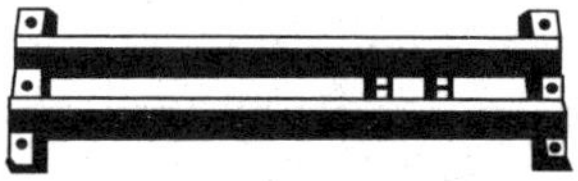 双臂（推挡）拉手	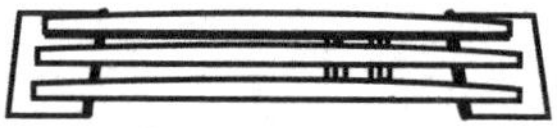 三臂（推挡）拉手	
用途	安装在进出较频繁的大门上，作推拉门用，并起保护门上玻璃的作用		
品种	规格（长度）/mm	每副（2只）配件 直径×长度/mm	数目
双臂拉手	500，550，600，650，700，750，800，850	4×25木螺钉	12
三臂拉手	600，650，700，750，800，850，900，950，1 000	6×25双头螺柱， M6螺母，6垫圈	8

（11）玻璃大门拉手

表5–68 玻璃大门拉手

图示	 弯管拉手	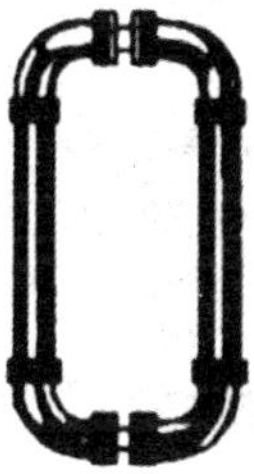 花（弯）管拉手	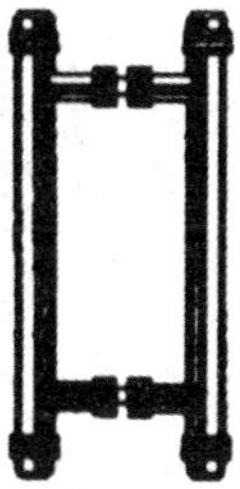 直管拉手	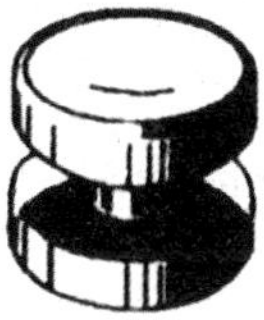 圆盘拉手
用途	安装在商场、大厦、俱乐部、酒楼等的玻璃大门上，作推拉门扇用			

续表

品种	代号	规格/ mm	材料及表面处理
弯管拉手	MA113	管子全长 × 外径：600 × 51，457 × 38，457 × 32，300 × 32	不锈钢，表面抛光
花（弯）管拉手	MA112 MA123	管子全长 × 外径：1 800 × 51，600 × 51，600 × 32，457 × 38，457 × 32，350 ~ 32	不锈钢，表面抛光，环状花纹表面为金黄色；手柄部分也有用柚木、彩色大理石或有机玻璃制造
直管拉手	MA104	600 × 51，457 × 38 457 × 32，300 × 32	不锈钢，表面抛光，环状花纹表面为金黄色；手柄部分也有用彩色大理石、柚木翻造
	MA122	800 × 54，600 × 54 600 × 42，457 × 42	
圆盘拉手（太阳拉手）		网盘直径：160，180，200，220	不锈钢、黄铜，表面抛光；铝合金，表面喷塑（白色、红色等）；有机玻璃

3. 铝合金门窗执手和拉手

（1）平开铝合金窗执手

表5–69　平开铝合金窗执手

图示	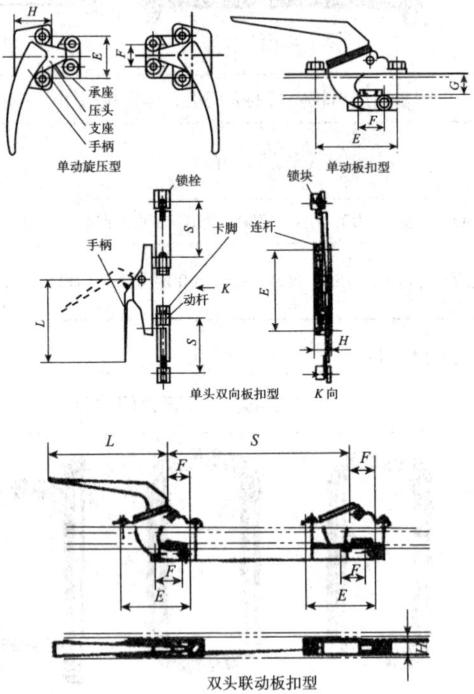
用途	平开铝合金窗执手（代号PLE）分四类：单动旋压型（DY）；单动板扣型（DK）；单头双向板扣型（DSK）；双头联动板扣型（SLK）。用于平开铝合金窗上开启、关闭窗扇

续表

产品标识代号	□-□-□-□ QB/T 3886 支座宽度 安装孔距 结构形式 平开铝合金窗执手代号

形式	执手安装孔距*E*/ mm	执手支座宽度*H*/ mm	承座安装孔距*F*/ mm	执手底面至锁紧面距离*G*/ mm	垫手柄长度*L*/ mm
DY型	35	29 24	16 19		≥70
DK型	60 70	12 13	23 25	12	
DSK型	128	22			
SLK型	60 70	12 13	23 25	12	

注：联动杆长度*S*由供需双方协商确定。

（2）铝合金门窗拉手

表5–70 铝合金门窗拉手

用途	安装在铝合金门窗上，作推拉门扇、窗扇用		
拉手形式及代号			

	形式名称	杆式	板式	其他
门用拉手	形式名称	杆式	板式	其他
	代号	MG	MB	MQ
窗用拉手	形式名称	板式	盒式	其他
	代号	CB	CH	CCI

产品标识代号	□ □-□ QB/T 3889 外形长度 尺寸杆数（板式拉手无代号） 形式代号

拉手外形长度尺寸/ mm

名称	外形长度					
门用拉手	200 500 800	250 550 850	300 600 900	350 650 950	400 700 1 000	450 750
窗用拉手	50 120	60 150	70	80	90	100

第六章 建筑小五金

一、窗钩

表6-1 窗钩

图示	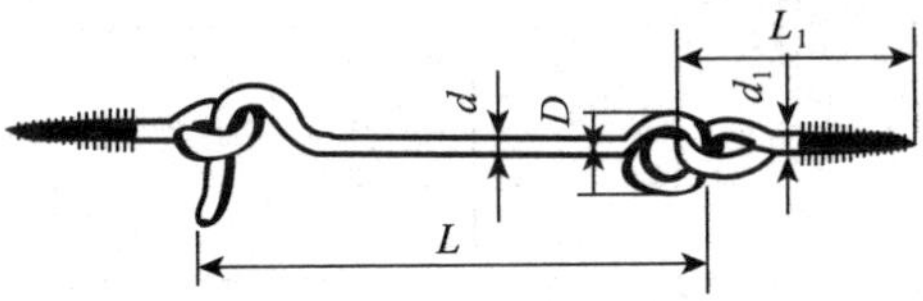			用途	分普通型（P型）和粗型（C型）两种，装在门窗上，用于钩住开启的门窗，防止被风吹动	
品种	规格	钩身/ mm		羊眼/ mm		
		全长L	直径d	全长$L1$	圈外径D	直径$d1$
普通窗钩	40 50 65	38 51 64	2.8 2.8 2.8	23	9	2.5
	75 100	76 102	3.2 3.6	29	11.5	3.2
	125 150	127 152	4 4.4	34 38	13.5 14	4
	175 200	178 203	4.7 5	44	15	4.4
	250 300	254 305	5.4 5.8	45 52	17.5 19	5 5.4
粗窗钩	75 100 125 150	76 102 127 152	4 5 5.4 5.8	34 37 41 45	13.5 14.5 16.5 17.5	4 4.6 5 5

二、羊眼圈

表6-2　羊眼圈

图示	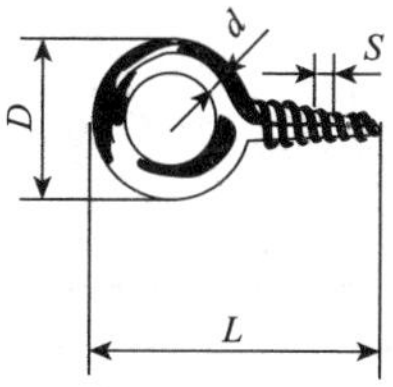				用途	用于悬挂各种物件，也可装在门柜、橱箱等家具上供挂锁用			
号码	各部尺寸/ mm				号码	各部尺寸/ mm			
	全长L	圈外径D	直径d	螺距S		全长L	圈外径D	直径d	螺距S
1	20	9.0	1.6	0.85	9	39	18	4.0	1.80
2	22	10	1.9	1.00	10	41	19	4.3	1.95
3	24	11	2.2	1.05	11	43	20	4.6	2.10
4	26	12	2.5	1.15	12	46	21	4.9	2.30
5	28	13	2.8	1.25	14	52	24	5.5	2.50
6	31	14	3.1	1.40	16	58	26	6.1	2.80
7	34	15.5	3.4	1.60	18	64	28	6.5	2.80
8	37	17	3.7	1.70	20	70	31	7.2	2.80

三、普通灯钩

表6-3　普通灯钩

图示	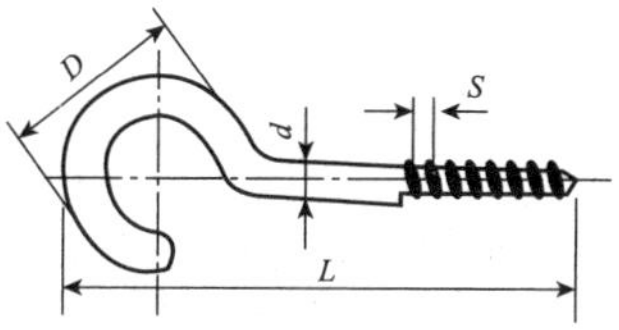					用途	用于吊挂灯具或其他物件				
规格	号码	各部尺寸/ mm				规格	号码	各部尺寸/ mm			
		长度L	钩外径D	直径d	螺距S			长度L	钩外径D	直径d	螺距S
35	3	35	13	2.5	1.15	65	9	65	22	4.3	1.95
40	4	40	14.5	2.8	1.25	70	10	70	24.5	4.6	2.1
45	5	45	16	3.1	1.4	80	12	80	30	5.2	2.3
50	6	50	17.5	3.4	1.6	90	14	90	35	5.8	2.5
55	7	55	19	3.7	1.7	105	16	105	41	6.4	2.8
60	8	60	20.5	4	1.8	115	18	110	45	8.4	3.0

四、直角灯钩

表6-4 直角灯钩

图示	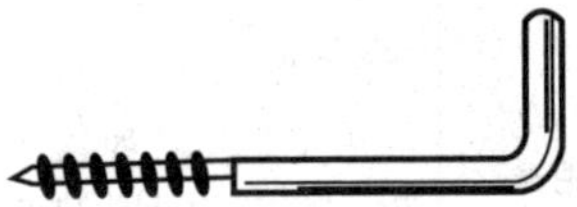	用途	主要用于安装在垂直墙面上吊挂物件

规格	各部尺寸/ mm		
	长度L	直径d	钩高h
25	25	2.4	13.5
30	30	2.4	13.5
40	40	3.0	15
50	50	3.4	18.5
70	70	4.4	18

五、锁扣

表6-5 锁扣

图示	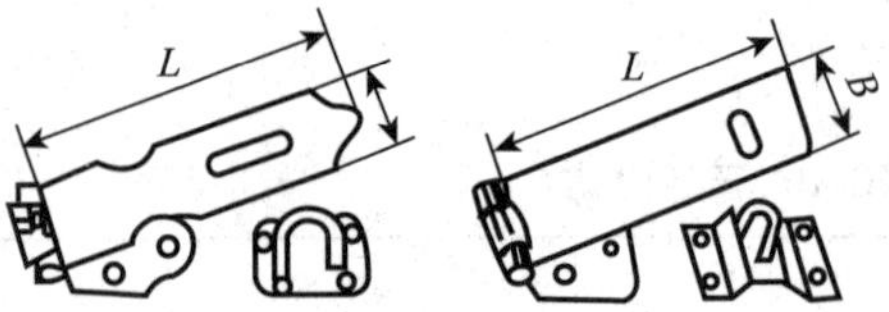	用途	安装在门、窗、橱、柜、箱、抽屉等上。作挂锁用

规格	面板尺寸/ mm						配沉头木螺钉		
	长度L		宽度B		厚度h		直径×长度/ mm		数量/只
	普通	宽型	普通	宽型	普通	宽型	普通	宽型	
40	38.5	38	17	20	1	1.2	2.5×10	2.5×10	7
50	55	52	20	27	1	1.2	2.5×10	3×12	7
65	67	65	23	32	1	1.2	2.5×12	3×14	7
75	75	78	25	32	1.2	1.2	3×4	3×16	7
90	—	88	—	36	—	1.4	—	3.5×18	7
100	—	101		36	—	1.4	—	3.5×20	7
125	—	127		36	—	1.4	—	3.5×20	7

六、铝合金窗帘架

表6-6　铝合金窗帘架

图示	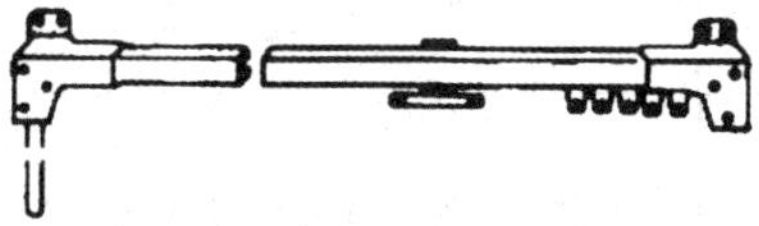 固定式 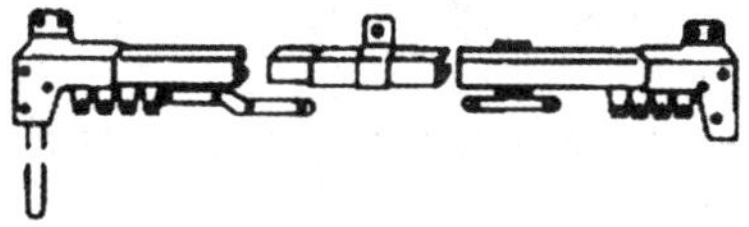 调节式	用途	按轨道断面形状可分方形（又称U形窗帘架）和圆形（又称C形窗帘架）两种，按轨道长度可否调节可分固定式和调节式两种。安装于窗扇上部作吊挂窗帘用，拉动一侧拉绳可移动窗帘，使其全部展开。或向一侧移动（固定式）或两侧移动（调节式）

品种	规格/ m	轨道长度/ m	安装距离范围/ m
固定式窗帘架	1.2，1.6，1.8，2.1，2.4，2.8，3.2，3.5，3.8，4.2，4.5	规格+0.05	
调节式窗帘架	1.5 1.8 2.4		1.0 ~ 1.8 1.2 ~ 2.2 1.9 ~ 2.6

七、百叶窗

表6-7　百叶窗

图示	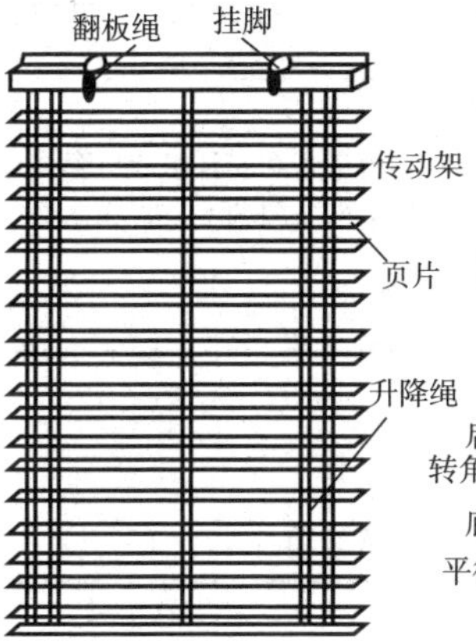 横条式 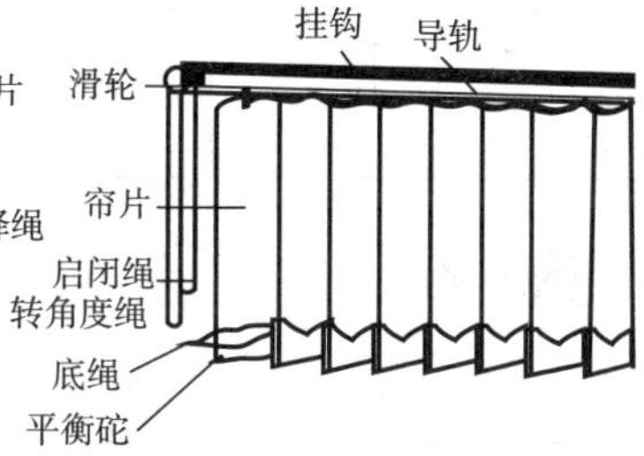 竖条式
用途	室内窗门常用的一种遮阳设施，同时还可以代替屏风作室内隔断，既美观文雅，且不占面积
规格	竖条式/ mm：高1 000 ~ 4 000，宽800 ~ 5 000 横条式：多种规格

八、橱门滑条

表6-8　橱门滑条

图示	用途	规格/ mm
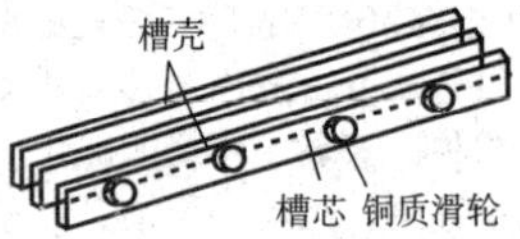	用于各种推拉门	槽芯长：900，1 100，1 200，1 300，1 500； 槽壳长：750，800，900，1 000，1 200，1 500，1 600，1 800，2 000

九、上形拉门铁轨

表6-9　上形拉门铁轨

图示	用途	长度/ mm
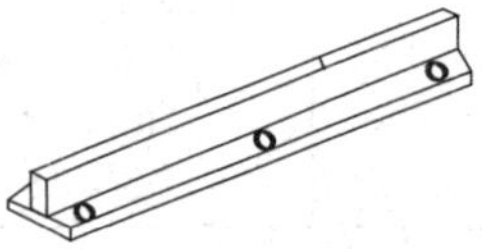	用于推拉橱门上	1 000，1 200，1 300，1 500，2 000

十、空心窗帘棍

表6-10　空心窗帘棍

图示	用途	直径/ mm
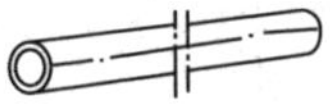 圆形窗帘管  套耳	由圆形空心窗帘管和套耳组成，套耳套在窗帘管两端，装于窗或门的上方，作吊挂窗帘或门帘用	10，13，15

十一、铁三角

表6-11　铁三角

图示	用途	边长/ mm
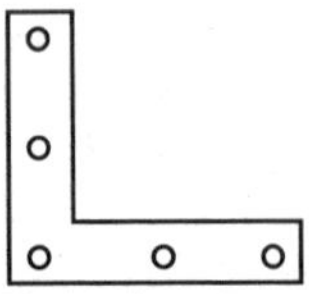	钉于门窗的四角，加强门窗刚度及坚固性	50，60，75，90，100，125，150

十二、T形铁角

表6-12　T形铁角

图示	用途	边长/ mm
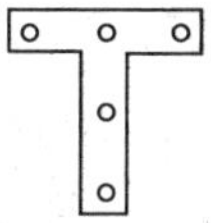	钉于门窗冒头与边梃交叉处，加强门窗的刚度及坚固性	50，60，75，90，100，125，150

十三、玻璃移门滑轮

表6-13　玻璃移门滑轮

图示	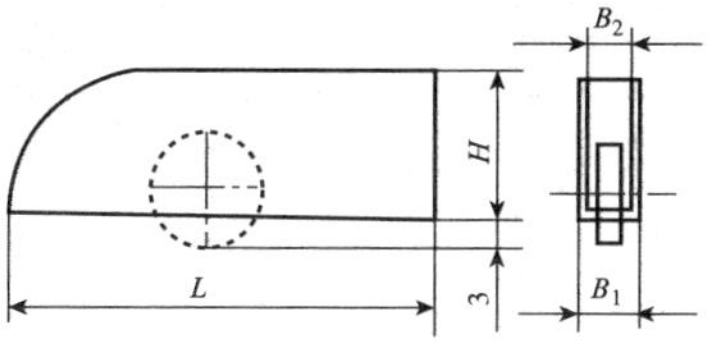	用途	安装在书柜、食品柜及其他橱柜推拉玻璃门下端两侧，使门在滑槽推拉灵活轻便

名称	L / mm	B_1 / mm	B_2 / mm	H / mm	材料及处理方法
玻璃移门滑轮	77 62 50	7 7 6.5	5 5.5 4	23.5 18 17.5	铜镀铬

十四、推拉铝合金门窗用滑轮

表6-14　推拉铝合金门窗用滑轮

图示	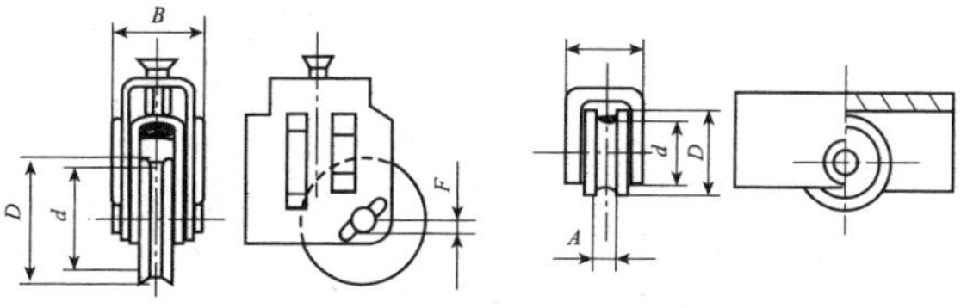可调型滑轮　　固定型滑轮
用途	按用途分为：推拉铝合金门滑轮（代号 TML）和推拉铝合金窗滑轮（代号 TCL），按结构形式分为可调型（代号K）和固定型（代号G） 安装在铝合金门窗下端两侧，使门窗在滑槽推拉灵活轻便

规格D	底径d	滚轮槽宽A		外支架宽度B		调节高度F
		Ⅰ系列	Ⅱ系列	Ⅰ系列	Ⅱ系列	
20	16	8	—	16	6 ~ 16	—
24	20	6.5	3 ~ 9	—	12 ~ 16	—
30	26	4		13	12 ~ 20	
36	31	7		17		
42	36	6	6 ~ 13	24		≥5
45	38					

注：Ⅱ系列尺寸选用整数。

十五、脚轮

表6–15　脚轮

图示	
图示	 平底型　螺纹型　插座型　可制动脚轮　工业脚轮
用途	有固定式和万向式，球形轮和平行轮等形式，用于洗衣机、沙发、旅游箱包、货柜、手推车、平板车、家用器具、食品机械、医疗器械等的底部，以便移动搬运

结构形式		规格/in	轮直径/mm	全高/mm	平底尺寸		安装杆			每只载重/kg
					长×宽/mm	孔间距/mm	孔直径/mm	直径/mm	杆长/mm	
球形脚轮（万向式）	平底型	1.5	φ40 φ50	58 68	38×38 38×38	27×27 27×27	φ5.5 φ5.5			25 30
	插座型	1.5 2	φ40 φ50	55 65				φ8 φ8	38 38	25 30
	螺纹型	1.5 2	φ40 φ50	60 70				M12 M12	14 14	25 30
工业脚轮（万向式）		1 1.25 1.5 2 2.5 3 4 5	φ25 φ32 φ38 φ50 φ65 φ75 φ100 φ125	35 40 53 65 82 90 125 155	30×35 32×38 38×46 48×59 54×63 58×70 82×104 85×105	22×27 24×30 27×35 34×45 40×48 44×55 78×61 77×57	φ4 φ4 φ5 φ6.5 φ6.5 φ6.5 φ10 φ10			8 12 20 30 40 50 60 65

结构形式	规格/in	轮直径/mm	全高/mm	平底尺寸		安装杆			每只载重/kg
				长×宽/mm	孔间距/mm	孔直径/mm	直径/mm	杆长/mm	
塑料脚轮	2	φ50	71	38×38	27×27	φ5.5			30
可制动脚轮	4	φ100	133			φ10			60
4英寸万向重型脚轮	4	φ100	144	95×95	71×71	φ11			100
4英寸固定重型脚轮	4	φ100	144	95×95	71×71	φ11			100
6英寸工业脚轮	6	φ150	190	115×100	85×70	φ10			175
8英寸万向脚轮	8	φ200	250	140×140	112×112	φ1.5			400

注：1 in=0.025 4 m。

十六、门镜

表6-16　门镜

图示	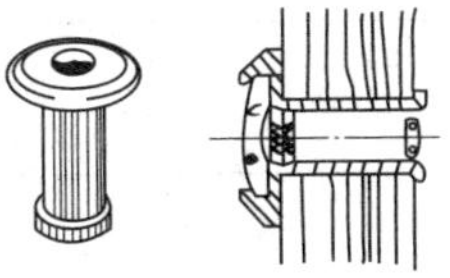	用途	安装在门上，供人从室内观察室外情况用，而从室外无法观察室内情况

品种	按视场角分	180°	160°	120°
	按镜片材料分	光学玻璃		有机玻璃
	按镜筒材料分	黄铜		ABS塑料
规格/ mm	镜筒外径	14		12
	适用门厚	23～43，28～48		23～43

十七、铝合金羊角及扁梗

表6-17　铝合金羊角及扁梗

图示	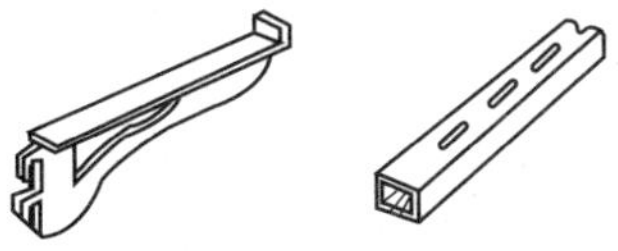 铝合金羊角　铝合金扁梗	用途	安装于木质或铝合金陈列柜、橱窗中，供放置玻璃搁板，以便在搁板上陈列样品用，扁梗垂直固定连接在陈列框、橱窗的后部框架上，羊角用其L形弯角插入扁梗的长方形孔中

铝合金羊角及扁梗主要尺寸/ mm

羊角规格	200	250	300	350	扁梗长度	480	730	710	1 200
羊角总长	216	266	317	367	长方孔数	8	14	18	27
羊角高度					断面宽度	16			
羊角厚度					断面边长	19			
承受负荷（kg/2只）≤					断面壁厚	长方孔边3，侧边1.5			
					孔高×宽	15.8×3			

十八、安全链

表6-18　安全链

图示	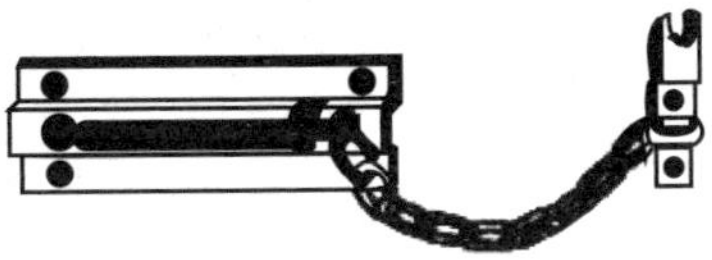	用途	安装于房门上，使用时，把链条上的扣钮插在锁扣板中，可以使房门只能开启成10°左右角度，防止室外陌生人趁开门之机突然闯进室内；亦可在平时只让室内通风，不让自由进出用。若把扣钮从锁扣中取出，房门才能全部开启

续表

锁扣板全长/ mm	配木螺钉	
	直径 × 长度/ mm	数目
125	3.5 × 16 5 × 25	6 2

十九、搭扣锁

表6–19　搭扣锁

图示	用途	规格/ mm
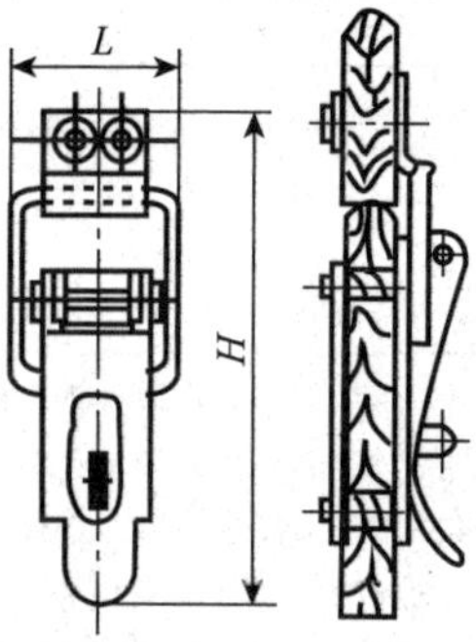	安装在机箱或木箱上，可使箱盖紧密地扣盖在箱体上，同时还可用挂锁锁闭，开启方便	高H：47，61，86 长L：20，27，30

第七章　卫生间及厨房设备

一、卫生间设备

1. 水嘴

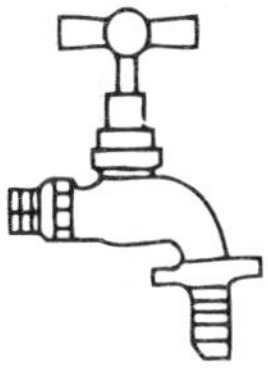

接管水嘴

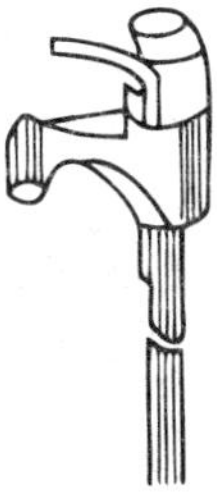

洗面盆水嘴

弹簧水嘴

水槽水嘴

表7-1　水嘴

水嘴名称		公称通径/mm	管螺纹规格/in	特点及用途
混合水嘴		15	RP1/2	安装在陶瓷面盆上，用来开关冷热水和放盆内存水，冷热水可用一个手柄调节，从一个水嘴流出
单肘水嘴		20	RP3/4	安装在陶瓷面盆上，用来开关自来水
双肘水嘴		15	RP1/2	
洗面盆水嘴		15	RP1/2	安装在面盆上，用以开关冷、热水，水嘴手柄上标有“冷”“热”字样
弹簧水嘴		15	—	安装在公共场所的面盆上，作开关自来水用。撳下手柄即通水，松开即停水
浴缸水嘴	普通式	15，20	公称压力PN（MPa）为0.60	安装在浴缸上用来开关冷、热水，水嘴手柄上标有“冷”“热”字样。使用温度为≤100℃
	明双联式	15		
	明三联式	15		
普通水嘴		15	1/2	安装在自来水管路上作放水用
		20	3/4	
		25	1	
回转式水嘴		15	—	安装在水槽洗涮盆等的自来水管路上作放水用
		20	—	

续表

水嘴名称	公称通径/mm	管螺纹规格/ in	特点及用途
接管水嘴	15	1/2	安装在自来水管路上作放水用。可连接输水胶管，把水输送到远处
	20	3/4	
	25	1	
淋浴水嘴	15	1/2	用于公共浴室和各类卫生间作淋浴的水源开关

2. 落水

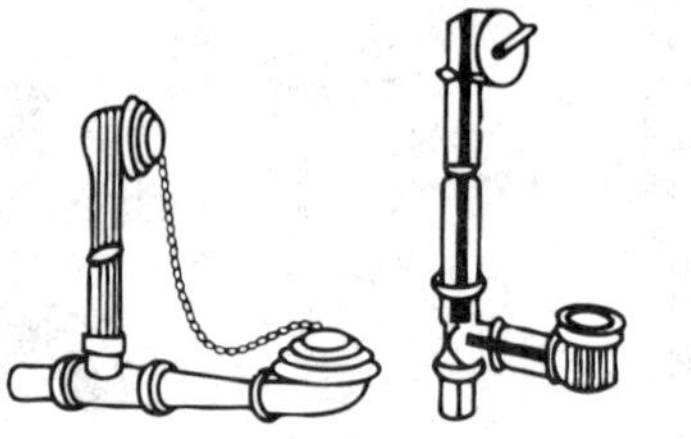

普通式　　提拉式　　地板落水

表7–2　落水

落水名称		公称通径/ mm	用途
浴缸长落水	普通式	32，40	安装在浴缸下面，用来排去缸内存水
	提拉式	40	
地板落水	普通式	50，80，100	安装在浴室、洗手间地板上，用来排放地面积水
	两用式	50	
水槽落水		32、40、50	用于排除水槽、水池内的存水
洗面器落水		32	用于排放面盆、水斗内存水的通道，并可防止臭气回升

3. 喷头、淋浴器

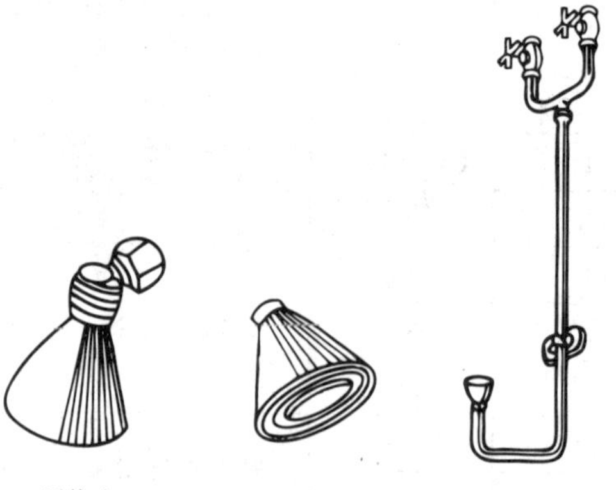

活络式　　固定式　　双管淋浴器

表7–3　喷头、淋浴器

名称		公称通径/mm	管螺纹规格/in	用途
喷头	固定式	15	RP1/2	用于淋浴。活络式在使用时喷头可自由转动，变换喷水方向，固定式无此功能
	活络式	15	RP1/2	
淋浴器	自混式	15	RP1/2	安装于家庭、工矿企业的浴室中，用来作淋浴设备
	单阀式	15	RP1/2	
	双阀式	15	RP1/2	
	壁式	15	RP1/2	
	升降式	15	RP1/2	
	脚踏式	15	—	

4. 大、小便设备

（1）水箱

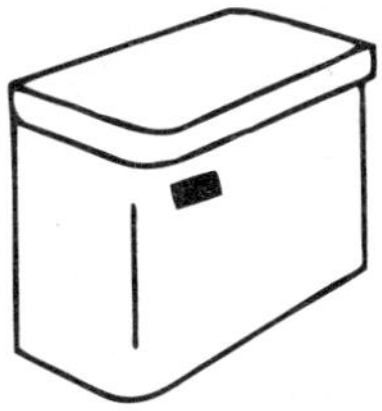

壁挂式低水箱

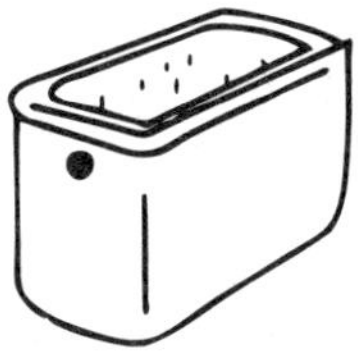

高水箱

表7–4　水箱

配件名称		公称通径/mm	用途
坐便器水箱配件	低水箱配件	50	安装于坐便器后面的水箱中，用于水箱的自动进水、停止进水和手动放水。主要零件有扳手、进水阀、排水阀、浮球、角尺弯等
	低水箱进水阀	15	是低水箱的自动进水装置，水箱的水位低于规定的位置时，即自动打开，自来水进入水箱；水位达到另一规定位置，即自动关闭，停止进水
	低水箱排水阀	50	提起水阀便放水冲洗，放水后自动落下，关闭水通路，是一种控制低水箱中放水通路的装置
	高水箱配件	32	安装于蹲便器高水箱内，作自动放水、进水用。主要零件有拉手、浮球、浮球阀、排水阀、冲洗管等
	高水箱浮球阀	15	是高水箱储水器中进水部分的自动开关机构，作用与低水箱进水阀相同
	高水箱排水阀	32	是控制高水箱中放水通路的装置，作用与低水箱排水阀相同

（2）浮球

表7–5　浮球

浮球直径/mm	100	150	200	225	250	300	375	450	600
适用浮球阀规格/mm	15	20	25	32	40	50	65	80	100
用途	装于浮球阀（进水阀）上，借浮球的浮力来控制水箱、水塔中浮球阀的启闭								

5. 洗面器

立柱式　　托架式　　台式

表7–6　洗面器

形式	托架式					台式		立柱式		
型号	14号	16号	18号	20号	22号	L–610	L–616	L–605	L–609	L–621
长度	350	400	450	510	560	510	590	600	630	520
宽度	260	310	310	300	410	440	500	530	530	430
高度	200	210	200	250	270	170	200	240	250	220
总高度	—	—	—	—	—	—	—	830	830	780
用途	适用于住宅、宾馆、饭店等的卫生间									

6. 浴缸

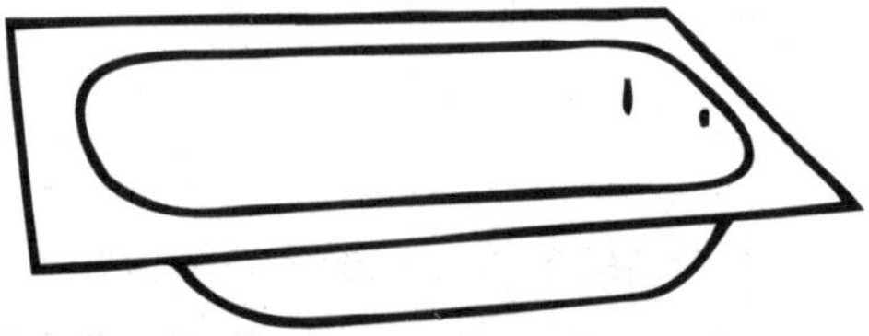

表7–7　浴缸

型号	尺寸/mm			型号	尺寸/mm		
	长	宽	高		长	宽	高
TYP–10B	1 000	650	305	TYP–16B	1 600	750	350
TYP–11B	1 100	650	305	TYP–17B	1 700	750	370
TYP–12B	1 200	650	315	TYP–18B	1 800	800	390
TYP–13B	1 300	650	315	GYF–5B	1 520	780	350
TYP–14B	1 400	700	330	8701型裙板浴缸	1 520	780	350
TYP–15B	1 500	750	350	8801型搁手浴缸	1 520	780	380
用途	安装在卫生间内，配上浴缸水嘴等附件，供洗澡用						

7. 坐便器

冲落式

虹吸式

喷射虹吸式

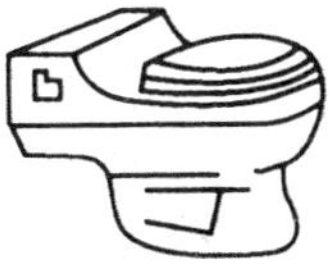

旋涡虹吸式

表7–8　坐便器

型号	形式	坐便器主要尺寸/mm				用途
		长度	宽度	高度	连低水箱总高度	
福州式3号	挂箱冲落式	460	350	390	—	配上低水箱、坐便器盖等附件安装在卫生间内供大小便用，便后可打开低水箱中排水阀，放水冲洗排除器内污水、污物
C–102	座箱虹吸式	740	365	380	830	
C–105	座箱喷射虹吸式	730	510	355	735	
C–103	连体旋涡虹吸式	740	520	400	530	

8. 蹲便器

和丰式（1号）

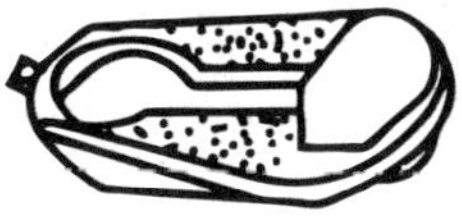

踏板式

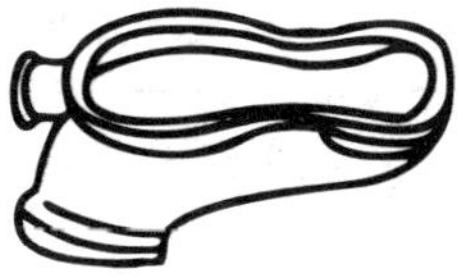

小平蹲式

表7-9　蹲便器

型号	主要尺寸/mm			
	长度	宽度	高度	进水口端面至排水口中心距
和丰式	610	280	400	430
踏板式	600	430	285	55
小平蹲式	550	320	275	55
用途	安装在卫生间内，供人们蹲着进行大小便用，便后需拉开高水箱中排水阀，以便放水冲洗排除器内污水、污物，使其保持清洁卫生			

9. 小便器

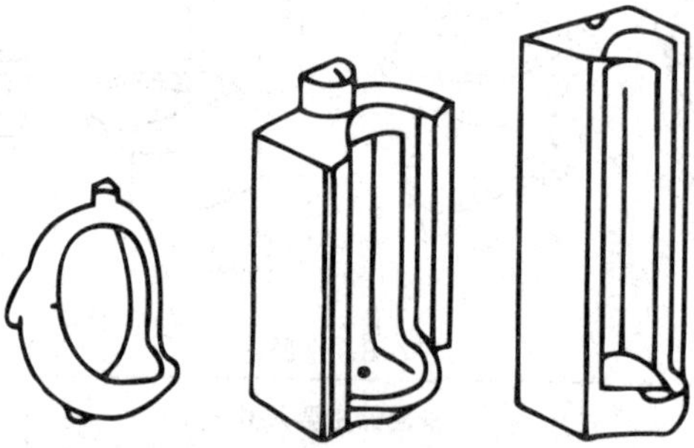

斗式　壁挂式　立式

表7-10　小便器

品种	宽度/mm	深度/mm	高度/mm
斗式	340	270	490
壁挂式	400	310	615
立式	410	360	850或1 000
用途	装在公共场所的男用卫生间内，供小便用		

二、厨房设备

1. 厨房台柜

（1）洗涮台、柜和操作台、柜

表7-11　厨房台柜　　/ mm

品种	长度*L*	宽度*B*	高度*H*	用途
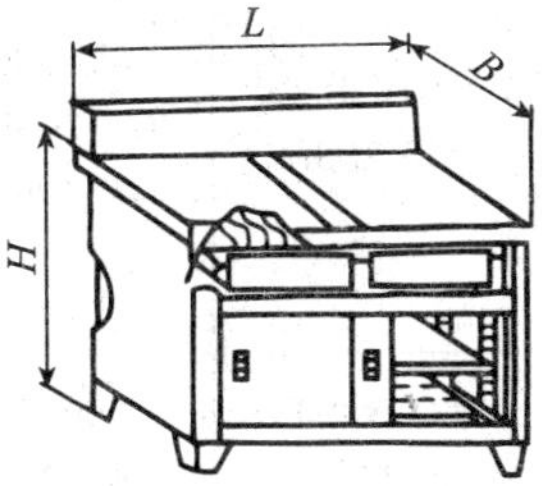	600 900 1 200 1 500 1 800	600 750	800 850	洗碗、洗菜等用的台、柜
品种	**长度*L***	**宽度*B***	**高度*H***	**用途**
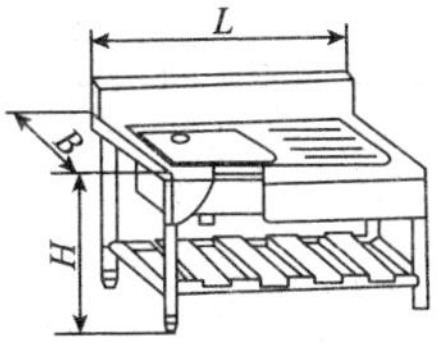 操作台、柜	600 900 1 200 1 500 1 800	600 750 900	800 850	切菜等用的台、柜

（2）家用橱柜

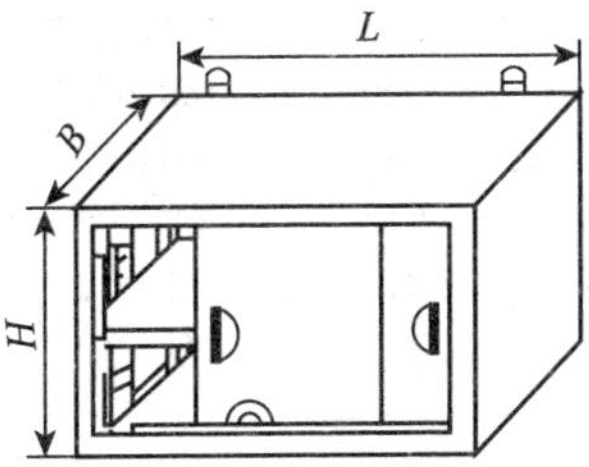

吊柜

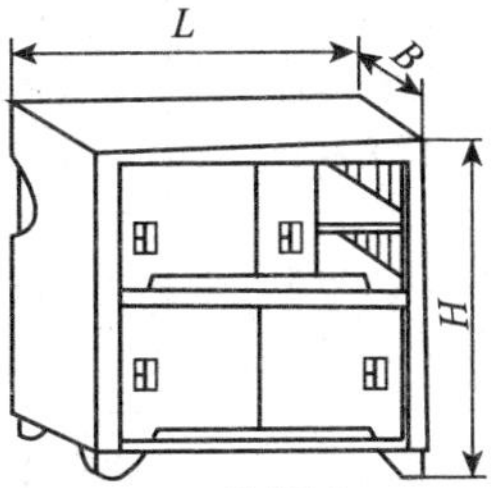

储藏柜

表7-12　家用橱柜　　/ mm

品种	长度*L*	宽度*B*	高度*H*	用途
吊柜	900 1 200 1 500	300 350	500 800 （级差）50	用于储藏餐具、调料等厨房用品
储藏柜	900 1 200 1 500 1 800	450 600	1 500 1 800	

2. 燃气灶具和热水器

（1）家用燃气灶

表7–13　家用燃气灶

型号	CE–211 GCB/M/ L/W GE–211 FCB/ s	GE–212 GCB/ L/W GE–211 SCS/B GE–211 FCB	GT–2P1C GT–2P1FC	GT–2D8C GT–2D8FC	GT–2D6C GT–2D6FCB GT–2D6FCS
	JZ20Y.2–11 JZR.2–11 JZ T.2–11	JZ20Y.2–12 JZR.2–12 JZ T.2–12	JZ20Y.2–P1 JZR.2–P1 JZ T.2–P1	JZ20Y.2–D8 JZR.2–D8 JZ T.2–D8	JZ20Y.2–D4 JZR.2–D4 JZ T.2–D4
灶眼个数	2	2	2	2	2
型号	CE–211 GCB/M/ L/W GE–211 FCB/ s	GE–212 GCB/ L/W GE–211 SCS/B GE–211 FCB	GT–2P1C GT–2P1FC	GT–2D8C GT–2D8FC	GT–2D6C GT–2D6FCB GT–2D6FCS
	JZ20Y.2–11 JZR.2–11 JZ T.2–11	JZ20Y.2–12 JZR.2–12 JZ T.2–12	JZ20Y.2–Pl JZR.2–P1 JZ T.2–P1	JZ20Y.2–D8 JZR.2–D8 JZ T.2–D8	JZ20Y.2–D4 JZR.2–D4 JZ T.2–D4
燃气消耗量/ kW	左：3.5 右：3.5	左：3.5 右：3.5	左：4.2 右：4.2	左：3.5 右：3.5	左：3.4右：4.2
点火方式	脉冲式点火			压电陶瓷点火	
电源	1号干电池				
灶面材料	钢化玻璃/氟素	钢化玻璃/不锈钢/氟素	不锈钢/氟素		
安全装置	热电耦式熄火安全保护装置				
不锈钢和铜火盖	不锈钢		铜		
外形尺寸（mm×mm×mm）	750×450×150	750×410×150	700×412×152	720×390×140	680×403×122
用途	适用于家庭厨房加热和烹调				

（2）强制排气式燃气快速热水器

表7–14　强制排气式燃气快速热水器

型号	JSQ21–QFM1011Q	JSQ21–QFMl002Q
使用燃气种类	天然气（12 T）	液化石油气（20 Y）
额定供气压力	2 000 Pa	2 800 Pa
燃气消耗量	2.2 m^3/h	1.8 kg/h
热负荷	21.2 kW	
热水产率（△t=25℃）	10 L/min	
热效率（%）	≥80	
启动水流量L/（min）	3 ± 0.5	
适用水压/ MPa	0.05 ~ 0.5	
型号	JSQ21–QFMl011Q	JSQ21–QFMl002Q
最低启动水压/ MPa	0.015	
电源	220（1 ± 10%）V；（50 ± 5）Hz；30 W	
外形尺寸 /（mm × mm × mm）	530 × 350 × 135	
质量/ kg	12	
用途	适用设置在住宅厨房、通风好的非居住空间、设备间以及封闭的厨房外阳台等	

3. 快热式电热水器

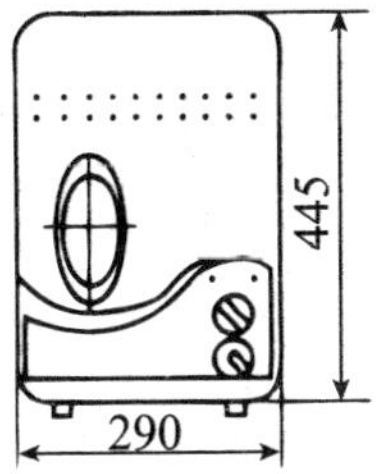

表7-15 快热式电热水器

型号	KR-F60，FR-F60I	KR-F30	用途
额定电压/ V	220	220	适用于住宅、宾馆、工厂、医院的热水供应
额定频率/ Hz	50	50	
额定电流/ A	27.3	13.6	
额定压力/ MPa	0.6	0.6	
加热功率/ kW	2、4、5、6（可调）	0.5 ~ 3.0（可调）	
保护温度/ ℃	60	60	
外形尺寸（mm × mm × mm）	445 × 290 × 70	445 × 290 × 70	

4. 太阳能热水器

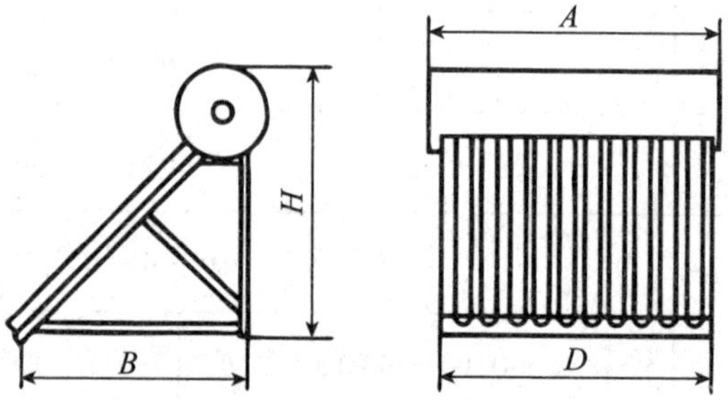

表7-16 太阳能热水器

型号	外形尺寸 /mm		安装尺寸 /mm		水箱容积 / L	采光面积 / m^2	真空管		用途
	A	H	D	B			管径 /mm	管数（根）	
JB-85/45	1 010	1 490	815	1 255	85	1.11	ф47	12	适用于住宅、宾馆、企事业单位分户供应生活热水
JB-100/45	1 150	1 490	955	1 255	100	1.30		14	
JB-130/45	1 430	1 490	1 235	1 255	130	1.74		18	
JB-130/30	1 430	1 150	1 235	1 565	130	1.74		18	
JB-150/45	1 640	1 490	1 445	1 255	150	1.99		21	
JB-150/30	1 640	1 150	1 445	1 565	150	1.99		21	
JB-200/45	2 130	1 490	1 935	1 255	200	2.73		28	
JB-200/30	2 130	1 150	1 935	1 565	200	2.73		28	

5. 吸油烟机

表7-17 吸油烟机

型号	尺寸（mm×mm×mm）	速度	功率/W	排气量（m^3/h）	烟管直径/mm	用途
FV-75HD T1C 全自动不锈钢型	750×530×400	快挡	150+40（照明）	1 000	ϕ170	用于厨房、烹饪场所等
		中挡	86+40（照明）	650		
		慢挡	41+40（照明）	450		
FV-75HDSlC 不锈钢型	750×530×400	快挡	142+40（照明）	1 000	ϕ170	
		中挡	80+40（照明）	650		
		慢挡	43+40（照明）	450		
FV-75HDlC 金属喷涂	750×530×400	快挡	142+40（照明）	1 000	ϕ170	
		中挡	80+40（照明）	650		
		慢挡	43+40（照明）	450		
FV-75HGlC 金属喷涂	750×530×400	快挡	136+40（照明）	780	ϕ150	
		慢挡	105+40（照明）	540		
FV-75HG2C 金属喷涂	750×530×400	快挡	136+40（照明）	780	ϕ150	
		慢挡	105+40（照明）	540		
FV-75HG3C 金属喷涂	750×530×400	快挡	120+40（照明）	850	ϕ170	
		慢挡	72+40（照明）	560		
FV-70HQlC 金属喷涂	750×530×400	快挡	135+40（照明）	720	ϕ150	
		慢挡	98+40（照明）	520		
FV-70HUlC 金属喷涂	750×530×400	快挡	135+40（照明）	720	ϕ150	
		慢挡	98+40（照明）	520		

6. 厨房用水槽

单槽式

双槽式

表7-18 厨房用水槽

型号	ZR×620/B20F	ZR×620F	GE×620B	GE×610	GE×611C	GEL620A	GEL620D
尺寸（mm×mm×mm）	840×470×200	735×430×180	815×450×180	550×450×180	815×450×180	815×450×180	815×450×180
特性	丝光面盆体等大双槽深度200 mm有溢水口	丝光面盆体大小双槽深度180 mm有溢水口	丝光面盆体等双槽深度180 mm有溢水口	丝光面盆体单槽深度180 mm有溢水口	丝光面盆体单槽带翼深度180 mm有溢水口	丝光面盆体大小槽深度180 mm有溢水口	丝光面盆体大小槽深度180 mm有溢水口
用途	与厨房各种家具配套使用。可供洗涤蔬菜、食物及其他物品用						

7. 消毒柜

表7-19 消毒柜

型号	TZD-72A	ZLD-58	GX-46A	GX-46B	GX-36A	GX-36B
安装方式	台地式	壁挂与台地两用式				
有效容积/L	72	58（左、右各29）	46		36	
高温消毒温度/℃	120～160		烘干60～90			
臭氧消毒浓度（mg/m^3）	≥40					
电源（V/Hz）	220/50					
额定功率/W	700	1 000（左、右各500）	300			
外形尺寸（mm×mm×mm）（宽×深×高）	450×398×800	900×325×400	750×325×400		600×325×400	
用途	以电为动力，通过电热元件对食具进行高温消毒或以臭氧等进行低温消毒。适用于住宅厨房					